中国职业技术教育学会
智慧旅游职业教育专业委员会推荐用书

专家指导委员会主任 / 韩玉灵
总主编 / 闫向军 魏 凯
顾问 / 朱承强

酒店管理与数字化运营系列教材

JIUSHUI FUWU YU JIUBA GUANLI

酒水服务与酒吧管理

主 编 唐志国 牟 青 栾鹤龙
副主编 周 彦 李海英 杨杏园 韩爱霞 徐 倩

北京·旅游教育出版社

立体化教学资源

酒店管理与数字化运营系列教材
专家指导委员会、顾问、编委会

专家指导委员会

主　任：韩玉灵

委　员：杜兰晓　康　年　卓德保　丁海秀

顾　问

顾　问：朱承强

编委会

总主编：闫向军　魏　凯

委　员（按姓氏笔画顺序排列）：

于小桐	马婷婷	王　方	王玉娟	王海燕	王　琪	王　静	王瀚君
尹　萍	孔亚楠	左　蕾	石　磊	叶耀玲	田万顷	冯召伟	冯英梅
邢琦娜	朱培锋	刘　伟	刘兵燕	刘　岳	刘居超	刘晓杰	刘　峰
刘　萍	刘　鎏	闫雪梅	孙立新	孙　健	孙　鹏	孙　赫	牟　青
纪　亮	杜奇明	李文英	李　伟	李岑虎	李雨琪	李佳龙	李素馨
李　真	李爱军	李海英	李姬贤	杨杏园	邱　天	何梦华	辛　冰
汪惠萍	汪　婷	沙绍举	宋晓燕	张　文	张立俭	张伟玉	张敏敏
张　琳	张　越	张斐斐	张　晶	张皓闵	张　强	张　媛	张婷婷
张懿卓	陈永燕	陈　颖	陈增红	邵　雯	武真奕	尚晓攀	金　玉
周　彦	周高华	郑月月	柳花鹏	侯兴起	姜录录	秦　娜	袁　博
柴　佳	倪欣欣	徐　倩	栾鹤龙	高　宁	唐志国	鹿　敏	章勇刚
蒋术良	韩爱霞	韩　静	路　飞	解姣姣	綦恩周	蔡丽伟	

《酒水服务与酒吧管理》
编委会

主　编：唐志国　牟　青　栾鹤龙

副主编：周　彦　李海英　杨杏园　韩爱霞　徐　倩

编　委：柳花鹏　张懿卓　张　越

总序 PREFACE

　　2021 年 3 月，教育部印发了《职业教育专业目录（2021 年）》，将高职"酒店管理专业"更名为"酒店管理与数字化运营专业"，这是旅游职业教育呼应旅游业特别是酒店业数字化时代的标志。酒店业与信息化、数字化、智能化融合已是大势所趋，网络预订、短视频营销、直播带货、网络点评、会员系统、云上 PMS、移动支付、人脸识别、餐饮 POS 收银、网络团购、成本控制、在线点单等基本普及，信息技术和信息系统成为酒店企业日常经营的基础工具与竞争利器。中国酒店业已经从产品和服务为中心进入了以客户为中心的时代，数字化成为酒店行业发展命脉所在，同样成为酒店管理与数字化运营专业的必修内容。

　　在这样的形势下，原有的高职酒店管理专业课程和教学内容留什么、改什么，数字化运营是什么、做什么，酒店管理与数字化运营专业如何建设、如何发展、如何培养人才，成为高度聚焦、深度研究的课题。在专业建设的众多课题中，我们以教材建设作为适应专业变革的突破口，有组织、有计划地进行酒店管理与数字化运营专业的教材建设。根据前期积累的教育教学与专业建设经验，在旅游教育出版社的大力支持下，我们组织专家团队进行全国首套酒店管理与数字化运营系列教材的编写与出版工作。

　　2020 年初，也是在酒店管理专业正式更名之前，作为有着 30 多年酒店管理专业办学经验的老牌旅游院校，山东旅游职业学院已深切感知到酒店管理专业应该加强形势研判，抓住机遇，赢得主动，从与专业建设密切相关的教材和课程建设上入手，积极开展相关工作。学院组织包括星级酒店、连锁酒店、连锁餐饮公司、物业公司在内22位企业总监级别以上的管理人员、酒店管理专业教学专家与我院酒店管理专业的教师共同召开专业建设研讨会，形成了全国首套酒店管理与数字化运营专业人才培养方案、课程建设方案、教材建设方案。这套方案的课程设置与当前教育部主导的高等职业学校酒店管理与数字化运营专业教学标准的课程设置是高度吻合的，为我们牵头组织酒店管理与数字化运营系列教材的编写奠定了很好的基础。

2021年7月，山东旅游职业学院与旅游教育出版社共同邀请了覆盖全国院校和酒店行业企业的专家团队召开研讨会，启动了教材的编写工作。编写专家团队来自济南大学、山东青年政治学院、浙江旅游职业学院、青岛酒店管理职业技术学院、郑州旅游职业学院、黑龙江旅游职业技术学院、广州番禺职业技术学院、济南职业学院、青岛职业技术学院、北京财贸职业学院、黑龙江工程学院、平顶山职业技术学院、安徽职业技术学院、烟台工贸学校、顺德职业技术学院、洛阳科技职业学院、湖南商务职业技术学院、安徽广播影视职业技术学院、贵州职业技术学院等20多所院校。全套教材的编写注重校企合作与数字化升级。我们还邀请了北京歌华开元大酒店、济南舜和酒店集团、济南南郊集团、山东大厦、洲际集团济南贵和酒店、杭州绿云软件股份有限公司、杭州柏悦酒店、北京云迹科技股份有限公司、广州蓝豆软件科技有限公司等近10家行业企业的专家参与此项工作。在多方共同努力下，历时一年的时间，教材将于2022年8月份陆续出版。

本套教材既可作为中高职旅游类专业教学用书，也可作为职业本科旅游类专业教学参考用书，同时可作为工具书供从事旅游服务与管理的企事业单位专业人员借鉴与参考。

作为酒店管理与数字化运营专业更名后的第一套系列教材，加之酒店行业数字化转型日新月异，教材编写中难免还存在缺陷与不足，恳请读者指正，我们将在再版过程中予以完善与修正。

总主编：周向军

2022年8月

"酒水服务与酒吧管理"是酒店数字化运营与管理专业的核心课程之一，2010年，由山东旅游职业学院研发制作的"酒水服务与酒吧管理"课程被评为山东省省级精品课程，2012年又被评为山东省省级精品资源共享课程，本教材即以此为基础编写而成。

随着人们生活水平的不断提高，酒吧、咖啡厅、茶社、葡萄酒坊等休闲场所不断涌现，调酒师、茶艺师、调饮师等职业不断出现，人们对酒水制作和服务水平的要求越来越高，本课程不仅能够满足酒店数字化运营与管理专业人才培养的教学需要，也能为相关领域的从业人员提供学习帮助。

本教材主要根据酒店数字化运营与管理专业人才培养目标，根据酒吧、茶社等经营场所里主要工作岗位的工作要求和职业资格证书考试要求确定教学内容，以培养学生职业能力为主线，融理论教学与实践教学为一体，主要围绕调酒师、茶艺师、咖啡师、侍酒师、酒吧经理等岗位所需掌握的知识和技能，通过项目和任务模块设计组织教学，共设计七个教学项目和二十八个教学任务，通过学习能够使学生掌握各主要工作岗位必备的知识和技能，并达到相应岗位的任职资格要求。

为了更好地适应高职学生的学习特点，本教材在每个学习项目中增加了课前导读、思维导图，便于课前预习，在项目中增加了知识拓展、教学案例等，课后有多种形式的思考练习题，书中还穿插大量的图片，使教材图文并茂、内容更加丰富。为方便教师授课和学生自学，教材配有数字化的教学课件和微课。通过对本教材的学习，不仅能使学生学到酒水知识和酒吧运营的业务内容、工作标准、管理方法，还能培养学生良好的职业态度、职业意识、职业思维和职业精神，逐步形成管理能力和创新能力，为学生成为真正能独当一面的酒店管理者奠定坚实的基础。

教材的编写团队来自多所学校和企业，都具有丰富的教学经验和企业工作经历，其中由唐志国、牟青、栾鹤龙担任主编，李海英、韩爱霞、杨杏园、周彦、刘岳、徐倩担任副主编，柳花鹏、张懿卓、张越等老师参与教材的编写和视频的录制。牟青负责项目一酒水认知和项目四清酒与黄酒品鉴部分的编写，栾鹤龙、杨杏园、徐倩负责项目二鸡尾酒调制与服务部分的编写，李海英负责项目三葡萄酒鉴赏与服务部分的编写，周彦负责项目五中国茶品鉴部分的编写，韩爱霞负责项目六咖啡制作与服务部分的编写，唐志国和刘岳负责项目七酒吧运营管理部分的编写，唐志国、牟青、栾鹤龙负责对全书进行统稿和校对。

在本教材编写过程中，充分吸收了国内多所旅游职业学院在酒店数字化运营与管理专业教学中的成果，借鉴了历届全国旅游院校饭店服务技能大赛、职业院校技能大赛等的经验，并参阅了部分酒店员工培训手册和工作流程。在此，向所有为本教材的编写提供帮助的各位专家、学者以及酒店业同人表示深深的谢意。

由于水平所限，本教材难免有不妥或疏漏之处，诚望国内外同人和广大读者不吝赐教。

编者

2022 年 8 月

目 录 CONTENTS

1

项目一
酒水认知

 项目导读

　　酒是含有乙醇的饮料，是人们生活、休闲及交流活动的必要饮品。本章主要讲述酒的起源、历史及发展，酒文化，酒的定义与特点，酒度和酒度换算，以及酒水的分类等知识。

知识目标：

1. 了解酒的发展历史。

2. 掌握酒水的定义。

3. 了解酒水的特点。

4. 掌握酒的分类方法及类别。

5. 掌握酒度的定义及各不同酒度换算方法。

能力目标：

1. 能根据所学知识进行酒水分类。

2. 能够掌握 3 种酒度的换算方法。

素质目标：

具备良好的服务意识、团队协作能力、职业素养、文化素养、沟通能力、创新能力以及学习能力。

思维导图

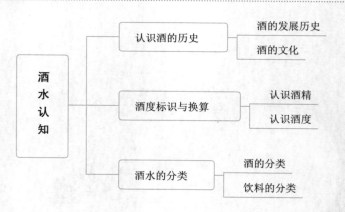

任务一 认识酒的历史

酒的出现给人类增添了很多的生活乐趣，酒起源于何时，10000 年以前还是 6000 年以前？现在还没有确凿的定论。本项目通过介绍世界酒的历史及发展、中国酒的历史及发展，带领大家了解酒的起源及发展历史。

一、酒的发展历史

（一）酒的起源

酒可以自然生成，在自然界，天然酵母菌附着在自然成长阶段的水果表皮上，成熟的水果落地后，随着表皮破裂，渗出富含糖分的汁液，当酵母菌与汁液接触后，在适宜的条件下汁液被分解成酒精，从而就形成了酒。

酒的起源是经历了一个从自然酒过渡到人工造酒的过程。根据对出土文物的考证，约在公元前 6000 年，美索不达米亚地区就已经出现雕刻着啤酒制作方法的黏土板。据考证，公元前 4000 年，美索不达米亚地区就已经用大麦、小麦、蜂蜜等制作了 16 种啤酒。从出土的大量饮酒和酿酒器皿看，我国人工酿酒的历史可追溯到仰韶文化时期，距今亦有约七千年。

（二）酒的发展历史

1. 酒的发展历史

考古和文献资料记载表明，从自然酿酒到人工造酒这一发展阶段大约在 7000 年至 10000 年以前。人类最早的酿酒活动，只是机械地简单重复大自然的自酿过程。当人类有了足以维持基本生活的食物，就开始有条件地去模仿大自然生物本能的酿酒过程。真正称得上有目的的人工酿酒的生产活动，是在人类进入新石器时代、出现了农业之后开始的。这时，人类有了比较充裕的粮食，而后又有了制作精细的陶制器皿，这才使得酿酒生产成为可能。

（1）葡萄酒的发展历史

通常认为，葡萄酒起源于公元前 6000 年前的古波斯，之后随着旅行者、战争或移民被传到古希腊。公元前 6 世纪，希腊人将葡萄藤、栽培技术和最新的酿酒技术传入古罗马。随着罗马人的势力扩张，传遍整个欧洲大地。中世纪后期（13 世纪之后），欧洲大部分葡萄园由教会掌控，葡萄酒成为天主教弥撒庆祝活动的必需品。这一时期，本笃教会成为最大的葡萄酒生产者，

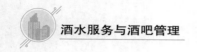

在教会僧侣的不断努力下，葡萄栽培和葡萄酒酿造技术突飞猛进，并驯化出许多优良的酿酒的葡萄，葡萄酒的质量得到了大幅提高，从而为葡萄酒的发展做出了巨大贡献，并将这一文化有序地传承了下来。

17世纪，随着移民，葡萄栽培和葡萄酒酿造技术传入非洲、美洲、大洋洲和亚洲。20世纪初，第一次世界大战和第二次世界大战对全球葡萄种植业造成了毁灭性打击。20世纪40年代，法国葡萄酒管制系统建立并实施，从而带动全球葡萄酒产业复苏。20世纪70—80年代是葡萄酒产业高速发展期。21世纪初，全球掀起葡萄酒热潮，葡萄酒贸易空前繁荣。

（2）蒸馏酒的发展历史

蒸馏酒是把经过发酵的酒液通过蒸馏器经过一次或多次的蒸馏而提取的高酒度酒液，蒸馏器的发明是蒸馏酒起源的必需条件。蒸馏酒历史的早期记载：在古希腊时代，亚里士多德曾经写道："通过蒸馏，先使水变成蒸汽继而使之变成液体状，可使海水变成可饮用水。"这说明当时人们发现了蒸馏的原理。在中世纪早期，阿拉伯人发明了蒸馏器提炼香水，之后也对发酵酒进行蒸馏而得到烈性酒。在10世纪，一位名叫阿维森纳的哲学家曾对蒸馏器进行过详细的描述。公元1313年，一位加泰隆（Catalan，西南欧民族之一，主要分布在西班牙）教授是第一个记载蒸馏酒的人。国外已有证据表明，大约在12世纪，人们第一次制成了蒸馏酒。据说当时蒸馏得到的烈性酒并不是用来饮用的，而是作为燃料和使用溶剂，后来烈性酒又辅助药品使用。早期国外的蒸馏酒基本都是用葡萄发酵酒蒸馏而得到的。

2. 中国酒的发展历史

中国酿酒历史悠久，中国人与酒自古以来就有不可分割的联系，关于酒的历史源远流长。在中华文化的历史长河中，酒不仅是一种客观的物质存在，更是一种文化的象征。中国传统酿酒技术在历史上呈阶段性发展，分为溯源初始期、发展成熟期、融合繁荣期。

（1）溯源初始期

在新石器时代早期我国已经开始了农业和制陶业，这些都是酿酒的前提条件。在黄河流域的磁山文化、裴李岗文化、仰韶文化、李家村文化等早期文化中已明显出现较发达的农业和制陶业，现在已经出土了当时的饮酒器和制酒器。在中国用谷物酿酒的远古时期，酒史中记载了黄帝酿酒、猿猴酿酒、仪狄酿酒、杜康酿酒的传说。公元前4000—前2000年，即由新石器时代的仰韶文化早期到夏朝初年，是我国谷物酿酒的初始期。

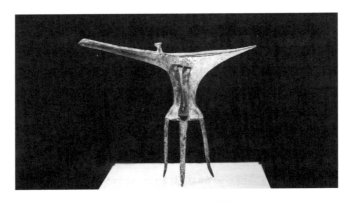

图 1-1　中国夏代青铜爵

夏朝酒文化十分盛行，夏人善饮酒，夏朝有一种叫爵的酒器，是我国已知最早的青铜器。商代酿酒业十分发达，青铜器制作技术提高，中国的酒器达到前所未有的繁荣。周代大力倡导"酒礼"与"酒德"，把酒的主要用途限制在祭祀上，于是出现了"酒祭文化"。在商周时期，人们发现了曲蘗酿酒，并开始在酿酒时使用。西周至春秋战国时期，酿酒技术有了进一步的发展，周朝时期已经设有专门管理酿酒的官吏。以及掌管饮酒之礼的机构。

（2）发展成熟期

到了春秋战国时期，人们普遍掌握了用"固态发酵法"与"复式发酵法"酿酒，酿酒技术已经有了明显的提高，并传承发展到现在。

秦汉时期，关于酿酒的记载更加丰富。制曲技术逐渐走向成熟。《礼记·月令》中记载有酿酒的六大注意事项："秫稻必齐，曲蘗必时，湛炽必洁，水泉必香，陶器必良，火齐必得。"意思就是，酿酒用的谷物必须完全成熟，投曲必须及时，浸煮时务必保持清洁，所用的水质要清亮醇香，盛放所用的器皿以上好的陶器为佳，加工酿造的火候要适宜。

三国时期作为我国酿酒技术的发展时期，不论是技术、原料，还是种类等都有很大进步。到了魏晋时期允许民间自由酿酒，私人自酿自饮的现象相当普遍，酒业市场十分兴盛，并出现了酒税。魏晋南北朝时期出现了"曲水流觞"的习俗，饮酒不但盛行于贵族，而且普及到民间。北魏贾思勰撰写的《齐民要术》记录了 40 多种酿酒的方法。

唐代是中国酒文化的高度发达时期，酒文化融入了中国人的日常生活中，人们聚餐宴饮、礼尚往来都离不开酒。这时期的酿酒工艺在前人的基础上不断地革新，制曲技术和酿酒技术在理论上及工艺上有了很大的突破，同时唐代时期政治经济繁荣，为中国酿酒事业的进一步发展奠定了基础。

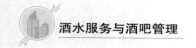

宋代酒业的覆盖面更为广阔，人们的酿酒与售酒带有浓重的地域痕迹。宋朝对酿酒业实行专卖榷酒的政策，同时自家开酿也是宋朝的传统习惯。宋代朱翼中所著的《北山酒经》被公认为是酒文献的经典之作，书中既有对中国酒文化的高度概括和论述，同时又提供了具体的制曲、酿酒方法以及如何榨酒、收酒、贮存酒，是我国现存的第一部全面系统论述制曲酿酒工艺的专门性著作。到了宋代，我国的酿酒工艺已经达到了相对成熟的时期。

（3）融合繁荣期

元代是一个多民族融合的时期，一些少数民族的豪饮之风也传入中原，在某种意义上也推动了酿酒规模的扩大和技术的发展。与前代相比，元代的酒类品种更加丰富，出现了烧酒（阿剌吉酒）。元代忽思慧所撰写的《饮膳正要》明确提到蒸馏烧酒的制法，而且对饮酒宜忌进行了全面总结。到了明朝时期，徐光启的《农政全书》中记载了造曲酿酒的方法，李时珍在撰写《本草纲目》时，不仅对各种酒进行了品评，还归纳总结了烧酒的制作方法及保健作用。此外，李时珍在书中还记载了69种药酒方，并且对各种药酒的功能、制法以及宜忌等内容进行了详细的论述。

清朝时期，酿酒业达到空前规模。商品酒逐渐成为主流。酿酒的规模越来越大，分工也越来越细，北方以高粱烧酒为代表，南方则以绍兴黄酒为代表，形成酿酒产业的基础。与此同时，葡萄酒、啤酒等"洋酒"开始涌入进来，对现代酒业产生了重大影响。

中华人民共和国成立后，西方先进的酿酒技术与我国传统的酿造技艺竞放异彩。啤酒、白兰地、威士忌、伏特加及特基拉等外国酒在我国也开始立足生根。中国酿酒行业进入了空前繁荣的时代。

二、酒的文化

在人类文化的历史长河中，无论在西方还是东方，酒文化都源远流长，酒是文化的一种象征。酒作为一种特殊的文化载体，已经渗透到人类社会生活中的各个领域，对人文生活、文学艺术、医疗卫生、工农业生产、政治经济各方面都有着巨大影响和作用。自古以来，文人墨客们就赋予了酒特殊的意义，不少文人学士写下了品评鉴赏美酒佳酿的著述，留下了斗酒、写诗、作画、养生、宴会、饯行等酒神佳话。

（一）中国酒文化

中国是酒的故乡，酒和酒文化一直占据着重要地位。作为一种特殊的文化形式，在传统的中国文化中有其独特的地位，在几千年的历史中，酒几乎渗透到社会生活中的各个领域。

在中国，酒神精神以道家哲学为源头。庄周主张：物我合一，天人合一，齐一生死。庄周高唱绝对自由之歌，倡导"乘物而游""游乎四海之外""无何有之乡"。追求绝对自由、忘却生死利禄及荣辱，是中国酒神精神的精髓所在。

从古至今传世的比较著名的中国酿酒专著有北魏贾思勰《齐民要术》中的《造神曲并酒》，宋代苏轼《酒经酿酒法》和朱翼中《北山酒经》，李保《续北山酒经》，元代马端临《文献通考》中的《论宋酒坊》，明代李时珍《本草纲目》中的《酒》，高濂《遵生八笺》中的《酿造类》，宋应星《天工开物》中的《酒母》。

魏晋名士刘伶在《酒德颂》中有言："有大人先生，以天地为一朝，万期为须臾，日月有扃牖，八荒为庭衢。""幕天席地，纵意所如。"

杜甫《饮中八仙歌》中有："李白斗酒诗百篇，长安市上酒家眠，天子呼来不上船，自称臣是酒中仙。"苏轼《和陶渊明〈饮酒〉》中写道："俯仰各有志，得酒诗自成。"南宋政治诗人张元年说："雨后飞花知底数，醉来赢得自由身。"酒醉而成传世诗作，这样的例子在中国诗史中俯拾皆是。

在绘画和书法艺术中，酒文化也处处可见。画圣吴道子，作画前必酣饮大醉方可动笔，醉后为画，挥毫立就。"元四家"中的黄公望也是"酒不醉，不能画"。"书圣"王羲之醉时挥毫而作《兰亭集序》，"遒媚劲健，绝代更无"，而至酒醒时"更书数十本，终不能及之"。李白写醉僧怀素："吾师醉后依胡床，须臾扫尽数千张。飘飞骤雨惊飒飒，落花飞雪何茫茫。"怀素酒醉泼墨，方留其神鬼皆惊的《自叙帖》。草圣张旭"每大醉，呼叫狂走，乃下笔"，于是有其"挥毫落纸如云烟"的《古诗四帖》。

（二）国外酒文化

世界文化现象有着惊人的相似之处，西方的酒神精神以葡萄种植业和酿酒业之神狄奥尼苏斯为象征，到古希腊悲剧中，西方酒神精神上升到理论高度，德国哲学家尼采的哲学使这种酒神精神得以升华，尼采认为，酒神精神喻示着情绪的发泄，是抛弃传统束缚回归原始状态的生存体验，人类在个体消失与世界合一的绝望痛苦的哀号中获得生的极大快意。

（三）饮酒习俗与礼仪

我国在远古时代就形成了一些大家必须遵守的饮酒礼节。古代饮酒的礼仪约有四步：拜、祭、啐、卒爵。就是先做出拜的动作，表示敬意，接着把酒倒出一点在地上，祭谢大地生养之德；然后尝尝酒味，并加以赞扬令主人高兴；最后仰杯而尽。在酒宴上，主人要向客人敬酒（叫酬），客人要回敬主人（叫酢），敬酒时还要说上几句敬酒辞。客人之间相互也可敬酒（叫旅酬）。有时还要依次向人敬酒（叫行酒）。敬酒时，敬酒的人和被敬酒的人都要"避席"，起立。普通敬酒以三杯为度。

西方的"酒文化"与中国的"酒文化"既有相同的地方也有着很多不同的地方。酒作为一种文化形态和文化现象，时代不同、地域不同、民族不同，其内涵自然也是千变万化、异彩纷呈的。西方饮食文化中一般饭前要饮开胃酒，饭后要饮帮助消化的利口酒或烈性酒，用餐过程中还要根据不同菜肴搭配不同的酒，如吃肉时喝红葡萄酒，吃鱼时喝白葡萄酒，吃点心时则配葡萄汽酒或利口酒。

拓展阅读 1-1

任务二　酒度标识与换算

一、认识酒精

酒是含有糖分的物质在酵母菌的作用下自然产生的含有乙醇（ethylalcohol）的、带有刺激性的饮料。

（一）乙醇的特征

酒里的最主要的成分是酒精（学名是乙醇，分子式为 C_2H_5OH），乙醇的重要物理特征是，在常温下呈液态，无色透明，易燃，易挥发，沸点与汽化点是 78.3℃，冰点为 -114℃，溶于水。细菌在乙醇内不易繁殖。乙醇的结构式是 $CH_3—CH_2—OH$，分子量为 46。在酿酒工业中，乙醇主要由葡萄糖转化而成。葡萄糖转化成乙醇的化学反应式为 $C_6H_{12}O_6=2C_2H_5OH+2CO_2$。

酒是多种化学成分的混合物。其中，乙醇是主要成分。除此之外，还有水和众多的化学物质。这些化学物质包括酸、酯、醛、醇等，尽管这些物质的含量很低，但是决定了酒的质量和特色，所以这些物质在酒中的含量非常重要。

通常，乙醇无须经过消化系统就可以被人的肠胃直接吸收。酒进入肠胃后，迅速进入人的循环系统。人们饮酒几分钟后，乙醇就扩散到全身。首先，酒被血液带到肝脏，经过滤后，到达心脏，然后通过循环系统到达大脑和高级神经中枢。乙醇对神经中枢有很大影响。在短时间内饮用大量酒就对人体有害。当人体内的乙醇浓度增高时，大脑血管开始收缩，致使大脑血流量越来越少，从而使人的脑组织缺氧，神经元发生功能障碍。正常人的血液中含有 0.003% 的乙醇。然而当血液中乙醇浓度达到 0.7% 时会造成生命危险。

酒水是人们用餐、休闲及交流活动中不可缺少的饮品。酒水可以在人们交流时增强气氛。有专家认为，适度地饮用发酵酒有利于降低血压、帮助消化。法国科学家做了大量的研究认为，适量饮用葡萄酒可以促进健康和长寿。从生活和文化的角度，就不仅能增强气氛，还可以缓解人们的紧张情绪，成为人们日常生活不可缺少的物质，特别是在交往日益扩大的今天，酒作为一种媒介，更是起到了不容忽视的作用。但过量饮酒会引发很多疾病，如急性酒精中毒、胃出血、脑出血、胃溃疡、心脏病、肝病、视力模糊、智力迟钝、判断力下降、记忆减退等。

（二）酒的特点

酒的特点实际是乙醇的特点。乙醇由碳、氢和氧元素组成。其特点表现在颜色、香气、味道和酒体等。不同种类的酒，其特点和风味都不同。

1. 酒的颜色

酒有许多种颜色，主要来自它的原料颜色。例如，红葡萄酒的颜色来自红葡萄的颜色。酒的颜色的形成还来自酿制过程中产生的颜色。由于温度的变化和长时间热化等原因，使酒增加了颜色。例如，中国的白酒经过加温、汽化、冷却、凝结后，改变了原来的颜色而变成无色透明的液体。

2. 酒的香气

酒常有各种香气，酒的香气来自酒的主要原料、酵母菌、增香物质及在酿酒过程中形成。香气通过人的嗅觉器官传送到大脑，经过加工得到感知。酒中的香气，除了用鼻子体验，还通过口尝或饮用而进入人的咽喉，与呼吸气体一起感知。通常人们对相同的香气有不同的反应。当人们处于疲劳、生病时，人们对香气的灵敏度会降低。

3. 酒的味道

通常，酒的味道留给人们很深的印象，人们常用甜、酸、苦、辛、咸、涩等来评价酒的味道。

在各种酒中，以甜为主的酒数不胜数，甜味给人以舒适、浓郁的感觉，深受人们喜爱。甜味主要来自酒中的糖分和甘油等物质。糖分普遍存在于酿酒原料中，只要糖不在发酵中耗尽，酒液就会有甜味。此外，人们会有意识地在酒中加入糖汁或糖浆。

酸味是酒的另一主要口味。现代消费者都十分青睐带有酸味的干型酒。酸味酒给人以干冽、爽快和开胃等感觉。

世界上有不少酒以苦味著称。恰到好处的苦味可以给人以止渴、开胃等感觉。比较著名的苦酒有安哥斯特拉酒（Angostura）和金巴利（Campari）

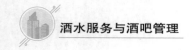

苦酒。

辛味也称作辣味，辣是一种痛觉，一种烧灼感，是对口腔黏膜的一种刺激，而不是味觉。

咸味主要由于酿造工艺粗糙，使酒液中混入过量的盐分导致。然而少量的盐类可提高味觉的灵敏度，使酒味更加浓厚。

涩味常与苦味同时出现，涩味给人带来麻舌、烦恼和粗糙等感觉。涩味主要来源于原料处理不当，酒中含有过量的单宁和乳酸等物质。

4. 酒的形与体

酒的形指可观察到的透明度和流动性。质量优良的酒具有清澈、透明和纯净等特征。失光和混浊等都是酒的质量问题。酒体既是酒的风格，也是一个综合概念，指人们对酒的颜色、香味和味道等的综合评价。

二、认识酒度

（一）酒精度定义及表示方法

酒度指乙醇在酒中的含量，是对饮料中所含有的乙醇量多少的表示。

目前国际上有三种方法表示酒度：国际标准酒度（以下简称标准酒度）、英制酒度和美制酒度。

1. 标准酒度（Alcohol% by volume）

标准酒度指在20℃条件下，每100毫升饮料中含有的乙醇的毫升数。这种表示法容易理解因而使用广泛。标准酒度是法国著名化学家盖·吕萨克（Gay Lusaka）发明，因此标准酒度又称为盖·吕萨克酒度（GL），用%（V/V）表示。例如，12%（V/V）表示在100mL酒液中含有12mL的乙醇。

2. 英制酒度（Degrees of proof UK）

英国在1818年的58号法令中明确规定了饮料中酒度的衡量标准。英国将衡量酒度的标准含量称为proof。由于酒精的密度小于水，所以一定体积的酒精总是比相同体积的水轻。英国的酒度定义：proof（即标准酒精含量）是设定在华氏51度（约10.6℃），比较相同体积的酒精饮料与水，在酒精饮料的重量是水重量的12/13前提下，酒精饮料的酒度为1proof。

即当酒精饮料的重量等于相同体积的水的重量的12/13时，它的酒度定为1proof。1proof等于57.06%（V/V）的标准酒度。英制酒度使用sikes作为单位，1proof等于100sikes。

3. 美制酒度（Degrees of proof US）

相对于英制酒度，美制酒度就简单多了。美制酒度的计算方法是在华氏

60 度（约 15.6℃）时，200 毫升的饮料中所含有的纯酒精的毫升数。美制酒度使用 proof 作为单位。美制酒度大约是标准酒度的 2 倍。例如，一杯酒精含量为 40%（V/V）的伏特加酒，其美制酒度是"80 proof"。

（二）酒精度的换算

通过标准酒度与英制、美制酒度的计算方法我们不难理解，如果忽略温度对酒精的影响，1 标准酒度表示的酒精浓度等于 2 美制酒度所表示的酒精浓度。1 标准酒度表示的酒精浓度约 1.75 英制酒度所表示的酒精浓度（sikes）。而 2 美制酒度表示的酒精浓度约等于 1.75 英制酒度所表示的酒精浓度。因此只要知道任何一种酒度值，就可以换算出另外两种酒度。

（三）酒精度换算公式

标准酒度 ×1.75= 英制酒度

标准酒度 ×2= 美制酒度

英制酒度 ×8/7= 美制酒度

例如，英制酒度的 100sikes 是美制酒度的 114proof，美制酒度的 100proof 则是英制酒度的 87.5sikes。

从 1983 年开始，欧共体成员国家及其他许多国家已相继统一使用国际酒精度表示方法即盖·吕萨克酒度（GL）表示方法。

拓展阅读 1-2

 ## 任务三 酒水的分类

酒有多种分类方法。酒可以通过制作工艺、酒精度、酒的特色和酒的功能等因素分类。饮料主要包括茶、咖啡、果汁、碳酸饮料和矿泉水等。

一、酒的分类

（一）按照酒精度分类

1. 低度酒

低度酒的酒精度在 15 度以下，包括 15 度。

2. 中度酒

通常人们将酒精度 16 度至 37 度之间的酒称为中度酒。

3. 高度酒

高度酒也称为烈性酒，指酒精高于 38 度的蒸馏酒，包括 38 度。

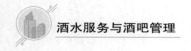

不同国家和地区对酒中的酒精度有不同的认识。我国将 38 度以下包括 38 度的酒称为低度酒。而有些国家将 20 度以上的酒包括 20 度的酒称为高度酒。

（二）按照酒颜色分类

1. 白酒

白酒指无色透明的酒。例如，中国白酒、伏特加酒。

2. 色酒

色酒指带有颜色的酒。例如，利口酒、红葡萄酒。

（三）按照酒原料分类

1. 水果酒

以水果为原料，经过发酵、蒸馏或配制成的酒。例如，葡萄酒、白兰地酒等。

2. 粮食酒

以谷物为原料，经过发酵或蒸馏制成的酒。例如，啤酒、米酒、威士忌酒、中国白酒等。

（四）按照生产工艺分类

1. 发酵酒（Fermented Wine）

发酵酒又称为酿造酒，特点是酒精含量低，是以含有糖分的物质进行发酵而产生的含酒精饮料。发酵酒的原料是水果、谷物以及少量的动物乳汁，因此可分为三类，谷物发酵酒、水果发酵酒和其他发酵酒。

（1）水果发酵酒

水果发酵酒是以植物的果实为原料酿造而成的低度发酵酒。以葡萄酒为主要代表。另外，还有以苹果、梨、草莓等水果为原料酿造的其他水果酒。

（2）谷物发酵酒

谷物发酵酒是以大米、糯米等为原料酿造而成的发酵酒。主要有啤酒、黄酒、清酒等品种。

（3）其他发酵酒

少数发酵酒是利用动物的奶、蜜等为原料而酿制的，如奶酒、蜜酒等。

2. 蒸馏酒（Distilled wine）

蒸馏酒是以含糖分或淀粉的物质为原料，经糖化、发酵、蒸馏而成，或者经其他发酵酒为原料蒸馏而成。其特点是酒精含量高，耐用久存。蒸馏酒的种类很多，有白兰地（Brandy）、威士忌（Whisky）、伏特加（Vodka）、金酒（Gin）、朗姆酒（Rum）、中国白酒（Chinese liquor）和特基拉酒（Tequila）等，按生产原料的不同可分为谷物、果类、果杂类和其他四大类。

3. 配制酒（Integrated Alcoholic Beverages）

配制酒是一个比较复杂的酒品系统，它的诞生晚于单一酒品。配制酒是以发酵酒或蒸馏酒为酒基，与其他酒品或非酒精物质进行配制获得。主要有开胃酒（Aperitif）、甜食酒（Dessert Wine）、利口酒（Liqueur）等。

（五）按照酒的功能分类

1. 餐前酒（Aperitif）

餐前酒指有开胃功能的各种酒，在餐前饮用。常用的餐前酒有干雪利酒、清淡的波特酒（Port）、味美思酒、苦酒（Bitter）、茴香酒（Anisette）和具有开胃作用的鸡尾酒（Aperitif Cocktails）等。

2. 餐酒（Table Wine）

餐酒也称为餐中酒，指用餐时饮用的白葡萄酒、红葡萄酒和玫瑰红葡萄酒，甚至清淡的香槟酒。

3. 甜点酒（Dessert Wine）

甜点酒指吃甜点时饮用的带有甜味的葡萄酒。这种葡萄酒的酒精度高于一般餐酒，通常在 16 度以上。例如，甜雪利酒、波特酒、马德拉酒（Madeira）。

4. 餐后酒（Liqueur）

餐后酒也称为利口酒，是人们餐后饮用的带甜味和香味的混合酒。这种酒多以烈性酒为基本原料，勾兑水果香料或香草及糖蜜制成。

此外，酒也可以根据国家和生产地来分类，许多同类型酒，由于出产的国家不同，酒的特点也不同。例如，法国味美思（French Vermouth）以干味而著称，并带有坚果香味。意大利味美思（Italian Vermouth）以甜味和独特的清香及苦味而著称。

二、饮料的分类

饮料是指酒精含量小于 0.5%（V/V），以补充人体水分为主要目的的饮品，包括茶、咖啡、果汁、碳酸饮料和矿泉水等。

（一）茶

茶通常是指茶树的嫩叶或嫩芽，用不同的工艺加工而成的物质，可以热饮也可冷饮。中国是茶的故乡，世界茶叶和茶文化的发源地。茶按照其加工方式分为六大基本茶类和再加工茶类。六大基本茶类分别为：

1. 黄茶

包括黄芽茶（君山银针、蒙顶黄芽等）、黄小茶（北港毛尖、沩山毛尖、温州黄汤等）、黄大茶（霍山黄大茶、广东大叶青等）。

2. 绿茶

包括炒青绿茶（龙井、碧螺春等）、烘青绿茶（黄山毛峰、太平猴魁、华顶云雾等）、晒青绿茶和蒸青绿茶。

3. 乌龙茶

包括闽北乌龙（武夷水仙、大红袍、肉桂、建阳水仙等）、闽南乌龙（铁观音、毛蟹、本山、黄金桂等）、广东乌龙（凤凰单枞、凤凰水仙、岭头单枞等）、台湾乌龙（冻顶乌龙、文山包种、阿里山）。

4. 红茶

包括小种红茶（正山小种、烟小种等）、工夫红茶（滇红、祁红、川红、闽红等）、红碎茶（叶茶、碎茶、片茶、末茶）。

5. 白茶

包括白芽茶（白毫银针等）、白叶茶（白牡丹、贡眉等）。

6. 黑茶

包括湖南黑茶（安北黑茶等）、湖北老青茶（蒲圻老青茶等）、四川边茶（南路边茶、西路边茶等）、滇桂黑茶（普洱茶、六堡茶等）

再加工茶则是以基本茶类为基础，经过再加工制成，如花茶（茉莉花茶、珠兰花茶、玫瑰花茶、桂花茶等）、紧压茶（黑砖、茯砖、方茶、饼茶等）、萃取茶（速溶茶、浓缩茶等）、果味茶（荔枝红茶、柠檬红茶、猕猴桃茶等）、药用保健茶（减肥茶、杜仲茶、甜菊茶等）、含茶饮料（茶可乐、茶汽水、茶酒等）等。

（二）咖啡

咖啡（coffee），是用经过烘焙磨粉的咖啡豆制作出来的饮料。常见的咖啡饮品种类有普通速溶咖啡、现磨咖啡、不含咖啡因咖啡、意式特浓咖啡、奶泡咖啡、拿铁咖啡、冰咖啡等。

（三）碳酸饮料

拓展视频 1-1

碳酸饮料（品）（汽水）类（carbonated drinks）是指在一定条件下充入二氧化碳气体的制品。不包括由发酵法自身产生的二氧化碳气体的饮料。成品中二氧化碳气体的含量（20℃时体积倍数）不低于 2.0 倍。碳酸饮料包括：

1. 果汁型（fruit juice type）

原果汁含量不低于 2.5% 的碳酸饮料，如橘子汽水、橙汁汽水、菠萝汁汽水或混合果汁汽水等。

2. 果味型（fruit flavoured type）

以果香型食用香精为主要赋香剂，原果汁含量低于 2.5% 的碳酸饮料，如橘子汽水、柠檬汽水等。

3. 可乐型（cola type）

含有焦糖色、可乐香精或类似可乐果和水果香型的辛香、果香混合香型的碳酸饮料。无色可乐不含焦糖色。如：可口可乐、百事可乐、七喜等。

4. 低热量型（low-calorie type）

以甜味剂全部或部分代替糖类的各种类型的碳酸饮料和苏打水。成品热量低于 75kJ/100ml。

5. 其他型（other types）

含有植物提取物或非果香型的食用香精为赋香剂以及补充人体运动后失去的电介质、能量等的碳酸饮料，如姜汁汽水、沙土汽水、运动汽水等。

❓ 思考与练习

参考答案

一、单项选择题

1. 中国酿酒的鼻祖是（　　　）。

A. 黄帝　　　　　　　　　　B. 炎帝

C. 神农氏　　　　　　　　　D. 仪狄与杜康

2. 以下属于饮酒驾驶机动车辆处罚的是（　　　）。

A. 罚款 1000~2000 元、记 12 分并暂扣驾照 6 个月

B. 吊销驾照

C. 5 年内不得重新获取驾照

D. 经过判决后处以拘役，并处罚金

3. 白兰地酒属于（　　　）。

A. 谷物蒸馏酒　　　　　　　B. 水果蒸馏酒

C. 葡萄发酵酒　　　　　　　D. 谷物发酵酒

二、判断题

1. 酒是含有糖分的物质在酵母菌的作用下自然产生的含有乙醇（ethyl alcohol）的、带有刺激性的饮料。　　　　　　　　　　　　　　（　　　）

2. 乙醇的重要物理特征是，在常温下呈液态，无色透明，易燃，易挥发，沸点与汽化点是 78.3℃，冰点为 0℃，溶于水。　　　　　　（　　　）

3. 标准酒度指在 20℃ 条件下，每 100 毫升饮料中含有的乙醇的毫升数。

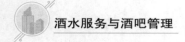

用%（V/V）表示。例如，12%（V/V）表示在100ml酒液中含有12ml的乙醇。

（　　）

三、简述题

1. 简述酒的特点。

2. 简述中国酒的发展历史。

3. 简述酒的分类方法及类别。

四、案例分析题

说到75%的酒精，大家都不陌生，在对抗新型冠状病毒疫情期间，这可是每个家庭小药箱和医疗机构常备的消毒药品。我们知道的酒精有食用酒精、医用酒精和工业酒精。请大家分析它们之间的区别。

五、实训题

酒品品尝

实训目标：通过本次实训，学生初步了解国内外各类酒的色、香、味等特点，培养学生具备酒水认知的基本技能，为后续鸡尾酒调制的学习打下基础。

实训时间：2学时。

实训方法：教师演示、讲解，学生分组品尝酒品，撰写实训报告，分组汇报。

实训步骤：

（1）填写酒品品尝表（见表1-1）。

表1-1　酒品品尝

酒名	颜色	香味	口感	综合评价

（2）撰写实训报告。

（3）分组汇报。

2 项目二
鸡尾酒调制与服务

项目导读

　　本项目重点学习鸡尾酒的相关知识，掌握四种主要的鸡尾酒调制方法以及其配方中所涉及的中国白酒、国外六大蒸馏酒、部分酿造酒、配制酒和软饮料的相关服务技能与专业知识。

知识目标：

1. 识别主要基酒（白兰地、伏特加、威士忌、金酒、朗姆酒、特基拉、中国白酒）并了解其历史、分类、酿造、饮用及服务知识。

2. 熟悉以六大基酒为主要原料的部分经典鸡尾酒调制方法及其配方。

3. 掌握主要辅料酒相关知识。

能力目标：

1. 掌握兑和法、调和法、摇和法、搅和法等鸡尾酒调制方法。

2. 能够以六大基酒为原料调制部分经典鸡尾酒。

3. 能够根据所学的专业知识进行各种酒类或软饮料的饮用服务。

4. 能够掌握鸡尾酒创新的方法和技巧，创作鸡尾酒。

素质目标：

具备良好的服务意识、调酒专业技能、职业素养、文化素养、沟通能力、创新能力、团队协作能力和学习能力。

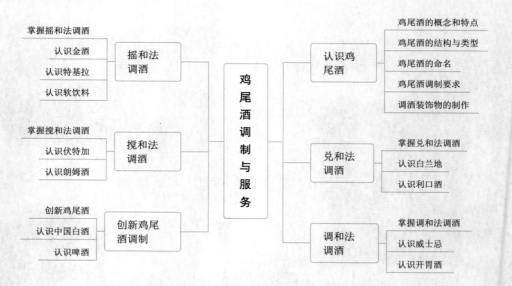

任务一　认识鸡尾酒

鸡尾酒（Cocktail）是一种非常有趣的酒精饮料，关于它的起源，现在谁也说不清，Cocktail 来自一个英文短语 Cock your tail，意思是把你的尾巴翘起来，也就是打起精神来。

鸡尾酒的现代概念，就是把两种以上的饮料混合在一起，盛放在相应的酒杯里，并用水果装饰的合成酒精饮料。虽然把不同的饮料混合在一起的这种做法已经有几百年历史了，但是"鸡尾酒"一词的正式出现是在 1806 年纽约发行的一本杂志里面。上面记录着杂志主编回答读者关于鸡尾酒一词的解释时说的话："鸡尾酒是一种激动人心的饮料，它把蒸馏酒与任何一种糖汁、水或苦精混合起来，是我们这个大选之年的酒精毒药，那些民主党候选人喝下这样的酒后就什么也不在乎了……"

美国是鸡尾酒艺术的发源地，在这里曾经见证了鸡尾酒艺术的浪漫情调和时尚流行，尤其是在 20 世纪 20 年代，美国人发明了很多经典鸡尾酒，这使鸡尾酒文化贴上了一个美国标签。随着 20 世纪 90 年代各种调味蒸馏酒和新品果汁饮料的不断推出，在过去的几年里，对鸡尾酒的推崇又重新回到人们中间，继而在全世界范围内又出现了许多新品鸡尾酒。

一、鸡尾酒的概念和特点

鸡尾酒是一种混合饮品，是由两种或两种以上的酒或饮料、果汁、汽水、牛奶等混合而成。鸡尾酒通常以朗姆酒、金酒、龙舌兰、伏特加、威士忌、白兰地等烈性酒或葡萄酒作为基酒，再配以果汁、蛋清、苦精、牛奶、咖啡、糖等其他辅助材料，加以搅拌或摇晃而成的一种混合饮品，最后还可用柠檬片、水果或薄荷叶等作为装饰物。

鸡尾酒本身具有自己独特的特点：其一，它是由烈性酒水添加饮料、牛奶、果汁、调料等制得；其二，其具有与其他酒水所明显不同的各种专用载杯与装饰物；其三，因其添加的各种配料而呈现出各种颜色。

二、鸡尾酒的结构与类型

一般认为，鸡尾酒的基本结构为基酒，辅料（辅酒、饮料等调缓料），配

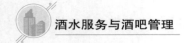

料（香料、糖、奶调味用品或添香剂等调香调色的调味料），装饰物，载杯五个部分。

鸡尾酒＝基酒（烈性酒）＋调色调香溶液（利口酒，开胃酒，果汁，饮料等）＋载杯＋装饰物。

（一）基酒

鸡尾酒的基酒主要以烈性酒为主，有金酒、威士忌、白兰地、朗姆酒、伏特加和特基拉酒，这六种酒被称为鸡尾酒的六大基酒。另外，有些鸡尾酒用开胃酒、葡萄酒、餐后甜酒或香槟酒等做基酒，但数量相对比较少。个别特殊的鸡尾酒不含酒精成分，纯用软饮料配制而成，也就无所谓基酒了。随着鸡尾酒在我国的发展，我国也逐渐出现了一些以白酒、米酒为基酒的鸡尾酒。

按照鸡尾酒所使用的基酒，可以分为白兰地型、威士忌型、金酒型、朗姆酒型、伏特加型、特基拉型、香槟酒型、利口酒型、葡萄酒型、啤酒型、无酒精型、白酒型。

按照鸡尾酒的饮用时间和地点，可以分为餐前鸡尾酒、餐后鸡尾酒、晚餐鸡尾酒、寝前鸡尾酒、派对鸡尾酒等。

按照鸡尾酒的调制方法及酒水载杯容量，可以分为长饮鸡尾酒和短饮鸡尾酒。此外，鸡尾酒还有热饮与冷饮之分。

（二）辅料

辅料指的是各种搭配酒水，根据是否含有酒精可分成两种：一种是加色加味的辅酒，用量较少；另一种是降低酒度的调缓饮料，用量比较大，一般是基酒的3~5倍。

（三）配料

鸡尾酒常用的配料有：糖浆、蜜糖、淡奶、可可粉、鲜牛奶、奶油、咖啡、鸡蛋、辣椒汁、比特酒、李派林喼汁、糖、盐、玉桂枝、玉桂粉、豆蔻粉、胡椒粉以及调制鸡尾酒时对酒的口感有重要影响的冰。

（四）装饰物

点缀鸡尾酒的装饰物，有两个作用：一个是芳香作用，可以使鸡尾酒的香味更加和谐，另一个是装饰物的鲜艳色彩可以烘托鸡尾酒。标准的鸡尾酒配方中均有规定的并与之相应的点缀饰物。点缀饰物不同，鸡尾酒名也会不同。常见的调酒装饰用材料有樱桃、橄榄、洋葱、丁香花、草莓、柠檬、橙子、梨、香蕉、荔枝、鲜薄荷叶、鸡尾酒签、调酒棒、杯垫、糖粉、豆蔻粉等。

（五）载杯

饮用鸡尾酒很注重载杯的选择，在容量上、形状上、材质上都很讲究。一般的杯子材质是玻璃或水晶玻璃，要求光洁明亮，色泽晶莹，无杂色，无刻花、印花等。不同规格的载杯盛用不同的鸡尾酒，与酒品相互呼应，相得益彰。选择优质载杯注重以下几点：一是透明度，反映酒杯材质的优良低劣；二是重量，反映酒杯材质的密度；三是有无气泡，反映制作工艺的优劣；四是容量标准，一般相同型号的酒杯的容量应该是一样的。

三、鸡尾酒的命名

鸡尾酒的命名方式没有一定的规则或限制，从植物名、动物名、人名到地名，从形容词到动词，从视觉到味觉等，都可以成为给鸡尾酒命名的因素。

（一）直接命名法

这是对鸡尾酒最简单的命名方法，将鸡尾酒最为典型的特征进行叠加，作为鸡尾酒的名称。

1. 以鸡尾酒所使用的主要酒水原料名称命名

这些鸡尾酒通常都是由较少的酒水种类调配而成，制作方法比较简单，从酒的名称就可以看出其所包含的原料，如金汤力、B&B。

2. 以鸡尾酒中主要酒水原料的名称加上鸡尾酒种类的名称命名

这种将鸡尾酒的基酒名称加上鸡尾酒种类的名称复合作为鸡尾酒名字的方法，可以从酒的名称看出基酒的种类以及此款鸡尾酒的典型风格，如白兰地亚历山大、金菲兹。

3. 以鸡尾酒的种类名称加它的口味特色命名

这种命名方法，可以使人们从酒的名称看出此款鸡尾酒的典型风格以及它的主要口味，如干马天尼、甜曼哈顿。

（二）以颜色命名法

以颜色命名也是鸡尾酒常见的命名方式，丰富的颜色是鸡尾酒的重要特征之一，除了一些常年陈酿的蒸馏酒之外，鸡尾酒的色泽绝大多数来自丰富多彩的配制酒、葡萄酒、糖浆和果汁等，如红粉佳人、青草蜢、蓝色珊瑚礁等。

（三）以地点、人物、生产商命名法

以人物、地名或生产商命名鸡尾酒等混合饮料是一种传统的命名法，它一般都会隐含着一些经典鸡尾酒产生的渊源，如以人物命名的鸡尾酒血腥玛丽、以地点命名的鸡尾酒曼哈顿、以生产商命名的鸡尾酒马天尼。

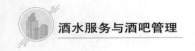

除了以上三种命名法，还有以鸡尾酒的造型命名、以行为名称命名、以事件命名、以景观命名、以时间命名等方法。

四、鸡尾酒调制要求

（一）鸡尾酒调制的基本要求

一款调制精美、色彩绚丽、口味香醇、装饰亮丽的鸡尾酒堪称是一件完美的艺术佳品，鸡尾酒调制也可称为一门艺术创造。所以，调制鸡尾酒时，载杯、装饰物、酒料、辅料的选配都需与之相得益彰，这样才能更加凸显鸡尾酒的特点。

调制鸡尾酒时添加的果汁及其他辅料都不应该掩盖其酒精的刺激口感，其中的各种配料要和谐共存，混合均匀，口感上保持刺激，又可以从中回味其他风味。

一般绝大多数鸡尾酒以冷饮居多。所以，充分的冰镇和选择高脚载杯则显得极其重要。冰镇的目的是改善入口舒适度，高脚杯装载则是为了防止手持玻璃杯的温度改变鸡尾酒的风味。

（二）鸡尾酒调制的标准要求

鸡尾酒需要快速调制，在调制过程中要遵循严格的操作标准和用料标准，刚入门的调酒师建议使用量杯或酒嘴，以保证酒品的口味纯正。调制鸡尾酒所使用的基酒及配料应选择物美价廉和容易购得的。在用摇和法调制饮品时更需要注意选择质地坚硬的冰块，这样的冰块不容易快速融化，从而冲淡酒液。调制鸡尾酒一般要求现调现喝，不可放置太长时间。奶油、牛奶、果汁、蛋清、蛋黄等配料要选择新鲜的。鸡尾酒配方中的蛋清、蛋黄指的是生鸡蛋。

调制热饮酒品须把温度控制在 78.3℃以下，因为酒精的蒸发点是 78.3℃。

调酒师始终需要保持双手干净、卫生，因为在许多情况下，需要用手来接触酒料和载杯的，这一点也是客人关注的要点。服务过程或调制过程中，要注意手持杯柄或底部，严禁手指靠近杯口或伸进杯内。

调制用器具要保持清洁，以便在繁忙时不至于影响连续操作。调制结束后要养成将酒瓶盖紧并归于原处的好习惯。

调制鸡尾酒需要遵循将价格最贵的原料最后放入调酒壶的基本原则，这样可以保证在出现差错时把损失降到最低。

调制鸡尾酒之前需要把载杯、酒料、装饰物等备好待用。在制作鸡尾酒装饰物时，选择的水果必须为新鲜的，罐装的需要用清水把糖分、黏液淘洗干净，用保鲜膜封好备用，如车厘子、橄榄等。鸡尾酒装饰物需要本着和谐简单的原则，不可使其喧宾夺主，有画蛇添足之嫌。另外尽量避免用手接触装饰物。

在室温较高的情况下，为防止玻璃杯因骤冷、骤热而发生炸裂，可以选择"溜杯"和"镇凉"的方法使其冷却。溜杯适合容量较小的载杯，操作方法是将1~2块冰块放入杯中，手握杯柄顺时针水平摇晃，待载杯外壁出现霜或水时完成；镇凉则适合容量较大的载杯，操作方法是将5~8块冰块置入载杯中，待其载杯外壁出现霜或水时完成。注意，参与溜杯或镇凉的冰块须弃之不用。

在用新鲜水果榨汁时，可以事先将水果浸泡于水中，这样可以保持水果的新鲜，多榨出一些果汁。像苹果等容易氧化的果品可以在切好后浸泡于柠檬水中。

配方中的蛋清是为了增加泡沫使用的，因其不容易与其他酒液混合，摇制的时间需要长一些。

碳酸饮料严禁放入调酒壶中摇晃，以免发生意外，应在摇和完其他配料后再加入。

（三）鸡尾酒的调制原理

在调制鸡尾酒时一般遵循以下原理：

1. 烈性酒一般可以与任何酒水混合搭配调制成鸡尾酒。比如伏特加因为其制作工艺的特点，无色、无香，与任何饮料混合都不会改变其味道。

2. 味道相互融合的酒水可以搭配调制鸡尾酒，比如椰子酒与菠萝汁，其本身的味道都不是很强烈，但是二者清淡的香气可以达到最好的融合。

3. 味道有明显差异的酒水一般不应该混合调制鸡尾酒，这样做出的鸡尾酒要么味道苦涩，要么入口过于刺激而不利于饮用。像刺激性的开胃酒、药酒与水果酒就不能混合调制鸡尾酒。

4. 碳酸饮料不能在摇酒壶中摇和，一般使用兑和法或调和法。

5. 运用摇和法的基本原则是在将调酒主料、辅料准备齐全的情况下，首先加入冰块，再添加辅料、主料进行操作。

6. 添加牛奶、奶油、蛋类等配料的鸡尾酒需要剧烈摇制，时间上需要相对久一点。

五、调酒装饰物的制作

水果、蔬菜等可用来装饰不同类型的鸡尾酒，但在忙碌的酒吧营业时段，

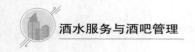

调酒师经常没有时间来准备装饰物，因此装饰物的制作应提前准备，在准备装饰物时不要准备太多，因为用不完的蔬菜装饰物是不能留存过夜的。

（一）柠檬切片

1. 柠檬横放，由中心下刀，从头到尾切成两半。

2. 由横切面中间直划 1/2 深的刀缝。

3. 平面朝下，每隔适当距离切片。

4. 半月形的柠檬片可挂于杯边装饰。

（二）柠檬圆片的切法

1. 柠檬放直，纵向下刀划约 1cm 深。

2. 横放后，每间隔适当距离横向下刀切成薄片。

3. 切成圆片可挂于杯边装饰。

（三）柠檬角的切法（一）

1. 柠檬横放，切去头、蒂。

2. 由中央横向下刀一切为二。

3. 切面果肉朝下，再切成同样大小的等份。

4. 切成的柠檬角挤出果汁后放入饮料中（此种一般不挂杯边）。

（四）柠檬角的切法（二）

1. 柠檬横放，切去头、蒂，由中央横向下刀一切为二。

2. 由横切面以刀轻划入 1/2 深的刀缝。

3. 直切成八面新月形。

4. 横刀切成半月形的水果片（此种不宜挤汁，应挂杯装饰）。

（五）柠檬角的切法（三）

1. 柠檬横放，切去头、蒂，由中央横向下刀一切为二。

2. 果肉朝下，直刀切成两长条状（四瓣）。

3. 横放后，再直刀每间隔适当距离下刀切成三角形状。

（六）长条柠檬皮的切法

1. 柠檬横放，切去头、蒂。

2. 用吧匙把果肉挖出。

3. 挖出果肉后，一刀将外皮切成两片。

4. 切时由果肉部下刀，刀才不会打滑，也较省力。

（七）菠萝块的切法

1. 选择成熟的菠萝，把顶端的绿叶去掉。

2. 菠萝横放，将头、尾一小截切掉。

3. 调正后直刀而下，一切为二。

4. 果肉朝下，再直刀切成 1/4 块。

5. 直立或横着将果肉切掉。

6. 自上端中央划刀口至半。

7. 再横刀切片即成三角形。

8. 用牙签将樱桃与菠萝穿在一起即为菠萝旗。

（八）芹菜秆的切法

1. 首先切掉芹菜根部带泥土的部分。

2. 测量酒杯的高度。

3. 切除过长不用的底部。

4. 粗大的芹菜秆可再切为两段或三段，叶子应保留。

5. 将芹菜浸泡于冰水中，以免变色、发黄或萎缩。

拓展阅读 2-1

（九）牙签装饰的应用

1. 用牙签穿上红樱桃与橙子圆片即为橙子旗。

2. 用牙签穿上、红樱桃与三角形柠檬即为柠檬旗。

3. 用牙签穿上三粒橄榄或两粒珍珠洋葱。

 ## 任务二　兑和法调酒

常见的大多数常饮类混合饮品通常都适合使用兑和法来调制，除了需要分层的"彩虹酒"类外，此类鸡尾酒的配方一般不会含有比重很大的糖浆、奶油等原材料，配方中也不会使用很多种类的辅料。

一、掌握兑和法调酒

（一）兑和法调酒的操作

兑和法调酒（Building）一般有两种操作形式：

一种是直接兑和，即将配方中的各种酒水、饮料和其他辅料等按照规定的用量直接注入载杯中，不需要搅拌或者适当搅拌后直接出品，比如使用烈酒和各种软饮料混合调制而成的鸡尾酒。

另一种是使用分层法调制的鸡尾酒，即根据各种烈酒、利口酒、糖浆之间不同的比重，利用吧匙将其依次缓慢注入载杯中，从而产生分层叠加、颜色渐变，使得鸡尾酒的视觉效果和饮用口感都富有层次感。

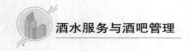

（二）兑和法调酒的操作工具

兑和法调酒一般需要使用冰桶、冰夹或冰铲、量酒器、吧匙、载杯、杯垫、砧板、刀具、搅拌棒、吸管及清洁用的口布等。

（三）兑和法调酒的常用酒水

酒吧常见的部分基酒、利口酒、各类饮料等均可使用兑和法来调制鸡尾酒。

（四）直接兑和法——以鸡尾酒莫吉托（Mojito Cocktail）为例

莫吉托是传统的古巴鸡尾酒。相传是英国海盗德雷克（Francis Drake，1540—1596年，英国著名的"海盗"船长和航海家，也是伊丽莎白女王时代的政治家）发明了这款饮品。莫吉托之所以能受到人们的喜欢，很大程度也是因为著名作家海明威在古巴生活时，经常光顾某酒吧并点上一杯莫吉托。

最原始的古巴莫吉托鸡尾酒的配方需要使用草本植物留兰香或古巴岛上常见的青柠、薄荷等为辅料混合调制，由于莱姆（青柠）与薄荷的清爽口感与朗姆酒的烈性口感互补，所以成为夏日的热门饮品。

1. 经典配方

（1）配方及装饰物：冰块、半颗青柠、薄荷叶若干、无色朗姆酒1盎司、苏打水1罐、君度橙酒0.5盎司、稀释糖水1盎司或白糖适量、黑朗姆0.5盎司。

（2）调制方法：兑和法。

（3）载具：高杯或特饮杯。

2. 莫吉托调制服务过程

（1）先将薄荷叶择好洗净备用，青柠洗净，对切成两份，再将一份四等分后去籽备用；

（2）用捣棒或用手将薄荷叶捻碎或轻轻捣出香味后放入杯中，加入备用的青柠角（可用手将两面汁液挤入，注意不要挤压到皮，不然会有苦味；或将其置于杯中后，用捣棒按压，同样从两面压，尽量不要按压到皮）；

（3）依次注入白朗姆、黑朗姆、君度橙酒、稀释糖水后轻微搅拌；

（4）先加入1/3杯苏打水后搅拌并加满冰块，快速搅拌至杯外壁挂霜后，再加苏打水至八分满；

（5）可以将杯子底部的薄荷叶、青柠等轻捞一些至杯子中部以上，可以向杯中铺上碎冰并插上一片鲜嫩的薄荷头和一片柠檬做装饰，可配吸管。这款鸡尾酒的制作可通过慢慢地少加糖水和青柠汁，从而达到酸甜平衡。

图 2-1 鸡尾酒莫吉托

（五）分层法——以彩虹鸡尾酒调制为例

彩虹鸡尾酒通常也被称为普氏咖啡（Pousse-Café）或彩虹饮料（Rainbow drink），是利用不同酒精饮料的密度不同，分层混合而成。调制时将不同密度的酒精饮料依次沿着吧匙的背面慢慢从载杯的杯壁缓缓引流至杯中，做到每一层都泾渭分明且厚度均匀。彩虹酒的最表层一般都是由高酒精度的烈性蒸馏酒组成，含糖量高的利口酒或各色糖浆等出现在最底层。通常使用利口酒杯、烈酒杯或者各种具备一定高度的香槟杯、特饮杯等。

图 2-2 彩虹鸡尾酒

1. 彩虹酒（Pousse-café）经典配方

（1）配方及装饰物：根据所使用的杯具的容量估算，按照红石榴糖浆 1/6、蜜瓜类利口酒 1/6、紫罗兰利口酒 1/6、白色薄荷利口酒 1/6、蓝色橙皮利口酒 1/6、白兰地 1/6 来调制。

（2）调制方法：兑和法。

（3）载具：利口酒杯。

2. 彩虹酒调制服务过程

（1）准备酒品：补充酒水，检查质量。

（2）准备调酒器具：工具用餐巾垫底排放在工作台上，量杯、吧匙浸泡在干净的水中。

（3）准备载杯：酒杯消毒后取出摆好备用。

（4）准备装饰物：视需要而备。

（5）接单：热情接待每位宾客，为客人呈递酒水单，接受客人所点酒水。

（6）取瓶：把酒瓶从操作台取到手中。要求动作快、稳。

（7）示瓶：把酒瓶展示给客人。从取瓶到示瓶应是一个连贯的动作。

（8）开瓶：选择使用专用开瓶器。开瓶是在酒吧没有专用酒嘴时使用的方法。

（9）量酒：用量杯（盎司器）。

（10）兑和：用吧匙紧贴酒杯内壁，按配方中的先后顺序沿杯壁注入配料、基酒，动作要规范。

（11）按配方要求制作装饰物：此款鸡尾酒因颜色绚丽，无须任何装饰。

（12）奉酒：将调好的鸡尾酒用托盘送给客人。

（13）归位：清理工作台，将物料归位。

3. 调制彩虹酒时应注意的问题

（1）需要事先目测出载杯的容量，然后将其分为多层，保证每一层的用量大致均匀。

（2）如果使用的载杯的杯底是弧形的，那么为了视觉效果，一般第一层需要使用酒量就要适当减少。

（3）每次分层用完的吧勺和量酒器，一定要经过清洁之后才能再次使用，以免造成酒液的混层。

（4）通过不断练习，最终成品的视觉效果应该是"层次分明，层层均匀"。

二、认识白兰地

从广义上讲，任何一种水果经过发酵和蒸馏之后，提炼出来的酒都可称为白兰地，而我们在酒吧常见的大部分白兰地都是由葡萄酒蒸馏得来的；还有一些则使用葡萄以外的水果先酿成果酒，然后蒸馏成为白兰地，例如杏白兰地、苹果白兰地、樱桃白兰地、李子白兰地等，与传统白兰地有一定区别。

法国是世界上公认的第一个生产白兰地的国家，其次为意大利、西班牙、美国和希腊等。白兰地的英文单词"Brandy"是由荷兰语单词"Brande"演变而来。闻名于世的白兰地之王——法国干邑（Cognac）白兰地曾被称为"Eaux de vies"，即生命之水。

干邑白兰地因为一个位于法国西南部的古城而得名，但不是所有的白兰地都可称为干邑，只有使用位于法国西南部波尔多葡萄酒产区附近的夏朗德（Charente）省种植和采摘的葡萄酿制而成的白兰地才能称为干邑（Cognac）。

（一）白兰地的历史

白兰地起源于法国，公元 12 世纪，干邑地区以生产葡萄酒为主。大约在 16 世纪中叶，为了方便葡萄酒的出口，减少占用空间，降低税金，也为了尽量避免葡萄酒在长途运输过程中发生变质，干邑地区的酒商尝试将葡萄酒进行蒸馏浓缩。到 1701 年，因法国卷入西班牙战争，白兰地遭到禁运，酒商们就利用干邑地区盛产的橡木做成木桶来暂时存储白兰地。等到 1704 年战争结束，酒商们意外地发现，存储后的酒不仅没有变质，原本无色的白兰地竟然变成了美丽的琥珀色，而且香味更加浓郁，口感也更加柔和。从此以后，使用橡木桶来进行存储白兰地的陈酿就成为干邑白兰地的最重要酿酒程序。

白兰地的生产在我国也有悠久的历史，专门研究中国科学史的英国博士李约瑟（Joseph Needham）曾撰文认为，白兰地首创于中国，《本草纲目》中就曾有过关于葡萄酒蒸馏的相关记载。但是直至中国第一个民族葡萄酒企业——张裕葡萄酿酒公司成立后，中国的现代白兰地酿造业才真正得到发展。1915 年，中国第一款国产优质白兰地"张裕可雅"在万国博览会上荣获金奖。

（二）白兰地的酿造

白兰地的酿造过程包括：葡萄拣选—发酵—蒸馏—贮藏—调配。

白兰地通常选用糖度低、酸度高、弱香型或中性香型的白葡萄，如白玉霞、白福儿、科隆巴，主要采用脚踩葡萄自流汁发酵的工艺，发酵温度控制在 30℃~32℃，发酵时间为 4~5 天。白兰地中的香气成分主要来自葡萄本身、原酒发酵及蒸馏过程，但是使用橡木桶存储陈酿的过程使得白兰地变得更加高雅、柔和、醇厚和成熟，这样的变化过程在葡萄酒行业中被称为"天然老熟"。因此对于储存白兰地所使用的橡木桶十分讲究，无论是木材的选用还是酒桶的制作程序都有着十分严格的标准。另外，白兰地陈酿时间的长短是衡量白兰地酒质优劣的重要标准，有的甚至长达 40~70 年之久。酿酒商也会选用不同年限的酒进行调配勾兑，以创造出不同品质和风格的干邑白兰地。

（三）白兰地的分类

世界上有很多国家出产白兰地，其中以法国干邑地区生产的白兰地品质最为上乘。干邑地区位于法国西南部波尔多北部的一个小镇，当地的土壤非常适宜葡萄的生长。1909 年，法国政府颁布法令明文规定，只有在干邑镇周围的 36 个县市所生产的白兰地可以命名为干邑（Cognac）。除此以外，任何地区不能用"干邑"一词来命名。这一规定以法律条文的形式确立了干邑白兰地的生产地位，干邑就是"白兰地之王"，即"All Cognac is brandy, but not all brandy is Cognac"。

目前，很多干邑白兰地主要使用字母拼写组合的方式来代表酒的品质和等级：

其中字母 E 代表特别的、特级的（Especial）；字母 F 代表好（Fine）；字母 V 代表很好（Very）；字母 O 代表陈年（Old）；字母 S 代表高级（Superior）；字母 P 代表浅色酒体（Pale）；字母 X 代表特醇（Extra）；而字母 C 则代表干邑（Coganc）。这些字母组合起来的意思就是 V.O——即多年陈酿（10 年左右）；V.S.O——即高级陈酿（15 年左右）；V.S.O.P——高级、远年份陈酿和浅色陈酿（20 年以上）；X.O——则代表远年份特醇陈酿（即40 年以上）。

（四）白兰地名品

常见的著名的干邑（Cognac）白兰地包括：Remy Martin（人头马）、Martell（马爹利）、Hennessy（轩尼诗）、Augier（爱之喜）、Bisquit（百事吉）、Camus（金花）、F.O.V.（长颈）、Hine（御鹿）、Otard（豪达）、Courvoisier（拿破仑）、Raynal（万事好）等。

1. 人头马（Remy Martin）

作为法国历史悠久的白兰地酿酒公司，"人头马"白兰地品牌创建于1724 年。人头马酒庄是世界公认的特优香槟干邑专家，因为其只选用干邑中心区域的两个最优秀的葡萄产区"大香槟区"和"小香槟区"所出产的葡萄来酿制，保证了人头马特优干邑无与伦比的浓郁芬芳。人头马特优干邑具有芬芳浓郁、口感醇厚、回味悠长的独特品质，是世界上最优质白兰地的代表，在人头马特优干邑中，尤以"路易十三"最负盛誉，被誉为"酒中之王、干邑之最"。

2. 马爹利（Martell）

马爹利（Martell）是产自法国干邑地区的著名白兰地品牌，创立于1715年，被誉为"流淌的黄金"，是世界上最古老、最驰名的白兰地酒品牌之一，以其创始人的名字命名。马爹利以最好的葡萄产区的葡萄汁为原料酿制，以独特的工艺进行反复精馏，选用特别指定地区出产的橡木桶进行陈酿。马爹利的系列产品中有一款被称为"X.O 中的极品"——"X.O 马爹利"，代表了其家族300多年酿酒艺术的集大成者。

3. 轩尼诗（Hennessy）

轩尼诗品牌创始于1765年，是世界上销量最高的干邑白兰地品牌之一。相传轩尼诗的名字来源于一位出生于爱尔兰的外籍军官李察·轩尼诗（Richard Hennessy），这位曾经负责保卫路易十三的御林军军官曾被派驻到干邑地区，轩尼诗辞去军职后，成立了用自己名字来命名的酒厂。1815年，轩尼诗白兰地得到当时法国皇帝亲自颁发的书函，被选定为国会专门的酒类供应商。轩尼诗首开先河，为出厂的白兰地进行定级，采用星级来代表品质，"X.O"只是代表酒的年份，这种做法后来被众多白兰地酒厂效仿，逐渐成为世界公认的准则。

（五）白兰地的饮用与服务

白兰地的饮用通常是使用专门的白兰地杯（如下），服务时倒酒的分量一般是每位客人1盎司（30mL），或在白兰地杯中斟倒1/3杯白兰地。

图 2-3　白兰地杯

优质的白兰地开瓶后，一定要随手将橡木瓶塞盖紧，将酒瓶竖立式存放。饮用白兰地时，除非宾客一定要求加冰饮用，通常都不需要冷冻，以常温下净饮最为适宜。当我们需要使用白兰地作为基酒来调制鸡尾酒时，最好选择品质在三星级以下的白兰地作为原料。

1. 白兰地净饮的出品服务

（1）询问宾客希望用何种方式饮用白兰地、是否需要加冰或调制鸡尾酒。

（2）将杯垫摆放在吧台上，注意杯垫图案正面朝向宾客，摆放于客人的右手边。

（3）将白兰地杯放置于杯垫上。

（4）把酒标面向客人展示整瓶白兰地，让客人清晰地确认自己所点的酒品和等级，示酒时应注意左手托住瓶底，右手托住瓶颈，左手在前略微向下，右手在后略微抬起，呈45°角向客人展示。

（5）使用量酒器为宾客倒酒并配送小吃（如花生、薯片、青豆仁等），如果宾客要求在净饮时配冰水或矿泉水，就需要同时使用水杯盛放冰水或矿泉水，水杯一般摆放在白兰地杯的右侧。

（6）注意倒酒时瓶（罐）口不要触碰到杯口。

（7）使用服务用语或手势请宾客慢慢享用。

（8）注意倒酒后酒瓶要及时放回工作台或酒柜。

（9）注意观察宾客杯中的酒如果剩余不多，主动询问宾客是否需要续杯，直至宾客饮用完毕，离开后才能撤下空杯并清理吧台。

2. 白兰地的品鉴

（1）酒杯的选择：品尝或饮用白兰地的酒杯，最好选择专用的白兰地杯，因为这种杯子的形状能使白兰地的芳香成分缓缓上升。我们在品鉴白兰地时，斟酒量不能太多，要在杯子里留出足够的空间，使得白兰地的芳香萦绕不散，这样就能方便品鉴者鉴赏；

（2）看：优质白兰地呈金黄色或琥珀色，质地澄清、晶亮、富有光泽。杯身45°角摇杯，观察挂杯。通过摇杯观察杯壁上"酒脚"（即酒汁沿着杯壁滑落时杯壁上所呈现出来的纹路）流动的速度，来判断白兰地的品质，酒脚滑动的速度越慢，且酒脚越圆润，说明白兰地的质地越好。

（3）闻：白兰地的芳香成分是非常复杂的，既具有优雅的葡萄香味，又具有浓郁的橡木香味，除此以外，还可能具有在蒸馏和贮藏过程中所获得的酯香、陈香等。闻香，包括静止闻、轻转杯闻和大力摇杯闻。当鼻子靠近杯口时，能闻到一股优雅的芳香，但是这只是白兰地的"前香"，当我们轻轻摇动杯子，这时散发出来的就是白兰地所特有的"醇香"，很像压榨后的葡萄渣、紫罗兰、香草等味道，这种香气比较细腻、幽雅、浓郁，也就是我们常说的"后香"。通常浅龄（年份较近）的白兰地香味停留短促，缺乏芳醇的味道，酒体较烈，口感结构简单，相反，上等陈年的白兰地，香味非常复杂，停留时间久。空杯闻香也可以检验酒香，香味在空杯中持续时间越长，标志着白兰地的品质越高。

（4）尝：白兰地的味觉成分比较复杂，有乙醇的辛辣味、单糖的微甜味、单宁多酚的苦涩味、有机酸的微酸味等。优质的白兰地能实现酸、甜、苦、辣各种刺激味道的相互协调，相辅相成。在品鉴白兰地时要轻轻地小口品尝，让白兰地在口腔里充分地扩散回旋，使舌头和酒液广泛接触，这样才能比较充分地体会到酒中浓郁而又层次分明的酒香，纯正的滋味，以及协调、醇和、甘洌、细腻、丰满的口感。

拓展视频 2-1

三、认识利口酒

利口酒是一种以食用酒精和蒸馏酒为基酒，配以各种香料，并经过甜化处理而成的酒精饮料。利口酒颜色娇美，气味芬芳独特，酒味甜蜜。因含糖量高、相对密度较大、色彩鲜艳，常用来增加鸡尾酒的颜色和香味，突出其个性。

（一）利口酒的历史

"利口酒"一词来源于拉丁词语"liuefacere"，有"溶化"和"溶解"的意思（也可以指入口柔和）。利口酒最早曾被用作药物来使用，比如修道院的僧侣们就曾用它来治疗各种疾病。当欧洲各国进入航海时代之后，各种来自新大陆和亚洲种植的植物被引进欧洲，所以使得酿造利口酒的原料变得越来越丰富。18世纪以后，人们更加重视水果的营养价值，因此用来酿制利口酒的水果种类不断增加，如苹果、草莓、李子、橘子、橙子等，都可以作为酿制利口酒的原料。包括各种香草、香料、草药、树皮、植物种子、坚果、鸡蛋、奶油等也都可以在酿制利口酒时作为提香、提味的原料。目前，利口酒的主要生产国有法国、意大利、荷兰、德国、匈牙利、英格兰、俄罗斯、爱尔兰、丹麦等。

利口酒的种类较多，主要有以下几类：柑橘类利口酒、樱桃类利口酒、蓝莓类利口酒、桃子类利口酒、奶油类利口酒、香草类利口酒、咖啡类利口酒。

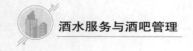

（二）利口酒的酿造

利口酒的酿造方法通常可分为三大类。

1. 蒸馏法

利口酒的蒸馏主要有两种形式：一是将原料浸泡在烈酒中，然后一起蒸馏；二是取出原料，仅仅使用浸泡、过滤后的汁液进行蒸馏。无论用哪一种方法，在蒸馏后都需要进行甜化处理和添加色素，因为这种方法必须经过加热，因此又被称为加热法。

2. 浸泡法

即将原料浸泡在烈酒或加过糖的烈酒中浸制而成。因为不需要加热，所以又被称为冷却法。

3. 香精法

即在天然或合成的香料、精油加入烈酒中，以增加其甜味与色泽的一种方法。

（三）利口酒的分类

1. 香草、药草系列的利口酒

（1）白薄荷（White Peppermint）、绿薄荷酒（Green Peppermint），即将薄荷叶放入水中蒸馏，待得到薄荷精油后，再加入烈酒和糖分混合酿制而成，如果在这个过程中添加绿薄荷的色泽，就成为绿薄荷酒。这种酒的酒精含量一般在 20%~30%。

（2）紫罗兰利口酒（Violette），即将紫罗兰的花朵浸泡在烈酒中，浸出其色泽与香气后，再进行甜化处理，这种酒的酒精含量一般在 30%。

（3）绿茶利口酒（Green Tea Liqueur），即采用优质的绿茶为原料，放入优质烈酒中进行浸泡，再添加白兰地及糖分混合酿制而成。

（4）修道院利口酒（Chartreuse），该酒用葡萄蒸馏酒为酒基，浸制 130 余种产自阿尔卑斯山区的草药，其中有虎耳草、风铃草、龙胆草等，再配以蜂蜜等原料，成酒需陈酿 3 年以上，有的长达 12 年之久。修道院利口酒由法国卡尔特教团大修道院生产，秘方仍掌握在教士们的手中，从不披露。

2. 果实、种子系列的利口酒

（1）橘香酒（CILracao），即一种以柑橘的果皮来增添风味的利口酒，原产于荷属库拉索岛。这种酒既有无色透明的产品，也有呈粉红色、绿色、蓝色的产品，橘香怡人，微苦爽口，酒精含量一般在 27%~30%。

（2）茴香利口酒（Anisette），即以大茴香来增添风味的利口酒，酒液呈无色透明状，酒精含量一般在 25%~30%。这种酒源于荷兰的阿姆斯特丹，曾是地中海一带各国家最流行的利口酒之一。法国、意大利、西班牙、土耳其等国都有生产，其中以法国和意大利生产的茴香利口酒最为出名。

（3）杏仁白兰地（Apricot Brandy），即以杏仁和其他果仁作为原料混合酿制而成的利口酒，酒液呈琥珀色，果香突出，口味甘美。世界上较为著名的杏仁利口酒原产于意大利、法国、英国等，酒精含量一般在 30%~35%。杏仁白兰地中比较著名的国际品牌有阿玛雷托（Amaretto，意大利）；阿尔蒙德（Almond Liqueur，英国）等。

（四）常见利口酒名品

1. 波士蓝橙利口酒（Bols Blue Curacao Liqueur）

波士蓝橙利口酒以荷属库拉索岛（Curacao）上种植的香气浓郁、苦味突出的苦越橘作为原料，混合了多种药草、甜橘酿制而成。

2. 君度利口酒（Cointreau）

属于水果类利口酒，酒液晶莹澄澈，是由法国人于 18 世纪初创造的。目前，"君度"家族生产商也已成为当今世界最大的酒商之一。用来酿制君度利口酒的原料通常是一种不常见的青色的有如橘子大小的果实，其果肉又苦又酸，这种果实一般产于海地、西班牙和巴西等。

3. 金万利利口酒（Grand Marnier）

也被称为大马尼尔酒，主要产于法国干邑地区，是在干邑白兰地的基础上添加橙皮混合酿制而成，酒精含量一般为 40%。

4. 咖啡甘露（Khlua）

1930 年诞生于墨西哥，以朗姆酒为基酒，混合产自墨西哥的咖啡豆和多种香草酿制而成，带有浓郁的咖啡香，口感甜蜜芳香，是利口酒中的最知名品牌，酒精含量 25%。除了用于调制鸡尾酒，它还可以用于加冰净饮或添加少许牛奶混合饮用。

5. 马利宝椰子朗姆利口酒（Malibu）

最初源于巴巴多斯，于 1980 年问世，主要的酿造工艺是先将白朗酒在橡木桶中陈放，再用清水稀释并加入蔗糖混合酿制而成，并使用产于海岛上的可可豆来提高香味，酒精含量一般在 20% 左右。

6. 百利甜酒（Baileys）

使用奶油、爱尔兰威士忌及香草、可可豆等混合酿制而成。采用独特的酿造工艺，既要在酒中保持奶油的天然新鲜和顺滑的口感，又实现了奶油和威士忌酒的融合，百利甜酒自 1974 年从爱尔兰问世之后就迅速风靡全球。

7. 加利安奴利口酒（Galliano）

创始于 19 世纪的意大利米兰市，以白兰地为原料，配以 30 种以上的草药和香草混合酿制而成，酒精含量一般在 35% 左右，这款酒的甜度较高并带

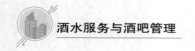

有明显的茴香味。它的名字，源自意大利的一位著名英雄人物——加里安诺少校。

8. 杜林标蜜糖甜酒（Drambuie）

原产于 18 世纪的苏格兰，最初的意思是"令人满意的饮料"。这款利口酒最初是在白兰地中加入蜂蜜、香草和香料等混合酿制而成，后以威士忌为基酒并延续至今。杜林标一般呈琥珀色，酒精含量为 40% 左右。

9. 鸡蛋白兰地（Advocaat）

这款利口酒的酒液光滑得像奶油一样，属于乳状利口酒的一种，一般由蛋黄、糖、香草香料和白兰地等混合酿制而成。

10. 添万利利口酒（Tia Maria）

添万利利口酒（Tia Maria）是以朗姆酒为基酒并加入产自牙买加的蓝山咖啡豆进行调香并混合酿制而成，曾被誉为世界上最好的咖啡利口酒。

（五）利口酒的饮用

利口酒经常作为餐后甜酒使用，主要饮用方法有：

1. 净饮

利口酒作为餐后甜酒净饮时一般使用专用的餐后酒杯，倒满即可。比如

使用雪利酒杯（120mL），通常倒入半杯后直接饮用，饮用前通常需要冰镇。

2. 加冰饮用

可以使用平底的酒杯加半杯冰块后，再加入 30mL 利口酒，并用吧匙搅拌后直接饮用。

拓展阅读 2-2

3. 混合饮用

利口酒中含有很多糖分，酒液浓稠，一般不太适宜净饮，最好通过加冰或与其他饮料混合饮用。比如绿薄荷利口酒就适于混合饮用或调制鸡尾酒。

又如我们在调制绿薄荷加雪碧汽水时，使用柯林杯或高杯，先加入半杯冰块，倒入 30mL 的绿薄荷酒，再添加雪碧汽水并用吧匙搅拌均匀后即可直接饮用。

 任务三　调和法调酒

调和法调酒（Stirring）一般是指借助吧匙、滤冰器等调匀原料的调酒方法。

一、掌握调和法调酒

（一）调和法调酒的操作

按照出品不同，调和法可以分为滤冰调和及连冰调和两种形式，前者是指在调酒杯中使用吧匙将冰块和原料调匀后，通过滤冰器隔离冰块并将酒液倒入载杯中；后者是指在载杯中将冰块与酒水等原料混合调匀后直接出品。

（二）调和法调酒的操作工具

滤冰调和法的常用操作工具包括：调酒杯、滤冰器、量酒器、吧匙、载杯、冰桶与冰夹、冰铲、砧板、刀具、杯垫、清洁用的口布等。

连冰调和法的常用操作工具包括：量酒器、吧匙、载杯、冰桶、冰夹、冰铲、砧板、刀具、柠檬夹、果汁或饮料容器、搅拌棒、吸管、杯垫、清洁用的口布等。

（三）调和法调酒的常用酒水

酒吧常见的各种基酒、利口酒、各类饮料等均可以使用调和法来调制鸡尾酒。

（四）调和法——以曼哈顿鸡尾酒调制为例

关于曼哈顿鸡尾酒的（Manhattan）的起源，流传着一个故事，据传在1874 年，为了庆贺新纽约州长的当选，调酒师在庆祝酒会上用威士忌、苦艾酒和少量的苦酒混合在一起调制出一款鸡尾酒，这款鸡尾酒就被命名为"The Manhattan"并流行至今。

1. 曼哈顿鸡尾酒的配方

美国黑麦威士忌或加拿大威士忌 1.5 盎司、甜味美思 0.5~1 盎司、安哥斯特拉苦汁酒少许；装饰物：红樱桃、柠檬皮、鸡尾酒签等；载具选择：鸡尾酒杯；调制方法：调和法或摇和法。

2. 曼哈顿鸡尾酒调制服务流程

（1）准备酒品：补充酒水，检查质量。

（2）准备调酒器具：工具用餐巾垫底排放在工作台上，量杯、吧匙浸泡在干净的水中。

（3）准备载杯：酒杯消毒后取出摆好备用。

（4）准备装饰物：视需要而备。

（5）接单：热情接待每位宾客，为客人呈递酒水单，接受客人所点酒水。

（6）取瓶：把酒瓶从操作台取到手中。要求动作快、稳。

拓展阅读 2-3

（7）示瓶：把酒瓶展示给客人。从取瓶到示瓶应该是一个连贯的动作。

（8）开瓶：选择使用专用开瓶器。开瓶是在酒吧没有专用酒嘴时使用的方法。

（9）量酒：用量杯（盎司器）。

（10）调和：把酒水按配方比例倒入调酒杯，加进冰块，用吧匙搅拌均匀。在最少稀释的情况下，把各种成分迅速冷却混合。

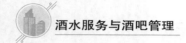

拓展视频 2-2

（11）装饰：用鸡尾酒大头针穿上糖水樱桃，用来装饰鸡尾酒。

（12）奉酒：将调好的鸡尾酒用托盘送给客人。

（13）归位：清理工作台，将物料归位。

图 2-4　曼哈顿鸡尾酒

二、认识威士忌

威士忌是一种由大麦、玉米等谷物作为原料，经过发酵、蒸馏后放入橡木桶中陈酿多年而制成的高酒精度蒸馏酒，平均酒精含量在 40% 左右。威士忌的原意是"生命之水"。

（一）威士忌的历史

中世纪的炼金术士们在炼金时，偶然发现制造蒸馏酒的技术，随后把这种可以焕发激情的酒以拉丁语命名为生命之水（Aqua-Vitae）。后来这种"生命之水"及其蒸馏工艺传至爱尔兰，当地人用其制作麦酒，产生了新的酒——Visge-beatha，即威士忌的前身。苏格兰也在不久后开始生产威士忌。

（二）威士忌的酿造

威士忌的酿造工艺基本可分为七个步骤：

1. 发芽（malting）

即将麦类（Malt）或谷类（Grain）浸泡在热水中使其发芽，一般需要1~2周的时间，待其发芽后，再将其烘干或使用泥炭（Peat）熏干，等冷却后，再储放大约一个月的时间，发芽的过程即算完成。所有威士忌中，只有苏格兰地区的生产工艺是使用泥煤熏干，因此苏格兰威士忌有一种独特的泥煤烟熏味。

2. 磨碎（mashing）

即将发芽麦类或谷类捣碎并煮熟成汁，所需时间为8~12小时，在磨碎的过程中，温度及时间的控制是相当重要的环节，过高的温度或过长的时间都会影响威士忌的品质。

3. 发酵（fermentation）

即将冷却后的汁液加入酵母菌进行发酵，由于酵母能将麦芽汁转化成酒精，因此在完成发酵过程后会产生酒精浓度为5%~6%的液体。

4. 蒸馏（distillation）

蒸馏具有浓缩的作用，发酵后所形成的低酒精度的Beer后，还需经过蒸馏才能形成威士忌酒，这时的威士忌酒精浓度为在60%~70%，被称之为"新酒"。

5. 陈化（maturing）

蒸馏后的新酒必须要经过陈化的过程，使其经过橡木桶的陈化来吸收植物的天然香气，产生出漂亮的琥珀色，同时能降低高浓度酒精的强烈刺激感。苏格兰威士忌酒至少要在木酒桶中蕴藏三年以上，才能上市销售。

6. 混配（blending）

由于麦类及谷类原料的品种众多，因此所制造而成的威士忌酒也存在着各不相同的风味，这时就要靠各酒厂的调酒师根据其经验和本品牌酒品质量的要求，按照一定的比例勾兑出与众不同的威士忌。

7. 装瓶（bottling）

将混配好的威士忌再过滤一次，除掉杂质后装瓶，进入消费市场。

（三）威士忌的分类

威士忌按照产地，一般可以分为苏格兰威士忌、爱尔兰威士忌、美国威士忌和加拿大威士忌四大类。

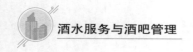

1. 苏格兰威士忌

威士忌酒在苏格兰地区的生产已经有 500 多年的历史，苏格兰威士忌酿造时使用经过干燥和泥煤熏焙后产生的具有独特香味的大麦芽做酿造原料，陈酿、贮存 3 年以上，通常陈酿 15 年至 20 年是最优质的成品酒，一般不超过 20 年。苏格兰威士忌色泽棕黄带红，清澈透亮，气味焦香，带有浓烈的烟熏味，口感甘洌、醇厚、劲足、圆润、绵柔。

苏格兰威士忌按照所使用的原料、蒸馏和陈酿方式，一般可以分为四类：单麦芽威士忌（Single Malt）、纯麦芽威士忌（Pure Malt）、调和威士忌（Blend）、谷物威士忌（Grain Whisky）。

麦芽威士忌是指用大麦芽作为原料酿制的威士忌，一般要经过两次蒸馏，然后注入特制的橡木桶里进行陈酿，等酒液成熟后，再装瓶出售。

谷物威士忌是采用多种谷物（如黑麦、大麦、小麦、玉米等）为原料酿制的威士忌。谷物威士忌只需一次蒸馏，主要用来勾兑其他威士忌，市场上很少零售。

苏格兰人通常使用以上两种威士忌来制作混合、调和威士忌，并根据麦芽威士忌和谷物威士忌的比例多少来确定勾兑后的调和威士忌的级别。

因此，混合、调和威士忌在世界上的销售品种最多，也是苏格兰威士忌的精华所在。

2. 爱尔兰威士忌

爱尔兰威士忌的原料主要是大麦、大麦芽、小麦、黑麦和玉米等。它的主要品种有麦芽威士忌（以大麦芽为原料）、谷物威士忌（以多种谷物为原料，其中大麦占 80% 左右）。

3. 美国威士忌

美国是世界上最大的威士忌生产国和消费国，主要生产地在肯塔基州的波本地区，因此美国威士忌也常被称为波本威士忌（Bourbon Whiskey）。美国威士忌的原料是玉米、大麦、黑麦，经过发酵、蒸馏后在木桶内要陈化 2~4 年，不能超过 8 年，具有独特的橡木芳香。

美国威士忌有多种分类：一是混合威士忌，大约一半的美国威士忌都属于这一种类；二是淡威士忌，它的原料主要是玉米；三是黑麦威士忌，生产原料中黑麦的成分超过 50%；四是田纳西威士忌，生产原料中玉米的含量占 50% 以上，最多通常不超过 75%；五是玉米威士忌，即生产原料中至少要含有 80% 的玉米；六是波本威士忌，它被称为"美国威士忌之王"，这种威士忌的原料主要是占 51% 以上的玉米。

4. 加拿大威士忌

加拿大威士忌的主要酿制原料是玉米、黑麦和稞麦，采用二次蒸馏法，在木桶中陈化 4~10 年，加拿大威士忌以玉米和黑麦为原料，用两次蒸馏法，在木桶中陈化 4~10 年，加拿大威士忌其气味清爽，口感轻快、爽适，不少北美人士都喜爱这种酒。

（四）威士忌名品

1. 苏格兰芝华士 12 年威士忌和皇家礼炮 21 年威士忌（Chivas Regal 12years and Royal Salute 21years old）

芝华士 12 年威士忌享有"苏格兰王子"的美誉，酒质饱满丰润，独具水果的馥郁芳香，口感平和顺畅、回味悠长。芝华士 12 年选用几十种上好的麦芽和谷物威士忌，并需要在橡木桶中陈酿至少 12 年。皇家礼炮 21 年威士忌系芝华士兄弟公司为向英女皇加冕典礼致意，而于 1953 年创制，寓意为鸣放 21 响礼炮用以致礼。

图 2-5　芝华士 12 年威士忌

2. 苏格兰红方和黑方威士忌（Johnnie Walker Red lable and Johnnie Walker Black lable）

Johnnie Walker 品牌创建于 1820 年，是酒中经典的"红与黑"。红方威士忌混合了约 40 种不同的单纯麦芽威士忌和谷物威士忌，在橡木酒桶内蕴藏成熟后装瓶，这种威士忌酒香浓郁，新鲜的香草味及独特的烟熏味令人回味，口感甘甜，呈金色酒体，具有传统苏格兰威士忌的特质，适宜加入冰块、水，或加入苏打水、干姜水、可乐等各种饮料混合饮用。黑方威士忌是全世界著名的高级威士忌，一般采用 40 种优质威士忌混合调配而成，在严格控制环境

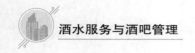
的酒库里蕴藏最少 12 年。"黑方"威士忌也是全球免税店销量极高的高级威士忌。

3. 苏格兰威雀威士忌（Famous Grouse）

苏格兰"威雀"威士忌品牌由 Gloag 家族在 18 世纪末创建于苏格兰皮尔斯（Perth）的一家烈酒制造厂，据说每当英国皇室远赴苏格兰狩猎威雀（Grouse）的时候，都会携带该家族酿造的威士忌在御寒及庆祝时使用。约 19 世纪末，该家族改用"威雀"（Grouse）作为酒厂出产的威士忌品牌。

4. 苏格兰百龄坛威士忌（Ballantine's）

百龄坛威士忌的历史可以追溯到 1827 年，目前是全球第二大葡萄酒与烈酒集团保乐力加（Pernod Ricard）旗下的著名苏格兰威士忌品牌，拥有 190 多年历史。百龄坛推出的酒包括百龄坛特醇、百龄坛 12 年、百龄坛 17 年原始、百龄坛 21 年古老、百龄坛 30 年极度珍稀和百龄坛 40 年等调和威士忌等。

5. 苏格兰格兰菲迪威士忌（Glenfiddich）

格兰菲迪威士忌（Glenfiddich）品牌创建于 1886 年，这款酒的命名来源于古老的盖尔语，Glen 即代表山谷的豪迈，Fiddich 则代表麋鹿及其奔放的激情，酒名完整的意思即"鹿之谷"。目前，格兰菲迪威士忌凭借优异的酒质，行销全球很多国家。

6. 美国杰克·丹尼尔威士忌（Jack Daniel's）

杰克·丹尼尔酒厂于 1866 年诞生于美国田纳西州林芝堡，据考证是美国第一间注册的蒸馏酒厂，杰克·丹尼尔威士忌畅销全球很多国家。

7. 美国四玫瑰威士忌（Four Roses）

四玫瑰威士忌是用美国肯塔基州中部的土生谷物蒸酿，蕴藏在内层烧黑的橡木桶中，经过至少 6 年醇化期才酿制而成的威士忌。

8. 加拿大俱乐部威士忌（Canadian Club）

加拿大俱乐部威士忌（Canadian Club）具有超过 130 年的酿造历史，酒香细腻，清醇卓越，是世界知名蒸馏酒品牌。

9. 爱尔兰詹姆森威士忌（John Jameson Whiskey）

产于爱尔兰的约翰·詹姆森威士忌创立于 1780 年的爱尔兰都柏林，是极受人们欢迎的爱尔兰威士忌代表酒品，这款酒口感平润清爽，甘醇芬芳，是世界各地酒吧的常备酒品之一。

（五）威士忌的饮用与服务

1. 威士忌的饮用

威士忌有多种多样的饮用方式：

一是净饮。选用窄口酒杯（snifter）或古典杯，闻香时轻轻摇晃酒杯，在杯子上方闻香三到四次。威士忌常见香气表现为淡香、浓重、清新、丰富、果味、花香、辛辣、烟熏等。品尝威士忌时要注意它的余味（finish）。对于品质好、年份久的威士忌，建议每喝一口之前先喝一大口冰水，然后细品酒液。

二是兑蒸馏水饮用。加水饮用也是很"普及"的威士忌饮用方式之一。很多人曾认为加水会破坏威士忌的原味，其实加入适量的水并不会让威士忌失去原味，相反还可以通过让酒精味变淡引出威士忌潜藏的香气。一般情况下，威士忌加水稀释到20%的酒精度属于最佳状态，低年份的威士忌所需要的稀释用水的量一般高于高年份的威士忌，比如水和威士忌采用1：1的比例通常适用于12年陈酿的威士忌；低于12年陈酿的威士忌，用水量需要适当增加；高于12年陈酿的威士忌，用水量需要适当减少；如果是高于25年陈酿的威士忌，建议还是净饮。

三是加冰饮用。加冰饮用即所谓的"on the rock"，威士忌加冰块饮用虽然口感不错，还能抑制酒精味，但是也会因为降温而使威士忌的部分香气闭锁，从而不易品尝出酒中原有的风味、特色。

四是加汽水饮用。以烈酒为基酒，再加上某种汽水混合而成的鸡尾酒一般可以统称为"Highball"，威士忌可以加可乐或加姜汁汽水、苏打水等混合饮用。

五是热饮。著名的爱尔兰咖啡和热托地（Hot Toddy）都是典型的威士忌热饮形式。相传在寒冷的苏格兰，这种名为热托地的热威士忌鸡尾酒很适于冬季饮用，不但可以祛寒，还可治愈感冒。

2.威士忌的出品服务

根据威士忌不同的饮用方式，威士忌的出品服务主要流程是：

（1）询问宾客希望用何种方式饮用威士忌，是否需要净饮、加冰饮用、兑水或者混合调制鸡尾酒、热饮等；

（2）将杯垫摆放在吧台上，注意杯垫图案正面朝向宾客，摆放于客人的右手边；

（3）根据饮用方式的不同，将古典杯、洛克杯或高杯等放置于杯垫上；

（4）注意要将酒标面向客人展示整瓶威士忌，让客人清晰地确认自己所点的威士忌的品牌和年份等，示酒时，注意左手托住瓶底，右手托住瓶颈，左手在前略微向下，右手在后略微抬起，呈45°角向客人展示；

（5）去除瓶盖上的封印，打开瓶盖，斟酒；

（6）使用量酒器为客人倒酒，为宾客配送小吃（花生、薯片、青豆仁等）；

（7）如果宾客选择兑水饮用，需另配蒸馏水或矿泉水，矿泉水瓶应注意放在酒杯右侧的另一张杯垫上，商标正面朝向宾客；在为宾客勾兑酒水时，应先将威士忌倒入杯中，然后在宾客面前打开蒸馏水或矿泉水并为宾客添加。

（8）勾兑前需要询问宾客的口味及是否需要添加柠檬片及是否加入杯中；询问宾客的口味需要浓一些还是淡一些时，如宾客的口味偏浓，则需要将威士忌倒满载杯的八九分满，如宾客的口味偏淡，则需要倒五分满。宾客如有个人喜好，则需要按照他（她）喜好的口感来进行服务。

（9）勾兑酒水完毕后，空饮料瓶应马上回收；

（10）注意倒酒时，瓶（罐）口不要触碰到杯口；应用语言或手势敬请宾客慢慢享用；

（11）注意倒酒后，酒瓶要马上放回工作台或酒柜；

（12）注意观察客人杯中的酒水如果剩余不多时，应主动询问宾客是否需要续杯，直至宾客离开后，撤下空杯并及时清理桌面。

（13）如果宾客选择威士忌净饮，注意斟酒前先询问宾客是否需要添加冰

块。如需要，则先在杯中放入 3~4 块冰块后，再将酒倒入杯中。斟酒量一般按照杯子高度的 1/3 为标准。

（14）如果需要将酒杯端给宾客，注意倒酒后以右手拇指、食指、中指三指握住杯子下方，左手平伸托住杯底部，双手递给宾客，同时对宾客说："请您慢慢享用。"

拓展视频 2-3

三、认识开胃酒

开胃酒（Aperitif）又称餐前酒，即在餐前饮用以刺激胃口、增加食欲。一般以葡萄酒、蒸馏酒为基酒，加入植物的根、茎、叶、药材、香料等植物性原料混合配制或蒸馏而成。

开胃酒的种类很多，我们在酒吧常见的主要品种包括味美思（Vermouth）、比特酒（Bitters）、茴香酒（Anises）等。

（一）开胃酒的历史

开胃酒的命名源自拉丁文 "apertitiuvum"，意思是 "打开人们的胃口"。目前，还没有确凿的证据能证明开胃酒的历史起源，有的学者认为它可以追溯到古埃及时期，也有学者认为它诞生于中世纪的欧洲，因为那时的人们喜欢在午餐前品尝药酒或添加过香料的甜葡萄酒等，也有人认为它出现于古罗马时期，因为那时候的人们就已经开始饮用各式各样的甜酒。

16 世纪，人们普遍开始以香草、香料等为原料生产可作为药物使用的调味烈性酒，因为它尝起来非常苦，为了使它能够被大众接受，所以当时的开胃酒生产商经常使用葡萄酒来稀释其中的苦味成分。

18 世纪的欧洲，意大利的都灵是当时从事苦酒生产的主要商业中心。苦艾酒（Absinthe）就是一种含茴香味的开胃烈酒，一般是从植物性药材中萃取得来，酒液通常呈蓝绿色、草绿色、棕黄色或无色等。从那时起，法国和意大利在开胃酒的生产及消费方面就成为彼此的竞争对手，饮用开胃酒也开始成为一种时尚，各种开胃酒品牌也开始在其商标中加入"意大利、都灵、米兰"等字样并延续至今。

19 世纪 40 年代，Gaspare Campari 和 Cinzano 两大家族开始在意大利各地出售他们的开胃酒，当时的开胃酒品牌包括 Cynar、Lillet、Pernod、Angostura、Absinthe、Ouzo、Unicum 和 Fernet Branca，等等，其中很多时至今日仍然是畅销全世界的知名开胃酒。

（二）开胃酒的分类

1. 味美思（Vermouth）

意大利、法国、瑞士和委内瑞拉等都是味美思的主要生产国。据考证，被西方社会尊称为"医学之父"的古希腊著名医生希波克拉底（Hippocratēs，约公元前 460 至公元前 377 年）是第一个将芳香植物在葡萄酒中进行浸渍的人。17 世纪，法国人和意大利人将味美思的生产工艺进行改良后并将它推向世界，"味美思"一词从古代德语"WERMUT"演变而来，它的酒精含量一般在 16%~18%。

作为一种添加香味的葡萄酒，味美思的主要成分包括葡萄酒、高酒精度烈性蒸馏酒、用来提色的焦糖、各种香料、药草、龙胆、鸢尾草、小茴香、豆蔻、安息香、可可豆、生姜、芦荟、甘菊、薄荷、胡荽、百里香等。味美思通常有两种分类方式：

一是按照品种分类，可以分为干味美思、白味美思、红味美思、都灵味美思等。

（1）干味美思（Vermouth Dry）。干味美思的含糖量较低，通常低于 4%，酒精含量为 18% 左右，属于酸性的味美思。意大利干味美思一般呈淡白色或淡黄色，法国干味美思一般呈草黄色或棕黄色。通常可以加冰饮用，主要用于调制鸡尾酒干曼哈顿（Dry Manhattan）和干马天尼（Dry Martini）等。

（2）白味美思（Vermouth Blanc）。白味美思的含糖量在 10%~15%，属于中性味美思，酒精含量在 18% 左右，色泽金黄、香气柔美，口感比较鲜甜，通常可以直接加冰饮用。

（3）红味美思（Vermouth Roso）。红味美思的含糖量一般为15%，属于甜型味美思，酒精度为18%，色泽呈琥珀黄，香气浓郁，口味独特。通常可以加冰饮用，主要用来调制经典鸡尾酒曼哈顿（Manhattan）和马天尼（Martini）。

（4）都灵味美思（Vermouth de Turin）。都灵味美思的酒精含量一般在15%~16%，通常情况下，它的香料用量比较大，香气浓烈扑鼻，有桂香味（桂皮香）、金香味（金鸡纳霜香）、苦香味（苦味草料香）等区分。

二是按照生产国分类，最著名的是意大利味美思和法国味美思。

2. 苦汁酒或比特酒、必打士酒（Bitters）

苦汁酒从古代药酒演变而来，具有药用和滋补功效，用于混合配制苦汁酒的调料和药材主要是带有苦味的草药和植物的茎、根与表皮等，比如阿尔卑斯草、龙胆皮、苦橘皮、柠檬皮等。

酒吧里常见的产于意大利的金巴利（Campari）、西那（Cynar）；产于法国的杜本纳特（Dubonnet）和苏兹（Suze）；产于特立尼达的安格斯图拉苦汁（Angostura）；产于英国的飘仙一号（Pimms NO.1）等都属于苦酒。

3. 茴香酒（Aniseed）

茴香酒是以"茴香"为基础酿制而成的开胃酒，它实际上是用茴香油与食用酒精或蒸馏酒混合配制而成，口感香浓刺激，一般可以分有色和无色茴香酒，因具有比较浓烈的茴香味而馥郁迷人、口感独特。

我们在酒吧里常见的茴香酒包括产于法国的理查德（Ricard）、巴斯的斯（Pastis）、潘诺（Pernod）、白羊倌（Berger Blanc）等；产于希腊的乌朱（Quzo）、产于意大利的辛（Cin）等。

（三）开胃酒名品

1. 常见的味美思

包含仙山露（Cinzano）、马天尼（Martini）、卡帕诺（Carpano）等。

2. 常见比特酒

（1）金巴利（Campari）

金巴利产于意大利米兰，酒液呈棕红色，药味浓郁，口感微苦而舒适。金巴利的配制原料中有橘皮和其他草药，苦味来自于金鸡纳霜，这款酒适用于净饮或调制鸡尾酒，酒精含量一般在25%左右。

（2）杜本纳特（Dubonnet）

杜本纳特原产于法国巴黎，它主要用金鸡纳霜皮浸制于白葡萄酒中，再配以其他草药混合制成。酒色深红，药香突出，苦味中带有甜味，风格独特。这款酒有红、黄、干三种类型，其中以红色杜本纳特最为出名。

（3）菲奈特·布兰卡（Fernet Branca）原产于意大利米兰，是意大利最有名的苦酒，号称"苦酒之王"，它的药用功效明显，尤其适用于醒酒和健胃。

3. 常见的茴香酒品牌

包括产于法国的理查德（Ricard）和潘诺（Pernod）等。

（1）理查德

理查德茴香酒是法国马赛生产的全球销量第一的开胃酒，酒精度为45%。

（2）潘诺

潘诺是一种带有大茴香味的法国开胃酒，茴青色。

（四）开胃酒的饮用

1. 净饮

将适量的冰块放入调酒杯中，量取 1.5 盎司左右开胃酒注入调酒杯中，然后使用吧匙搅拌，再用滤冰器滤入鸡尾酒杯，加柠檬装饰并饮用。

2. 加冰饮用

使用平底杯并预先加入半杯冰块，量取 1.5 盎司左右开胃酒倒入平底杯中，再用吧匙轻微搅拌后饮用，也可加入柠檬。

3. 混合饮用

开胃酒可以和各种汽水、果汁等混合调饮。以金巴利开胃酒为例，它的饮用方法包括金巴利加苏打水、金巴利加橙汁，等等。

 任务四 摇和法调酒

摇和法调酒（Shaking）一般是指使用调酒壶进行调酒，即将酒水原料和冰块等依次放入壶中，通过摇晃混合，摇匀后，将酒液滤入载杯中的调酒方法。

一、掌握摇和法调酒

（一）摇和法调酒的操作

摇和法一般可以分为单手摇和双手摇两种：

1. 单手摇壶

先往调酒壶内加入 3~5 块冰块。接着按配方依次倒入原料，然后食指按住壶盖，其余四个手指的指尖捏住壶身，手腕左右快速旋转，可在胸前画"8"字或圆圈，此时身体要站正，两脚微微分开，腰部挺直，肩摆正，面带

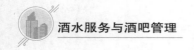

微笑，摇和时间在 8 秒钟左右。若遇到配方中有生鸡蛋清或整个鸡蛋时，摇和时间要在 30 秒钟左右，因为只有这样，才能使生蛋清或整个生鸡蛋与酒液充分融合。

2. 双手摇壶

先往调酒壶内加入 3~5 块冰块，接着按配方依次倒入原料，然后两个拇指按住壶盖，其余八个手指捏住壶身，手心远离壶身，将壶口朝下置于耳侧边，向前方快速抖动手腕。此时身体要站正，两脚微微分开，腰部挺直，肩摆正，两个肘部下压，露出脸庞，表情自然，摇和时间在 8 秒钟左右。若遇到配方中有生鸡蛋清或整个生鸡蛋时，摇和时间也要在 30 秒钟左右。

（二）摇和法调酒的操作工具

调酒壶（即雪克壶，分大、中、小号）、量酒器、冰桶、冰夹、冰铲等，吸管、鸡尾酒签、各类装饰品、果汁容器、砧板、刀具、清洁用的口布等。

（三）摇和法调酒的常用酒水

酒吧常见的各种基酒、利口酒、各类饮料等均可以使用摇和法来调制鸡尾酒。

（四）摇和法——以金菲士鸡尾酒调制为例

菲士类（Fizz）鸡尾酒的组成成分一般包括基酒、蛋清、糖浆、糖、柠檬汁或青柠汁、苏打水、方冰等。一般使用海波杯为载杯，属于典型的使用摇和法调制的具有清凉口感的酒精饮料。也可以说，菲士类鸡尾酒是使用金酒为基酒调制的鸡尾酒。因为调制菲士类鸡尾酒的过程中需要加入苏打水，苏打水中的碳酸气体会从杯中逸出，发出"滋滋"的响声，于是这种鸡尾酒就干脆用苏打水泡沫的爆响声的谐音来命名。一边品尝"Fizz"，一边听酒杯中"菲士、菲士"的"合唱"声，别有一番韵味。

1. 金菲士鸡尾酒经典配方

原材料：干金酒 1.5~2 盎司、柠檬汁 1 盎司、砂糖或糖浆 2 匙、苏打水适量；

装饰物：柠檬片、柠檬皮，或柠檬角均可，或红樱桃；

载具选择：海波杯或者高杯；

调制方法：摇和法。

2. 调制和服务流程

（1）准备酒品：补充酒水，调和糖水，检查材料的质量。

（2）准备调酒器具：调酒工具用餐巾垫底排放在工作台上，量杯、吧匙浸泡在干净的水中。

（3）准备载杯：酒杯消毒后取出摆好备用。

（4）准备装饰物：柠檬洗净后切成柠檬片或柠檬角，排放在碟子里用保鲜纸封好备用。

（5）接单：热情接待每位宾客，为客人呈递酒水单，接受客人所点酒水。

（6）取瓶：把酒瓶从操作台取到手中。要求动作快、稳。

（7）示瓶：把酒瓶展示给客人。从取瓶到示瓶应该是一个连贯的动作。

（8）开瓶：选择使用专用开瓶器。开瓶是在酒吧没有专用酒嘴时使用的方法。

（9）量酒：用量杯（盎司器）。

（10）摇和：把冰块加入摇酒壶，把酒水按配方比例倒入摇酒壶，摇匀至壶身起水汽，倒入科林杯内，并在杯中注满苏打水。

（11）装饰：将柠檬片挂在杯口，用来装饰鸡尾酒。

（12）奉酒：将调好的鸡尾酒用托盘送给客人。

（13）归位：清理工作台，将物料归位。

3. 注意事项

目前我们已知的菲士类鸡尾酒的配方有近百种之多，由于金菲士的原料中以金酒为酒基，故得名为金菲士，又可以称之为"杜松子汽酒"。一般不加鸡蛋的就可以叫作金菲士（Gin Fizz），如果在调制时只加入蛋黄的，就叫作"黄金菲士"（Golden Fizz），只加入蛋清的就叫作"银菲士"（Silver Fizz），加入整个鸡蛋的就可以叫作"露西亚菲士或皇家菲士"（Royal Fizz）。

因为金菲士最为古老的配方组合是金酒、柠檬汁、白砂糖和苏打水。由于白砂糖在调制过程中不容易彻底溶解，所以现在大多使用糖浆来代替。添加鸡蛋黄或蛋清的金菲士鸡尾酒曾在酒吧非常流行，由于蛋清的加入，会使得整杯酒显得更加柔和顺滑。但是为了保证饮食安全，也可以尝试使用灭菌蛋清作为原料。

最后，我们可以尝试在杯中使用柠檬皮拧皮、挤汁，这样做可以使得柠檬的芳香味适当掩盖蛋清或蛋黄的腥味。

二、认识金酒

金酒是英语 Gin 的音译，又称为杜松子酒、琴酒等，是一种以大麦芽、稞麦为主要原料，经发酵与蒸馏得到的中性烈酒为酒基，并在酿造蒸馏过程中增添以杜松子为主的多种药材、香料混合酿制而成的一种蒸馏酒。金酒的特点是无色透明，酒精含量一般在 40%，它是我们在鸡尾酒调制过程中使用频率最高的一种基酒，也常被称为"鸡尾酒的心脏"，金酒的诞生地虽然是荷

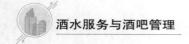
兰，但是它的成长和发扬却是在英国。目前金酒的主要生产国有荷兰、英国、美国、比利时、德国、法国、加拿大、巴西、日本。

（一）金酒的历史

金酒在 17 世纪 60 年代正式问世，它的首创者、当时任职于荷兰莱顿大学的医学教授西尔维斯（Doctor Sylvius）为了医疗目的展开研究，想要帮助在海上活动的荷兰商人、海员以及移民预防热带地区盛行的疟疾病，在研究时发现，杜松子果的杜松莓精油里含有一种可以利尿、清热的成分，于是将其和酒精一起蒸馏，得到一种利尿、清热的药剂并开始在药店里销售。当人们逐渐发现这种具有医疗效果的药剂本身也可以作为一种酒精饮料来使用后，它很快就流行起来。

图 2-6 金酒的重要原料——杜松子

金酒之所以能够在英国流行，与英王威廉阿姆三世有关。当时，英格兰还不能生产酒精度很高的蒸馏酒，而威廉阿姆三世开始从法国引进白兰地，从苏格兰引进威士忌，从荷兰引进金酒，金酒逐渐成为英国平民百姓最喜欢的一种廉价蒸馏酒。随着金酒品质的逐渐提高，荷兰和英国都把金酒视为自己的国酒，都拥有很多名扬世界的金酒品牌，酒吧里也把金酒分类为荷式金酒和英式干金酒。

（二）金酒的酿造

酿制金酒的主要原料是大麦麦芽、裸麦、玉米等，很多国家生产金酒的主要方法有两种：

第一种生产方法是传统的蒸馏法，用它生产的金酒品质纯正，一般被称为"Distilled Gin"或"London Dry Gin"。

使用蒸馏法生产金酒的主要程序是：先将蒸馏得到的食用酒精用水稀释到 45% 左右，再加入香料并把得到的混合物注入铜制蒸馏器进行蒸馏，目的是让酒精充满香料的味道，蒸馏过程中通过采用掐头去尾的传统酿酒工艺，保留中间充满香味的提纯物，这时的酒精含量可以达到 80% 以上，之后通过兑水稀释来降低酒精含量，使金酒的酒精含量保持在 37.5% 到 47.3% 之间。

第二种方法就是混合法，主要使用食用酒精来生产价格低廉的金酒，一般通过在小尺寸的蒸馏器中蒸馏混有少量酒精的植物配料或香料渣得到其提纯物质，再将其与酒精混合并加水稀释。

（三）金酒的分类

按照产地来源可以将金酒分为：荷式金酒、英式金酒、美式金酒和其他国家的金酒。

按照口感风格可以将金酒分为：辣味金酒（即干金酒）、老汤姆金酒（即加甜金酒）、果味金酒（即芳香金酒）及荷式金酒。

1. 荷式金酒（Hollands Gin）

荷式金酒的主要产区集中在荷兰斯希丹（Schiedam）地区，用于生产荷式金酒的谷物原型——蒸馏酒必须先经过三次蒸馏、提炼，再加入杜松子进行第四次蒸馏，最后掐头去尾得到荷式金酒。

荷式金酒色泽透明清亮，酒香和调料香味非常突出，风格独特，甚至有些近乎怪异，一般也经常使用焦糖进行调色，酒味微甜，比较适于净饮，但不太适宜和其他酒类混合饮用。

传统的荷式金酒通常会装入长陶瓷瓶中进行出售，人们一般把新酿制的金酒称之为"Jonge"，将陈年金酒称为"Oulde"，把更老的陈年金酒叫作"Zeet Oulde"。

2. 英式金酒（Dry Gin，即干金酒）

英式金酒与荷式金酒有着明显的口感差别，前者口味甘冽，后者口味甜浓，英式干金酒也因此很受人们的欢迎。英式干金酒的生产相对比较简单，一般使用食用酒精和杜松子及其他香料共同蒸馏得到。

英式干金酒按照酒的甜度高低一般可以分为干型金酒、特干金酒、极干型金酒等，无色透明，清澈带有光泽，酒香和调料香味浓郁，醇美爽口。在酒吧里常用的金酒以伦敦干金酒为主，只要是符合相应酿造工艺的金酒，无论它是否产自于英国伦敦地区，都可以称之为伦敦干金酒。

英式干金酒非常适于作为调制鸡尾酒的基酒来使用，据不完全统计，世界范围内以金酒作为基酒的鸡尾酒配方多达上千种。

除荷式、英式金酒之外，世界范围内我们还经常可以看到加拿大、巴西、

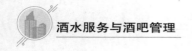

德国、日本、印度等国家生产的金酒。

3. 美式金酒

美式金酒呈淡金黄色，因为与其他金酒不同，它要在橡木桶中陈酿一段时间。

4. 老汤姆金酒（加甜金酒）

老汤姆金酒是在辣味金酒中加入 2% 的糖，使其带有怡人的甜辣味；

5. 果味金酒

果味金酒是在干金酒中加入了成熟的水果和香料，如柑橘金酒，柠檬金酒、姜汁金酒等。

（四）常见金酒名品

酒吧常见金酒包括：英国卫兵（Beefeater）、哥顿金酒（Gordon's）、仙蕾（Schenley）、伊利莎白女王（Queen Elizabeth）、老女士（Old Lady's）、老汤姆（Old Tom）等。

1. 哥顿金酒（Gordon's）

哥顿金酒是目前世界销量第一的金酒。

2. 老汤姆金酒（Old Tom gin）

老汤姆金酒属于伦敦风格的甜金酒。

3. 英王卫兵金酒（Beefeater）

英王卫兵金酒在中国曾被称为"御林军"或"必富达"金酒，它是我们调制鸡尾酒时经常使用的英式干金酒。

（四）金酒的饮用

1. 纯饮

纯饮是一种饮用方式，将金酒直接倒入杯中，或者加入冰块，冰水稀释后引用。（杯子最好选用冰镇过的杯子，这样可以锁住酒中的香气）。一般情况下，人们多用纯饮的方式饮用荷兰金酒。

在东印度群岛，流行在饮用前用苦精（Bitter）洗杯，然后注入荷兰金酒，大口快饮，痛快淋漓，具有开胃之功效，饮用金酒后再饮一杯冰水，更是美不胜言。

2. 混合饮用

不少人其实无法适应金酒浓郁的香草味道，因此可以采用混饮的方式饮用金酒。金酒是世界第一大类的烈酒，配以碳酸性质的汤力水，既稀释了酒的浓度，又丰富了口感。在酒吧中，金酒最常见的饮用方法是和汤力水（Tonic Water），雪碧（Sprite），可乐水（coke）等软饮料混合饮用。

3.调制鸡尾酒

金酒是多种鸡尾酒的基酒。世界知名鸡尾酒 Singpore sling 新加坡司令、Pink lady 红粉佳人、Gin Fizz 金菲士、Gimlet 等，都是以金酒为基酒的鸡尾酒。

三、认识特基拉

特基拉（Tequila）又被称为龙舌兰酒，原产于墨西哥，它的生产原料是一种叫作龙舌兰（芦荟类）的原产于墨西哥的特殊植物，属于怕寒的多肉植物。在墨西哥，这种植物又被称为 Maguey，虽然它经常被误认为是一种仙人掌，但实际上龙舌兰属于石蒜科植物，拥有比较巨大的根茎，长得非常像一个巨大的菠萝，当地人也称其为龙舌兰的心，因其内部成分多汁，而且富含糖分，因此非常适合用来发酵、酿酒。

事实上，龙舌兰酒除了涵盖大家所熟知的特基拉（Tequila）外，有时也代指梅斯卡尔酒（Mezcal）或普逵酒（Pulque）。

（一）特基拉的历史

据考证，居住在中美洲地区的印第安人最早发现了发酵、酿酒的技术，他们曾经使用在生活中可以获取的任何含糖分的物质来酿酒，糖分含量高，汁液丰富的龙舌兰自然地成为人们最喜欢的酿酒原料。

最初，当地人用龙舌兰榨汁，经过发酵得到一种名为“Pulque”的酒，这种酒经常被用于宗教场合，号称可以帮助祭司与神明进行沟通（实际上就是人们饮酒后所产生的醉酒或幻觉现象），人们在使用活人祭献前都会先让被牺牲者饮用“Pulque”，以使其失去意识或降低其反抗能力。

后来，西班牙殖民者将蒸馏技术带到美洲，殖民者一直想在当地寻找一种合适的酿酒原料来补给他们消耗量巨大而又运输困难的葡萄酒或其他烈性酒。因此他们也尝试使用当地能够发出独特香味的龙舌兰来酿酒，并尝试使用蒸馏法提高传统的“Pulque”的酒精含量。从此以后，以龙舌兰为原料酿制的蒸馏酒应运而生。因为最初酿造这种新产品的目的是取代葡萄酒，所以被命名为“Mezcal wine”，后来经过不断改良，逐渐演变成今天的墨西哥国酒“Mezcal”，即特基拉。如今，特基拉是墨西哥重要的外销商品和经济支柱，受到严格的政府法规限制与保护。

图 2-7　采收完的龙舌兰草芯

（二）特基拉的酿造

酿造特基拉时通常采用经 10 年以上栽培的龙舌兰草芯（Agave）作为原料，生产出来的特基拉的酒精含量一般在 35%~55%，无色的特基拉属于非陈酿酒种，金黄色的特基拉一般需要短期陈酿，在木桶中陈酿 1~15 年的特基拉可以叫作老特基拉酒。酿制特基拉一般需要通过收割—烹煮—发酵—蒸馏—陈酿等几个阶段，因为每个阶段都需要耗费大量的人力和物力，所以有些特基拉往往价格不菲。

1. 收割

需先把长在龙舌兰芯上面往往多达上百根的长叶砍除，然后把这些菠萝状的鳞茎从枝干上砍下来。

2. 蒸煮

蒸煮前会去除草芯外面的蜡质或残留的叶根，因为这些物质在蒸煮的过程中会变成苦味来源，使用现代设备的酒厂则是用高温的喷射蒸汽来达到相同的效果。传统做法的蒸馏厂会在龙舌兰芯煮好后让它冷却 24~36 小时，再进行磨碎除浆。当龙舌兰芯彻底软化且冷却后，工人会拿大榔头将它们打碎，并且移到一种传统上使用驴子或牛推动、称为 Tahona 的巨磨内磨得更碎。至于取出的龙舌兰汁（称为 Aquamiel，意指糖水）则在掺一些纯水之后，放入大桶中等待发酵。

3. 发酵

蒸煮完成后，工人会在龙舌兰汁上撒酵母进行发酵，用来发酵龙舌兰汁的容器可能是木制的或现代的不锈钢酒槽，如果保持天然的发酵过程，其耗时往往需要 7~12 天之久，为了加速发酵过程，许多现代化的酒厂通过添加特定化学物质的方式加速酵母的增产，把时间缩短到两三日内。

4. 蒸馏

当龙舌兰汁经过发酵过程后，制造出来的是酒精度在 5%~7%，类似啤酒般的发酵酒。传统酒厂会用铜制的壶式蒸馏器进行两次蒸馏，现代酒厂则使用不锈钢制的连续蒸馏器，初次的蒸馏耗时一个半到两个小时，制造出来的酒的酒精含量在 20% 左右。第二次的蒸馏耗时 3~4 小时，制造出的酒拥有约 55% 的酒精含量。从开始的龙舌兰采收到制造出成品，大约每 7 千克的龙舌兰芯，才制造出 1 升龙舌兰酒。

5. 陈酿

刚蒸馏完成的龙舌兰新酒，是完全透明无色的，市面上看到有颜色的龙舌兰酒都是因为放在橡木桶中陈酿过，或是因为添加酒用焦糖的缘故。对于特基拉来说，陈酿时间的标准确实很短：特基拉新酒蒸馏后 2 个月内就可以装瓶。

（三）特基拉的分类

常见的以龙舌兰为原料酿制的酒包括普逵酒（Pulque）、梅斯卡尔酒（Mezcal）、特基拉（Tequila）三种。

1. 普逵酒（Pulque）

普逵酒是指用龙舌兰的芯为原料，经过发酵而酿制而成的传统发酵酒，是所有龙舌兰酒的基础。

2. 梅斯卡尔酒（Mezcal）

梅斯卡尔酒是所有以龙舌兰草芯为原料所酿制出来的蒸馏酒的统称，可以说 Tequila 是 Mezcal 的一种，但并不是所有的 Mezcal 都可以被称为 Tequila。

可以被称为 "Tequila" 的酒是龙舌兰酒中的经典代表，只有在某些特定地区、使用一种称为蓝色龙舌兰草（Blue Agave）的植物作为原料所酿制的酒才能被称为 Tequila。

3. 特基拉（Tequila）

特基拉一般可以分为无色特基拉酒（silver）、金黄色特基拉酒（gold）、特基拉陈酿酒（aged）三类。

（四）常见特基拉名品

1. 索查（Sauza）

索查的生产原料只生长于墨西哥干旱的哈利斯科地区，该植物经过精心种植后能结出甜美、成熟的果实，从中提取的花蜜经过烹煮、发酵和蒸馏后

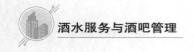

得到索查特基拉。

2. 奥米加（Olmaca）

奥米加（Olmaca）是酒吧常见的特基拉代表酒，具有干醇的酒味、柔和的金黄色泽和新鲜的柠檬清香味。

3. 懒虫（Camino，也常被音译为"卡米诺"）

懒虫特基拉（Camino Real）选用天然优质的墨西哥龙舌兰草芯为原料酿制而成。这款酒色泽透明清澈，口感刚劲独特。

4. 凯尔弗（Cuervo）

凯尔弗（Cuervo）特基拉在中国也常被翻译为金色豪帅快活或银色豪帅快活特基拉酒，这款酒的珍藏陈年版一般使用生长了 7~12 年的蓝色龙舌兰作为原料，需要在橡木桶中至少陈酿 3 年以上。

（五）特基拉的饮用

1. 纯饮

净饮不添加任何辅料，在酒吧服务中，特基拉净饮的量一般在 30~50 毫升。所谓 On the rocks 就指加冰饮用，可以使口感冰凉，融化的冰也稀释了酒精的浓度，没有那么易醉。

2. 加盐和柠檬

特基拉最经典的饮用方法是佐盐。饮用时使用的盐应该是墨西哥土盐，最为地道。墨西哥土盐的盐盒一般是墨西哥帽子的形状，盐是片状的，而不是颗粒。加盐饮用主要是为了使烈酒的口感更特别，更富有刺激性，同时土盐若完全溶解在特基拉之中，会提升酒精在人体内发作的速度。

加盐饮用的方法主要有两种：第一种是左手拇指与食指中间夹一块柠檬，在两指间的虎口上撒少许盐，右手握着盛满特基拉的酒杯，首先用左手向口中挤几滴柠檬汁，一阵爽快的酸味扩散到口腔的每个角落，顿感精神为之一振，接着将虎口处的细盐送入口中，举起右手，头一昂，将特基拉一饮而尽。特基拉烈酒和着酸味、咸味，如同火球一般从嘴里顺喉咙一直燃烧到肚子，十分精彩和刺激。

第二种就是直接将适量的土盐和一片青柠放在酒中，等待土盐完全溶解后，慢慢饮用。

图 2-8　特基拉最经典的饮用方法是佐盐

3. 与软饮料混合饮用

特基拉除纯饮外，通常与苏打水、矿泉水、干姜水等软饮料混合饮用。比较流行的是将金色龙舌兰酒加 30~45ml 于 rock 杯（即威士忌杯）内，再把 7-UP（饮料七喜）或苏打水倒于杯中约半杯，不能超出半杯，然后用杯垫盖住杯口，用力往桌面敲下，使其泡沫涌上，此时需马上一口饮尽。

4. 调制鸡尾酒

特基拉是多种鸡尾酒的基酒。世界知名鸡尾酒特基拉日出 Tequila Sunrise、玛格丽特 Margarita 等，都是以特基拉为基酒的鸡尾酒。

拓展视频 2-4

四、认识软饮料

通常情况下，凡是酒精含量低于 0.5%（质量比）天然或人工配制的经过预先包装，可供直接饮用或用水冲调的饮品都可以统称为软饮料，或称为非酒精饮料、清凉饮料、无醇饮料等。

矿泉水、饮用水、果汁、蔬菜汁或一些用植物的花、叶、根茎等作为原料提取的液体饮品等，都属于软饮料范畴。

软饮料的种类很多，按其生产原料、加工工艺和产品的特性可以分为碳酸饮料、果汁（果浆）及果汁饮料、蔬菜汁及蔬菜汁饮料、植物蛋白质及植物抽提液饮料、含乳类及乳酸饮料、瓶装饮用水、茶饮及咖啡饮品、固体饮料等八大类；

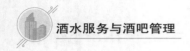

按其饮用性质又可以分为大众饮料、餐桌饮料、保健饮料、特殊用途饮料等四大类。

（一）碳酸饮料

碳酸饮料是对含有二氧化碳气体的软饮料的总称，碳酸饮料通常又可以分为五种类型。

1. 果汁型碳酸饮料

因为汽水中的果汁含量不同，通常指含有 2.5% 及以上的天然果汁；

2. 果味型碳酸饮料

汽水中的果香食用香精含量不同，通常指以香料为主要赋香剂，果汁含量低于 2.5%；

3. 可乐型

含有可乐果、白柠檬、月桂或可能含有焦糖色素的碳酸饮料；

4. 低热量型

饮料制成品的热量低于 75K/100mL；

5. 其他型

指含有植物抽提物或非果香型的食用香精为赋香剂的饮料，或可用于补充人体因运动后失去的电介质及能量的碳酸饮料，例如姜汁汽水、沙士汽水、运动汽水、乳蛋白碳酸饮料、冰淇淋汽水等。

（二）果汁（果浆）及果汁饮料

果汁（果浆）及果汁饮料是指使用适度成熟的新鲜或冷藏水果为原料（包括可食用的根、茎、叶、花、果实），经加工或发酵制成的果汁（果浆）及混合果汁饮料。

也包括在果汁（果浆）制品的基础之上，加入糖浆、酸味剂等配料混合制成的果汁饮品，既可以直接饮用，也可以兑水稀释后饮用。

此类饮料还可以细分为九种类型：

1. 原果汁；

2. 原果浆；

3. 浓缩果汁；

4. 浓缩果浆；

5. 果肉饮料；

6. 果汁饮料；

7. 果粒果汁饮料；

8. 高糖水果饮料浓浆；

9. 水果饮料。

（三）蔬菜汁及蔬菜汁饮料

蔬菜汁及蔬菜汁饮料是指由一种或多种新鲜、冷藏蔬菜（含根、茎、叶、花、果实、食用菌、食用藻类及蕨类）等经过榨汁、打浆、浸提等后加工制成的饮料。一般可以分为蔬菜汁、混合蔬菜汁、混合果蔬汁、发酵蔬菜汁、其他蔬菜汁等五类。

图 2-9　果蔬汁饮料

（四）植物蛋白质及植物抽提液饮料

植物蛋白质及植物抽提液饮料是指使用蛋白质含量较高的植物种子、果实、果核、坚果的果仁、非果蔬类植物的根、茎、叶、花、种子及竹或树木（如谷物、食用菌、食用藻类、蕨类、可可、菊花等）自身分泌的汁液等，按照一定比例磨碎、去渣、兑水并加入配料后经过加工、发酵制成的乳浊状液体饮料。

一般可以分为豆乳饮料、椰子乳（汁）饮料、杏仁乳（露）饮料、其他植物蛋白饮料等四类。

（五）含乳类及乳酸饮料

含乳类及乳酸饮料是指以鲜乳、乳制品为原料，未经过发酵或发酵后，加水或其他辅料混合调制而成的液体饮品。通常可以分为乳饮料、乳酸菌类乳饮料、乳酸饮料、乳酸菌类饮料等四类。

（六）茶饮及咖啡类饮料

茶饮是指将茶叶抽提、过滤、澄清后得到抽提液、浓缩液或速溶茶粉等作为原料，通过直接灌装或选择性地加入糖、酸味剂、食用香精、果汁、其他植（谷）物抽提液等配料混合调制、加工制成的饮料。

茶饮又可以分为茶饮料、果汁茶饮料、果味茶饮料、其他茶饮料等四类。

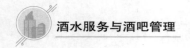

咖啡类饮料是用经过烘焙、磨粉后的咖啡豆为基本原料，将其制作成水提取液或浓缩液、速溶咖啡粉等，再经过其他工艺加工而成。

（七）瓶装饮用水

是指密封在容器（含塑料瓶、玻璃瓶、罐、桶及其他容器）中可直接饮用的水。其中除可使用臭氧外，不允许添加任何其他物质物。通常可以分为天然矿泉水、饮用纯净水等两类。

（八）固体饮料

固体饮料是指选择性地将果汁、植物抽提液、糖或其他食品原料、配料、食品添加剂等加工制成粉末状、颗粒状或块状等供冲调后直接饮用的饮料。固体饮料中所含的水分一般不大于5%。通常可以分为果香型固体饮料、蛋白型固体饮料、其他固体饮料等三类。

 任务五　搅和法调酒

搅和法调酒（Blending）是指将酒水、各种辅助料、碎冰等按配方规定用量一起放入电动搅拌机后将原料充分搅碎、混合。

一、掌握搅和法调酒

（一）搅和法调酒的操作工具

电动搅拌机、碎冰机、电源、量酒器、吧匙、冰桶及冰夹、冰铲、砧板、刀具、水果签、搅拌棒、各种装饰物、吸管、杯垫、清洁用的口布等。

（二）搅和法调酒的常用酒水

酒吧常见的各种基酒、利口酒、各类饮料、水果等原材料均可以使用搅和法来制作鸡尾酒。

（三）搅和法——以香蕉雪酪鸡尾酒为例

1. 调制配方

原材料：以载杯或容器的大小为标准，需要准备1/5的朗姆酒，4/5的脱脂牛奶，少许柠檬汁，适量的砂糖、蜂蜜或糖浆，1只香蕉，碎冰，水果刀及砧板等；

装饰物：香蕉、柠檬圆片、其他绿色植物或吸管等；

载具选择：特饮杯、柯林杯等具有较大容积的器具；

调制方法：搅和法，需使用电动搅拌机。

2. 制作步骤

（1）准备酒品：补充酒水，检查材料的质量，碎冰制好备用。

（2）准备调酒器具：工具用餐巾垫底排放在工作台上，量杯、吧匙浸泡在干净水中。

（3）准备载杯：酒杯消毒后取出摆好备用。

（4）准备装饰物。

（5）接单：热情地接待每位宾客，为客人呈递酒水单，接受客人所点酒水。

（6）取瓶：把酒瓶从操作台取到手中。要求动作快、稳。

（7）示瓶：把酒瓶展示给客人。取瓶到示瓶应该是一个连贯的动作。

（8）开瓶：选择使用专用开瓶器。开瓶是在酒吧没有专用酒嘴时使用的方法。

（9）量酒：用量杯（盎司器）。

（10）搅和：把酒水与碎冰按配方分量放进电动搅拌机内，启动电机运转10秒钟左右，连碎冰带酒水一起倒入载杯中。

（11）装饰。

（12）奉酒：将调好的鸡尾酒用托盘送给客人。

（13）归位：清理工作台，将物料归位。

图 2-10　香蕉雪酪鸡尾酒

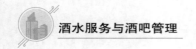

二、认识伏特加

伏特加（Vodka）是世界上最为流行的烈性蒸馏酒之一，它是以多种谷物（麦类、马铃薯、玉米）为原料，用重复蒸馏、精炼过滤的方法，除去酒精中所含毒素和其他异物的一种纯净的高酒精浓度的饮料。"Vodka"（伏特加）来源是斯拉夫语"woda"或"voda"，意思是"水"。俄罗斯是当今伏特加的最大消费国，北欧、西欧、美国、澳大利亚等国家或地区也都是伏特加的主要消费国。

（一）伏特加的历史

伏特加自问世以来就一直是天气比较寒冷的国家十分流行的酒精饮料，根据现存的文献，早在12世纪（通常指公元1100年1月1日至1199年12月31日，欧洲中世纪末期，中国古代南宋时期）就已经有了伏特加的出现。关于伏特加的历史起源，一直存在两种不同的解释，其中一种观点认为伏特加发源于俄罗斯，而另一种观点则认为伏特加起源于波兰。

俄语中"Vodka"和波兰语"Wodka"发音相似，也有相同的词根，在斯拉夫语中它的意思是"少量的水"。古代俄罗斯文献中第一次提到"伏特加"是在1533年下诺夫哥罗德的编年史中，意思为"药"，可以用它来擦洗伤口，服用后也可以减轻伤痛。俄罗斯学者认为，早在15世纪末，就有俄罗斯僧侣曾经制造出用于消毒的液体，并尝试饮用，随后人们就开始利用进口的酒精和当地的谷物及泉水来酿造伏特加。

1553年，俄国沙皇伊凡雷帝在莫斯科开了第一家伏特加酒馆以获取高额利润。1751年，在沙皇叶卡捷琳娜一世颁布的官方文件中，"伏特加"开始具有酒精饮料的含义。

19世纪，伏特加开始进入国际市场，"伏特加"一词也开始在世界范围内被广泛应用。最初的伏特加酿造工艺只是将裸麦作为原材料进行糖化、发酵和蒸馏。后来，俄罗斯人又尝试利用白桦木活性炭对其进行反复过滤，采用连续蒸馏工艺，并开始使用玉米、马铃薯等作为酿酒原料。

波兰学者则认为原始的伏特加雏形早在公元8世纪到12世纪就已经在波兰出现。早期，波兰人把伏特加当药物使用，12世纪时演变成为农民喜爱的地方酒，当时的东欧与北欧人都在酿造这种烈性酒。波兰的史学家也认为比较先进的蒸馏技术于公元1400年在波兰出现后，波兰人把新的蒸馏技术融入伏特加的酿造过程中，从而不断地生产出质量更好的伏特加。

公元1772年，由于波兰被俄国、普鲁士、奥匈帝国分割，伏特加也就因此传入俄国，波兰学者认为"Wodka"一词出现在 18 世纪，因为在当时，经过三次蒸馏的烈性酒被用水稀释后就可以称之为"Prosta Woda"，缩写就是"Wodka"。

1917 年，俄国十月革命爆发，一部分白俄罗斯人逃到了法国、美国等地，这其中也包括一些伏特加酿造者，这些人开始在逃亡地酿造伏特加。而当时美国正在解除禁酒令期间，新推出的伏特加酒很快引起公众的注意。当时，鸡尾酒的流行也从一定程度上促进了伏特加的生产，因为伏特加以谷物或马铃薯为原料，经过多次蒸馏成为酒精含量高达 95% 的酒，再用蒸馏水淡化至 40%，经过活性炭反复过滤，酒质晶莹澄澈，清淡爽口，除具有烈焰般的酒精刺激感以外，无色、无味，口感不甜、不苦、不涩，独具特色。这些特性使得它成为除金酒外的另一种比较理想的基酒，很受大众喜爱。

俄罗斯伏特加与波兰伏特加的酿造工艺相似，主要区别在于波兰伏特加在酿造过程中喜欢加入一些草卉、植物果实等作为调香原料，因此使得酒体更加丰富。

目前，除俄罗斯、波兰外，芬兰、瑞典等也是世界上主要的伏特加生产国。

（二）伏特加的酿造

伏特加最初的酿造原料除了采用裸麦之外，还采用蜜糖作为原料，后来逐渐开始使用小麦、大麦等其他谷物作为原料，18 世纪开始，主要使用玉米和马铃薯等作为酿酒原料。

伏特加的传统酿造方法是通过原料粉碎、蒸煮、糖化、发酵、蒸馏或反复蒸馏等工艺流程，首先制成酒精含量高达 90% 以上的伏特加原液，然后将优质的伏特加原液加水稀释，制成伏特加—水混合物，让其缓慢地流经盛有大量白桦木和金合欢树木制成的活性炭容器进行过滤，通过反复过滤来吸附伏特加原液中的杂质（通常情况下，每 10 升蒸馏酒精原液使用 1.5 千克木炭连续过滤不少于 8 小时，每 40 小时后至少要换掉 10% 的木炭），最后再用蒸馏水将过滤后的无色伏特加原液稀释至酒度 40%~50% 后装瓶出售，伏特加一般不需要用陈酿。

（三）伏特加的分类

1. 原味伏特加

虽然相较于其他烈酒，伏特加有着极高的蒸馏纯度，通常不经过陈酿，但会在稀释前先用活性炭过滤酒液。蒸馏和过滤的次数越多，越彻底，所得到的伏特加风味也就越发清淡微妙，最典型的品牌就是斯米诺夫。装瓶时，

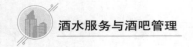

伏特加的酒精度会控制在40%左右（欧洲不得低于37.5%，美国不得低于40%）。

由于用来酿造伏特加的原料相当多样，即便是原味伏特加，同样可以塑造出丰富多变的风格。比如用大麦制作的伏特加新鲜甘冽；小麦伏特加则口感更加饱满而圆润，并且带有一丝茴芹风味；黑麦伏特加常带有甜味，口感也更偏强劲，伴有淡淡的香料味道；葡萄伏特加散发着柑橘类水果香气；而马铃薯伏特加带有特别的奶油般的质感。

2. 调味伏特加

制作调味伏特加最初的原因是早期蒸馏技术不够成熟，得到的伏特加风味和质地都不够理想，为了弥补这种不足，酿酒师便在酒里加入水果，香料或药草来增加香气和味道，并且加入蜂蜜使酒的口感变得甜美圆润。

如今，调味伏特加不再是掩盖味道的不足，风味的添加完全是出于人们的喜好，因为更能迎合潮流和大众口味。市面上越来越多的调味伏特加，其调味的原料为药草、干果仁、浆果香料和水果等。

波兰的调味伏特加一直非常有名，最受欢迎的调味伏特加当数野牛草伏特加，利用波兰原产特有的野牛草来调味。

（四）常见伏特加名品

1. 雪树伏特加（Belvedere Vodka）

雪树伏特加产自同样被誉为伏特加诞生地的波兰，它的原料精选来自波兰马佐夫舍省（Mazovia）所特有的黄金裸麦（丹可夫斯基黑麦，Dankowskie Rye），经过四次蒸馏萃取而成，被誉为伏特加中的极品，有着600多年的技术传承，口感浓郁细致，隐约散发着香草芬芳，酒瓶瓶身展示的景色是波兰总统的官邸美景宫。

2. 灰雁伏特加（Grey GooseVodka）

法国产的灰雁伏特加诞生于1996年，属于百家得（Bacardi）酒业集团公司旗下出产的高端奢华伏特加产品。曾被誉为"全球最佳口感伏特加"，它产自历史悠久、具有创造美食和佳酿传统的法国酿酒圣地——干邑（cognac）。灰雁伏特加甄选法国特产的顶级小麦和干邑地区所特有的经过石灰岩自然过滤的天然山泉水为原料，在酿酒大师的严格指导和监督下，配合独特工艺酿造而成。这款伏特加带着大自然芬芳的微甜香气，具备饱满、圆润、柔和、细致和顺滑的口感，被经常用来为各种高端酒会定制主题鸡尾酒。

3. 红牌伏特加（Stolichnaya Vodka）

俄罗斯出产的红牌伏特加是历史悠久的经典名酒，采用具有500年历史的传统双蒸馏法酿制，这款伏特加于1938年推出，主要以小麦和黑麦为原料，经过四次蒸馏后通过石英砂和桦木活性炭过滤，装瓶时酒精含量为40%。红牌伏特加曾是苏联庞大的伏特加家族中品质最好的一款。

4. 绝对伏特加（Absolut Vodka）

一直以来，斯堪的维亚半岛就盛产典雅优美的伏特加，洁净的自然环境、纯净的水源正好适于酿造优质的伏特加。这款酒产于瑞典南部一个人口仅有一万人的小镇奥胡斯镇（Ahus），选用当地特产小麦和天然深井水作为原料。绝对伏特加家族产品众多，从1980年起，不断增加了辣椒、柠檬、黑加仑、柑橘、香草、红莓等多种口味系列产品，包括绝对伏特加辣椒味（Absolut PEPPAR）、绝对伏特加柠檬味（Absolut CITRON）、绝对伏特加黑加仑子味（Absolut KURANT）、绝对伏特加柑橘味（Absolut MANDRIN）、绝对伏特加香草味（Absolut Vanilia），等等。同时，设计精妙的广告也是绝对伏特加在全球畅销的重要原因之一。

图2-11 绝对伏特加

5. 芬兰伏特加（Finlandia Vodka）

芬兰伏特加选用纯正的冰川水及上等的大麦酿造，北欧地区生产的伏特加相对东欧出产的伏特加在风味上会有所不同，更加强调优良的水质，芬兰伏特加的特点就是经过长时间的连续蒸馏后，再用经过陈年冰碛过滤的质地纯正的冰川水混合调配而成。这款酒的酒瓶设计非常经典，犹如一件形似芬兰当地的冰川、冰柱形状的艺术品。它的品质纯净，独具天然的北欧风味，因此推出了多款不同口味的系列产品，是全球免税店中最受欢迎的酒类品牌之一。

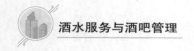

6. 皇冠伏特加（Smirnoff Vodka）

皇冠伏特加是一款在全球非常受欢迎的产品，它诞生于 1818 年沙皇俄国时代在莫斯科所建立的皇冠伏特加酒厂。1930 年，该酒的生产配方被带到美国并开始建厂酿制。目前，这款酒在全球 170 多个国家销售，曾被评为全球销量第一的伏特加。皇冠伏特加酒液透明、无色，除具备伏特加所特有的香味外，无其他香味，口感甘冽、劲大冲鼻，是调制鸡尾酒的重要原料，也深受调酒师的喜爱。

（五）伏特加的饮用与服务

1. 伏特加的饮用

（1）伏特加被誉为最纯净的烈酒，饮用伏特加"最地道"的首选方式就是净饮；

（2）冰镇后净饮伏特加最能保留其顺滑的纯正口感。由于酒精含量很高，伏特加在冰箱里储藏时不会结冰，却可以使其更醇厚可口。我们还可以在饮用时选择使用古典杯，在杯中加入凿好的冰球，并放入柠檬片以增添伏特加的风味；

（3）伏特加的另一个特点是能够随意勾兑，也可以作为佐餐酒或餐后酒使用；使用伏特加来佐餐饮用时，俄罗斯人一般都会准备几个经典的佐酒小菜，比如腌酸黄瓜、橄榄、沙丁鱼、鱼子酱甚至"莎洛"（生腌肉）、鲱鱼罐头等，这些食物的风味以酸咸为主，可以缓解伏特加所带来的刺激感。尤其鱼子酱是伏特加的理想搭配，伏特加可以去除鱼子酱的腥味，更能衬托出鱼子酱的鲜美。

（4）调制鸡尾酒，由于伏特加纯净的酒体具有较强的可塑性，因此也成为出镜率最高的鸡尾酒基酒之一。黑俄罗斯（Black Russian）、螺丝钻（Screw Driver）、血玛丽（Bloody Mary）等，都是以伏特加酒为基酒的鸡尾酒。

2. 伏特加调制服务流程

（1）询问宾客饮用伏特加的方式，净饮还是加冰，或调制鸡尾酒；

（2）将杯垫摆放在吧台上，注意杯垫图案正面朝向宾客，摆放于客人右手边；

（3）示酒，把酒标面向客人展示整瓶伏特加的商标，让客人确认品牌；

（4）加冰饮用时选择古典杯，将杯子放在杯垫上，先在杯中放入约三分之一的冰块，然后使用量酒器量取伏特加注入杯中，询问宾客是否需要加入柠檬片，如需要为客人夹入杯中；

（5）纯饮时可选用烈酒杯、利口酒杯或古典杯，使用量酒器为客人倒酒。无冰纯饮服务时，可以为宾客准备一杯凉水，因为快饮（干杯）是其主要饮用方式之一。使用古典杯做纯饮服务时，同样可以先询问宾客是否需要加入柠檬；

（6）注意倒酒时瓶（罐）口不要触碰到杯口；

（7）为宾客配送小吃（花生、青豆等）；

（8）用语言或手势请宾客享用；

（9）注意倒酒后的伏特加酒瓶要归位，即放回工作台或酒柜；

（10）注意观察，如果宾客杯中的酒水剩余不多时，应主动询问宾客是否需要续杯，直至宾客离开后撤下空杯，清理吧台或餐桌。

拓展视频 2-5

三、认识朗姆酒

朗姆酒（Rum）是以甘蔗压榨出来的甘蔗汁或制糖工业的副产品糖蜜为原料，经发酵、蒸馏、陈酿，调配而成的一种蒸馏酒，因为其原料与糖密切相关，所以也称之为"糖酒"。朗姆酒的酒精含量一般在38%~50%，酒液根据酿造工艺的不同呈无色、琥珀色和棕色不等。朗姆酒是古巴的特产，更是加勒比海地区的骄傲。虽然菲律宾、澳大利亚、南非、印度以及南美洲和太平洋群岛等国家和地区也生产朗姆酒，但是最负盛名和最受追捧的，还要数古巴朗姆酒了。

（一）朗姆酒的历史

朗姆酒的根深植于加勒比海地区的种植园，据说是种植园中的奴隶们最先发现糖蜜可以用来酿酒。许多历史学家认为朗姆酒最早出现在巴巴多斯，因为那里的一份历史文件提到了一种"辛辣、令人畏惧的烈酒"。还有一些历史学家认为有证据表明朗姆酒酿造技术在 17 世纪 20 年代就出现在巴西。不过，单纯用甘蔗酿酒的历史最早可以追溯至 14 世纪的欧洲、印度和中国。朗姆酒生产后来转移到了北美殖民地，第一家朗姆酒蒸馏厂于 1664 年在纽约的斯塔滕岛建成。

从 1655 年开始，英国皇家海军将士兵的每日酒类配给从法国白兰地改为朗姆酒，一直持续了一个世纪。1740 年，为了防止酗酒，政府在朗姆酒里添加了柠檬汁供应给士兵。这一举措也是为了防止坏血病。英国皇家海军朗姆酒配给在 1970 年终结。

18 世纪，欧洲的朗姆酒需求量不断增加，非洲、欧洲和美洲之间形成了三角贸易。然而，1764 年颁布的《食糖法》打断了朗姆酒这一伴随着奴隶和

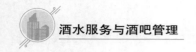
糖蜜交易的贸易流程。《食糖法》实际上降低了欧洲糖蜜的交易税,从而使得欧洲和加那利群岛以及西印度群岛殖民地之间的朗姆酒贸易减少。1791年,由于海地革命,制糖厂遭到破坏,于是古巴垄断了对欧洲食糖的出口。

19世纪中叶,随着蒸汽机的引进,甘蔗种植园和朗姆酒厂在古巴增多了,1837年,古巴铺设铁路,引进一系列的先进技术,其中有与酿酒业有关的技术,西班牙宗主国决定采取大力发展古巴制糖业的措施让古巴出口食糖。

20世纪伊始,朗姆酒便引领了现代鸡尾酒文化的发展,一款名为"自由古巴"的鸡尾酒问世了。关于它的起源众说纷纭,百加得公司的版本是在美西战争期间,进入古巴的美军士兵带来了可口可乐,一天,休息的士兵发现军官把朗姆酒和可乐混合,并加上一片柠檬饮用,于是大家竞相效仿,并用这种饮料为古巴解放干杯。

（二）朗姆酒的酿造

朗姆酒中的糖必须由甘蔗制成。大多数朗姆酒的原料是制糖工业的副产品糖蜜,糖蜜大部分来自巴西。但是也有酒厂使用甘蔗汁作为原料。由甘蔗汁蒸馏而来的烈酒被称为农业朗姆酒,明显具有更多青草的特点,其生产地包括法属的马提尼克岛和瓜德罗普岛以及巴西。

1. 发酵过程

糖蜜是深色的黏性物质,在发酵之前需要用水稀释,而甘蔗汁能够直接进行发酵。影响朗姆酒风味最重要的因素是发酵过程的长短。长时间的发酵能产生更多的芳香酯类物质,使得最终的朗姆酒不论是什么颜色,味道都会更强烈,更浓郁。

2. 蒸馏过程

大部分的朗姆酒生产商是采用柱式蒸馏器进行大批量的蒸馏,也有部分生产商采用壶式蒸馏器。采用柱式蒸馏器生产的朗姆酒口感较为清淡,而且不能高于96度。在加勒比海地区,农业朗姆酒在单一柱式蒸馏器中最多精馏至75度。而采用壶式蒸馏器生产的朗姆酒口感更丰富,有些壶式蒸馏器会设有特别的装置,叫作干馏釜,它能够进一步浓缩朗姆酒的风味,给朗姆酒带来更加浓缩的酯类芳香物质。

3. 陈酿过程

大多数白朗姆酒不经过陈酿,但有些可能在橡木桶中短暂培养,以柔化其口感,并且装瓶前过滤掉颜色。虽然法属的岛屿更倾向于使用法国橡木桶来陈酿朗姆酒,但大多数生产者使用培养过波本威士忌的橡木桶来进行陈酿。在炎热的天气中,朗姆酒陈酿得很快,颜色成为金色或琥珀色,并带有肉桂、香草、热带水果果脯和甘香料的味道。优级陈酿朗姆的流行让生产者越来越注重所使用的橡木桶的质量和年龄。

4. 混合过程

几乎所有的朗姆酒都是用不同年份、不同国家或者不同生产方法得到的烈性酒混合而成。蒸馏厂生产出各种类型的烈性酒，以此作为混合酒的成分创造出风格稳定的品牌。混合师也能用焦糖对最终的烈性酒进行调色。蒸馏厂还能将其不同风格的烈酒卖给那些生产国际品牌或者自有品牌的公司。在这些情况下，朗姆酒的陈酿及混合酒往往不在它们的生产国进行。

（三）朗姆酒的分类

朗姆酒由于最初的殖民地所属国（英国、法国、西班牙）不一样，所以在酿制技术上有不少的差异，品种繁多。现代朗姆酒的类型根据其划分标准的不同，分类也各不相同，从生产方法对于风格的影响来看，朗姆酒可以分为三大类型。

1. 白朗姆酒

如果白朗姆酒中用柱式蒸馏器蒸馏得到的烈性酒的比例很高，白朗姆酒就不会太浓郁，但通常仍会保留一些原料的特点，这包括青草、甘蔗和肉桂的风味。和以糖蜜为原料的甜型白朗姆酒相比，以甘蔗汁作为原料的朗姆酒具有芳香和青草味的特点。以糖蜜为原料的朗姆酒在壶式蒸馏器蒸馏得到的烈性酒比例很高，具有浓郁的芳香和充满果味的芳香。

2. 金色朗姆酒

作为鸡尾酒的基酒和高质量的单独饮品，金色朗姆酒越来越受重视。这类朗姆酒可以是复杂的混合酒，这取决于蒸馏时使用的来自壶式和柱式蒸馏器的烈酒的比例，陈酿时间以及用于调色和调味的焦糖，其风格能够通过明显不同的颜色和风味反映出来。这类烈酒有的颜色清淡，具有香草味，有的颜色较深，气味浓郁，而最优质的金色朗姆酒则具有来自橡木的香草和肉桂味。

3. 深色朗姆酒

深色朗姆酒，例如传统海军朗姆酒，可以是许多不同的蒸馏厂和不同岛屿产区的朗姆酒的混合，其典型的焦糖、蜜糖味也反映出其加入了大量焦糖。现在许多深色朗姆酒都经过陈酿和加焦糖，其主要目的是让每瓶酒的颜色一致。这些深色朗姆酒通常是优质的，酒液来自单一蒸馏厂，虽然风格有区别，但是最优质的烈酒均是通过壶式蒸馏器蒸馏而且经过长时间的陈酿，具有浓郁的芳香。

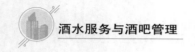

（四）常见朗姆酒名品

1. 百加得朗姆酒（Bacardi）

百加得公司创建于 1862 年，目前它已经成为全球最大的家族式经营烈性酒的公司，其产品遍布 170 多个国家。百加得朗姆酒的瓶身上有一个非常引人注目的蝙蝠图案，这个标记在古巴文化中是好运和财富的象征。

百加得旗下有多种风格的朗姆酒，可以满足众多消费者的不同需求，其中包括被称为"全球经典白朗姆酒"的百加得白朗姆酒，被誉为"全球最高档陈年深色朗姆酒"的百加得 8 年朗姆酒，还有全球最为时尚的加味朗姆酒——百加得柠檬朗姆酒。

图 2-12　百加得朗姆酒

2. 哈瓦那俱乐部朗姆酒（Club Havana）

哈瓦那俱乐部朗姆酒出产于古巴北圣克鲁斯，其酿酒公司于 1878 年创建，在 1959 年古巴革命后被收归国有，1994 年开始，哈瓦那俱乐部朗姆酒品牌由公司和古巴政府联合经营。

3. 摩根船长朗姆酒（Captain Morgan）

摩根船长朗姆酒由加拿大施格兰公司于 1944 年首次发布，这款酒的命名来源于 17 世纪一位著名的加勒比海盗——亨利·摩根（Henry Morgan），三种摩根船长朗姆酒各具特色，金朗姆酒酒味香甜，白朗姆酒口感软化，黑朗姆酒则醇厚馥郁。

4. 老波特朗姆酒（old port rum）

老波特朗姆酒产自世界上最大的甘蔗生产国之一——印度。代表了印度朗姆酒的传统风格，陈酿期一般在 15 年以上。酒的颜色比较深，能够散发出樱桃、核果、奶油糖果和橡木的淡雅香气，口感顺滑。

5. 美雅士朗姆酒（MYERS'S RUM）

美雅士朗姆酒创始于 1879 年的牙买加，好的美雅士朗姆酒一般需要陈酿10 年。

6. 丹怀朗姆酒（Tanduay Rum）

丹怀朗姆酒产自菲律宾，于 1854 年创建，是亚洲出产的朗姆酒的典型代表。

7. 混血姑娘朗姆酒（MULATA）

混血姑娘朗姆酒极具古巴特色，是一种能带给人们激情和浪漫的佳酿，这款酒是 20 世纪传奇人物、古巴革命领袖切·格瓦拉最为喜爱的朗姆酒。在世界各国出产的朗姆酒品牌中，用姑娘的头像做商标的朗姆酒及烈酒独此一家。

8. 奇峰朗姆酒（MOUNT GAY RUM）

奇峰朗姆酒产自加勒比海地区的岛国巴巴多斯，岛上因种满无花果树而闻名，相传巴巴多斯也是朗姆酒的诞生地，有着 300 多年悠久的朗姆酒酿造历史。

（五）朗姆酒的饮用与服务

朗姆酒常见的饮用方式有以下三种：

1. 纯饮

标准用量为 40 毫升，放入老式杯，加冰或不加冰。在酒吧中，加冰称为On the rocks，不加冰称为 Straight neat。纯饮的通常是颜色重的陈年的朗姆酒。最适宜的酒温不要超过 18℃，并且因为本身的浓烈，最好使用白兰地高脚杯饮用。纯饮朗姆酒更是雪茄、咖啡的好搭档。

2. 与软饮料混合饮用

朗姆酒除纯饮外，通常与苏打水、可乐、果汁等软饮料混合。往有冰块的朗姆酒中轻轻倒入可口可乐，然后缓缓摇动杯子，倒入一点橙汁，就能调制出酸甜冰凉的新饮料。

3. 调制鸡尾酒

朗姆酒是多种鸡尾酒的基酒。世界知名鸡尾酒椰林飘香 Pina Colada 等，都是以朗姆酒为基酒的鸡尾酒。

朗姆酒出品服务时应注意以下流程：

（1）询问宾客饮用朗姆酒的方式，净饮还是加冰，或调制鸡尾酒；

（2）将杯垫摆放在吧台上，注意杯垫图案正面朝向宾客，摆放于客人右手边；

（3）示酒，注意将酒标面向宾客并展示整瓶朗姆酒的商标，让客人确认朗姆酒的品牌；

（4）加冰饮用时选择古典杯，将杯子放在杯垫上，先在杯中放入约三分之一的冰块，然后使用量酒器量取朗姆酒注入杯子，询问宾客是否需要加入柠檬片并为客人夹入杯中；

（5）纯饮时可选用烈酒杯、利口酒杯或古典杯。先将杯子放置在杯垫上，使用量酒器为客人倒酒，使用古典杯服务时也可以询问宾客是否需要加入柠檬并为宾客加入杯中，注意倒酒时瓶（罐）口不要触碰到杯口；

（6）为宾客配送小吃（花生、青豆等）；

（7）用语言或手势请宾客享用；

（8）注意倒酒后的朗姆酒瓶要归位，即放回工作台或酒柜；

（9）注意观察客人杯中的酒水。如果剩余不多时，应主动询问宾客是否需要续杯，直至宾客离开后撤下空杯，清理吧台。

拓展阅读 2-4

任务六　创新鸡尾酒调制

创新鸡尾酒的调制既是调酒师的必修功课之一，也是酒吧、餐饮企业的实际工作需要，很多酒店的餐厅、酒吧都会在不同季节、月份或专门的节假日推出自己的创新饮品或创新鸡尾酒。

一、创新鸡尾酒

对于酒水经营者或调酒师而言，学会调酒并不难，但是要想创作出色、香、味、形俱佳，并且具备市场推广价值的创新鸡尾酒作品却并非易事。

这需要调酒师具备扎实的专业知识、过硬的调酒技能；掌握相当数量的经典鸡尾酒配方，积累一定的技巧和经验；具备良好的语言表达能力、较强的表演欲望和创新精神；具备一定的艺术修养和比较丰富的想象力。

同时，我们还应该与时俱进，紧跟市场变化，掌握本专业新技能、新设备、新器皿的使用方法，还需要在饮酒方法的趣味性上多动脑筋，这样才能创制出优秀的鸡尾酒作品。

（一）创新鸡尾酒的设计原则

当一款创新鸡尾酒作品具备鲜明的创意主题、合理的酒体色彩、形状美观的载杯、视觉极佳的装饰，并且在和谐的背景、灯光等衬托下，自然能让消费者或品鉴者展开无限的联想，带来美好的消费体验。

因此，创新鸡尾酒设计应该遵循以下创作原则：

1. 创意新颖

鸡尾酒创作的目的是实现创作者思想和情感的表达，但同时也是为了设计出更符合消费者心理需求的产品，以实现其商业价值。所以，创意新颖就显得尤为重要，它是创新鸡尾酒的灵魂所在。

首先，创作者的思路一定要清晰，要在创作之前充分了解自己所服务的顾客群体所喜欢的风味、消费习惯，了解世界经典鸡尾酒和国际、国内调酒大赛作品是否有类似的设计理念和操作手法，也要明确自己所希望表达的思想内涵，抓准创作方向。

其次，鸡尾酒的创新无论是在表现手法还是口感、色彩、装饰物设计等方面都要尽量争取使顾客、品鉴者感到耳目一新。

最后，创作者要充分发挥自己的想象力，尽量使一款酒的设计呈现出一幅完整的"画面"或一段"短视频"，通过创作者的构思来搭建一个"平台"，这个平台虽然是以一款鸡尾酒的外部形态和口感搭配为表象，但是需要综合各种调酒原料、外部环境和展示手段，给消费者、品鉴者带来视觉、触觉、味觉享受的同时，以争取引发他们的联想。

2. 易于推广

由于不断地改进和发展，鸡尾酒已经发展成为拥有数千个品种的庞大家族，它们变幻万千的色彩、口感和饮用方法，绚丽多姿的装饰及载杯，都吸引着人们去欣赏、品鉴和探索。

但鸡尾酒的创新设计无论是出于酒店、餐厅、酒吧的经营需要还是创作者的参赛需要，或者仅仅是自娱自乐，都应该遵循易于推广的原则，尤其是适于商业推广的原则。

一是要注意配方设计和创作成本之间的关系。从流行世界多年的经典鸡尾酒配方来看，多数配方简明且易于调制，因此当我们在设计和创作鸡尾酒时，一般可以尽量将主要原材料控制在5~6种，易于记忆和操作。同时，配方是否复杂，原材料是否物美价廉还直接决定了鸡尾酒的成本，作为商品，成本的高低直接决定了价格和销售量，也决定了这款酒是否具有营利性。

二是要注意调制程序和方法既要创新，也要便于操作。英式调酒一般注重规范、优雅的服务，要求按照配方使用盎司杯逐一量酒并使用英式调酒壶；美式调酒比较注重表演性和美式调酒壶的使用。

在创新鸡尾酒时，可以尝试不同的方法相互融合，甚至增加一定的表演成分，但是不要把调制程序设计得过于烦琐，以利于推广和流行。

3. 口感搭配合理

口感是判断创新鸡尾酒能否易于推广的主要标准。因此，在创新鸡尾酒时既要注意总结鸡尾酒风味谱中各种经典的口感搭配规律，也要特别注意三个方面的问题：

一是注意体现创新鸡尾酒中基酒的核心地位和它自身所具备特质，不要让自己的作品给人留下色彩过于繁杂、口味过于凌乱、各种辅助料喧宾夺主的印象；

二是要在作品中实现酒精味、甜味、酸味、苦味甚至咸鲜味的协调中和，让味蕾的各部分都对酒体留下良好的印象；

三要及时了解不同消费者的需求，尤其是自己经常面对的顾客群体喜好的风味习惯，与时俱进地改进配方，使顾客始终留下良好印象。

4. 色彩、装饰物设计独特

鸡尾酒色彩和装饰物的设计既包括基酒和各种利口酒的色彩搭配，也包括各种装饰物，如樱桃、柠檬、薄荷叶等自身所具备的颜色能不能和酒的颜色及酒杯的颜色搭配，要求高雅而又不落俗套。

同时，装饰物的设计可以使人对鸡尾酒产生良好的第一印象，起到完善鸡尾酒的构思、增添鸡尾酒的色泽等作用，甚至对鸡尾酒的口感还可能起到微调作用。

做好鸡尾酒色彩、装饰物设计的最终目的，是体现创作者思想而开展的"画面设计"，虽然没有简单、固定的模式可遵循，却能充分体现出创作者的审美能力和想象力，只需要画龙点睛，不要画蛇添足。

（二）创新鸡尾酒的立意和命名技巧

鸡尾酒的创意和命名相互依存，相辅相成。在设计鸡尾酒的立意和命名时，可以多方位、多侧面地展开联想：

1. 尝试以时间为立意点并命名

时间与生命息息相关，很容易引起人们对于过去的回忆和对于未来的憧憬，以时间为立意点比较容易展示某个特定时间所发生的值得纪念的事件。

2. 尝试以具有历史意义的事件、典故为立意点并命名

根据一些重大历史事件或精彩的典故来立意时，比较容易让人产生联想，

通过对事件或典故的分析、理解等，也便于展示创意中蕴藏的内涵。

3. 尝试以地理位置、空间感、气候变化等为立意点并命名

以地理位置、空间感为立意也可以让人产生无限的遐想，日、月、宇宙、多维度空间，空中翱翔、海底畅游、风、雨、雷、电等都可能引发创作灵感。

4. 尝试以触景、触物生情为立意点并命名

自然景观、青山绿水、日出日落、五彩云霞、某个值得纪念的器具或用品等，都可以赋予创作者联想，进而转化为一杯充满意境的创新鸡尾酒。

5. 尝试以音乐及其他艺术作品为立意点并命名

音乐及艺术作品是反映社会生活、表达创作者思想情感的媒介，可以通过一款创新鸡尾酒来表达我们对某首乐曲、某个艺术品所产生的感悟、回味。

6. 尝试以文学或影视作品为立意点并命名

通过对文学作品或影视作品内涵的理解及领会，同样可以给人很大的启发，从而产生创意。

7. 尝试以爱情或亲情为立意点并命名

以爱情、亲情为主题是进行鸡尾酒创作的良好素材，一款酒的颜色、酒体、口感、装饰物设计、载杯形状等，都有可能在这个立意点上体现出新意。

8. 尝试以酒体的颜色为立意点并命名

很多经典鸡尾酒都以颜色来命名，因为不同的色彩刺激会使人产生不同的情感反映，并由此产生联想。正如红色既可以让人联想到日出日落，还可以联想到热情和温暖；蓝色既可以让人联想到天空和海洋，还可以让人联想到快乐和假期。

9. 尝试以历史名人、神话人物为立意点并命名

以历史名人、神话人物为立意和命名的创新鸡尾酒独具特色，因为每一个历史名人或神话人物的背后都会有值得回味的传说、故事等。

10. 尝试直接以配方中的原材料为立意点并命名

直接以配方中的某些原材料来命名，这样的立意方法在我们已熟知的经典鸡尾酒命名中也比较普遍，有时候最简单的创意可能就是最合适的创意。

（三）调制创新鸡尾酒的操作规则

创新调制一款受人欢迎的鸡尾酒作品，创作者除了应该具备一定的艺术修养和设计能力以外，还应该注意以下一些基本的操作规则：

1. 注意务必选择有质量保证的基酒、辅助料、装饰物。

2. 注意使用净化水制取冰块，确保水质。

3. 注意使用水果、鲜榨果汁等务必保证新鲜，现做现用。

4. 注意选用的载杯务必保证清洁并需擦拭光亮。

5. 注意预先将载杯放置于冰箱内或提前使用冰块冰杯。

6. 注意如果在配方中使用酒精含量为40%以上的烈性酒作基酒,一杯酒的总量尽量不要超过70毫升,以免过度稀释而丧失了基酒的风味。

7. 注意尽量不要将以谷物为原料的蒸馏酒与以葡萄为原料的蒸馏酒相互混合。

8. 注意一定不要在调酒壶里摇和碳酸饮料。

9. 注意摇酒时间要适可而止,时间越长,鸡尾酒的温度越低,酒的浓度就越低。

10. 注意同时出品几杯鸡尾酒时,要么将不同的原料逐杯依次倒入,要么掌握好总量后用调酒壶一次性摇和完毕,逐杯滤出并倒入载杯中,保证每个载杯中酒液的分量基本一致。

11. 注意使用调酒壶摇制含有泡沫的鸡尾酒时,尽量在原料中加入适量的糖浆或砂糖。

12. 注意尽量加快摇和时的动作,避免冰块过分融化。

13. 注意尽量选用形状完整、质地坚硬的冰块,防止冰块过分融化影响酒的口感。

14. 注意当自己还不能通过目测及使用酒嘴控制倒酒量的前提下,坚持养成使用量酒器的好习惯。

15. 注意及时做好量酒器的清洁,避免串味。

16. 注意所有使用过的容器、载杯、调酒设备一经使用就要马上清洗,避免残留物被风干后导致难以清洗或串味。

17. 注意酒瓶打开后一定要及时拧紧酒瓶盖并及时物归原位。

18. 注意可以尝试在配方中尽量使用适量的柠檬汁,中和酒的味道,避免口感过于甜腻。

19. 注意如果需要使用糖浆,务必选择专业的饮料调制糖浆,并根据糖浆的用量加入适量的柠檬汁,避免选用工业糖浆或浓缩糖浆。

20 注意最好选用新鲜果汁、普通砂糖或自制的稀释糖浆来补充酒的甜度。

21. 注意不要轻易改变国际流行经典鸡尾酒的装饰物。

(四)创新鸡尾酒的创作过程

创新鸡尾酒要经历知识、技能积累、信息收集、创意设计、调制加工、作品展示或试验销售、评价、反馈全过程。

第一,鸡尾酒的创新需要有专业知识、调酒技术的积累和专业信息的收集。创作者需要通过调制和品尝各式各样的鸡尾酒,在了解它们的味道、原料、颜色、调制方法、载杯和装饰物的差异后逐渐形成自己记忆中的鸡尾酒风味谱，从而熟悉哪些不同的原料组合在一起能形成什么样的风味、颜色，这些都是自己开展创作时所需要搭建的基础框架。

第二，鸡尾酒创新开发的关键是创意设计和构思，我们开发的酒品应当做到主题鲜明，易于推广和流行；口感设计独特，味觉搭配主次清晰；还应实现色彩亮丽、装饰独特，给人以视觉享受。因此，需要从一款酒的调制方法、色彩装饰、口感搭配、意境表达等各方面进行综合设计。

第三，创作一款主题立意新颖、原料搭配合理、口感设计优异、色泽优美、装饰考究的创新鸡尾酒，我们可以将其调制、加工过程设计成一个综合实践任务来完成，它包含里三个子任务和九个步骤。（如图2-13）

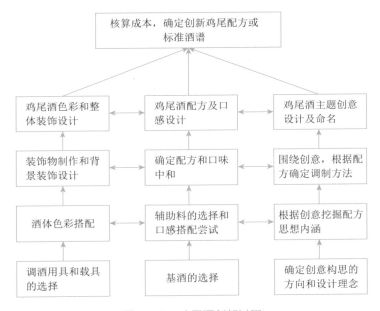

图2-13 鸡尾酒创新过程

1. 鸡尾酒主题创意设计及命名

一款好的鸡尾酒不仅仅能给人带来味觉、视觉感官的刺激，更多的是精神享受。明确创意方向，根据创意设计挖掘各种原材料的寓意、内涵，再根据配方确定调制方法。

2. 鸡尾酒配方及口感设计

任何鸡尾酒的配方都必须遵循原料选择合理、口感搭配优异的基本原则。因为可以用来调制鸡尾酒的原料和辅助料种类繁多，所以需要反复尝试以保证基酒的选择和辅助料形成科学搭配，使得作品口感丰富，主次清晰，中和

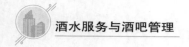

协调。

　　3.鸡尾酒色彩和整体装饰设计

　　鸡尾酒的色彩搭配和整体装饰设计，需要创作者首先充分了解各种基酒和利口酒的基本色彩，并掌握将不同酒的色彩进行混搭的一般规律及象征意义。比如：

　　（1）以红色为基本色的调酒原料包括红石榴糖浆、金巴利开胃酒等，一般象征活力、热情、健康等。

　　（2）以黄色为基本色的调酒原料包括加利安诺、蛋黄酒等，一般象征着温和、快乐。

　　（3）以蓝色为基本色的调酒原料包括蓝色橙皮利口酒等，一般象征清新和宁静。

　　（4）以绿色为基本色的调酒原料包括绿色薄荷利口酒等，一般象征青春、和平等。

　　由不同的基本色所构成的基酒或利口酒经过混合搭配，还可以形成象征兴奋、欢乐、活泼的橙色；象征高雅的紫色。如果再进一步混合搭配，还可以形成象征庄重、沉稳的灰色或橄榄色；象征严肃、淳厚的褐色等。

　　当然，我们也可以直接选择褐色的酒品（如咖啡甘露利口酒）直接作为原料使用。综上所述，在调制创新鸡尾酒时，需要了解不同颜色的酒进行混合搭配的规律，并把握好用量。

　　在酒体色彩搭配的基础之上，创新鸡尾酒可以采用的装饰物和装饰形式多种多样，一般可以分为点缀型装饰、调味型装饰、实用型装饰三类：

　　一是点缀型装饰。大多数蔬菜、水果、花草、绿叶都属于点缀型装饰，注意应该选择体积适中的装饰物，并确保装饰物与载杯和酒体的颜色搭配合理、协调一致。

　　二是调味型装饰。比如盐粉、糖粉、辣酱油、柠檬皮、柠檬片、柠檬块、芹菜秆、薄荷叶、珍珠洋葱，等等，既具有装饰功能，也具有调味功能；

　　三是实用型装饰。主要是指鸡尾酒签、吸管、搅拌棒等。

　　装饰物的使用需要注意四个问题：

　　　　第一，注意载杯的大小和一杯酒的整体比例，装饰物要和整杯酒融为一体，不能显得过分突兀、喧宾夺主；

　　　　第二，注意使用蔬菜、水果、花草作为装饰物时，应该符合季节性要求并保持装饰物的新鲜、光泽；

　　　　第三，注意鸡尾酒的装饰物不要画蛇添足，宁简勿繁，宁缺毋滥。

拓展阅读2-5

第四，当创作者调制出创新鸡尾酒实验作品后、应该并通过参加技能大赛或在酒店、餐厅、酒吧开展门店销售试验等形式以获得品鉴者、消费者的意见反馈，再进行不断改良。

二、认识中国白酒

中国白酒是以酒曲（或酒母）为糖化发酵剂，利用含淀粉和糖分物质作原料，经蒸煮、糖化、发酵、蒸馏、陈酿、勾兑等工艺酿制而成的含乙醇的酒精饮料。

中国白酒文化和历史源远流长，品种繁多，名酒荟萃。历史上，中国白酒曾采用酿造工艺、生产原料、酒液形态、颜色等不同方式来命名，比如：烧酒、烧刀子、老白干、火酒、酒露、汗酒等。

根据中国海关总署的规定，自 2021 年 1 月 1 日起，中国白酒的英文名称已正式统一为 Chinese Baijiu。

（一）中国白酒的历史

据考证，在东汉时期，人们开始使用青铜蒸馏器，不仅仅用来蒸馏酒，还用来蒸馏花露水、医疗用水等。另外，中国古代的炼丹术可能也采用过蒸馏法。

三国时期是中国酿酒业的发展时期，无论是酿酒技术、原料，还是种类等都有了很大进步，这一时期酒风极盛，甚至剽悍。到了魏晋时期，普遍允许民间自由酿酒，私人自酿自饮的现象相当普遍，酒业市场十分兴盛，还出现了酒税。魏晋南北朝时出现"曲水流觞"的习俗，饮酒不但盛行于贵族，而且普及到民间。仅北魏贾思勰所撰写的《齐民要术》中，就记录了 40 多种酒的酿制方法。

唐代是中国酒文化的高度发达时期，酒文化已经融入日常生活中，人们聚餐宴饮、礼尚往来都离不开酒。这时期的酿酒工艺不断革新，制曲技术及酿酒技术在理论上及工艺上都有了很大突破。同时，唐代政治经济繁荣，也为酿酒事业的进步奠定了基础。

宋代中国酿酒业更加发达、覆盖面更广，酿酒工艺已经相对成熟。宋代朱翼中所著的《北山酒经》被公认为是酒文献的经典著作，是中国古代酿酒历史上学术水平最高，最能完整体现我国酿酒技术精华，最有指导价值的全面、系统论述制曲酿酒工艺的专著。

元代是中国历史上多民族融合时期，一些少数民族的豪饮之风也传入中原地区，在某种意义上推动了酿酒业规模的不断扩大和酿酒技术的快速发展。目前，虽然蒸馏技术是否源于中国及中国白酒（蒸馏酒）的起源尚存在一定的争论，但学术界通常认为：至少在元、明时期，由于蒙古人远征中亚、西亚和欧洲，蒸馏酒技术很有可能由陆路传入中国，从而促进了中国白酒的发展。

据记载，中国元代出现了烧酒（阿剌吉酒），元代著作《饮膳正要》里明确提到蒸馏烧酒的制法。明、清两代可以说是中国白酒酿造业的又一个高峰。明代徐光启所著的《农政全书》中记载了造曲酿酒的方法，李时珍在《本草纲目》中记载："烧酒非古法也，自元时起始创其法。"《本草纲目》不仅对各种酒进行了品评，还归纳总结了烧酒的制作方法及保健作用。此外，李时珍在书中还记载了六十九种药酒的配方，并对各种药酒的功能、制法以及宜忌等内容进行了详细的论述。

从明代开始，中国酿酒行业发展形成了白酒、黄酒、果酒、葡萄酒、药酒甚至青稞酒、枣酒、桑葚酒、荔枝酒等百花齐放的局面。

清代，酿酒业又进一步得到空前发展，行业分工越来越细，北方通常以高粱烧酒为代表，南方则以绍兴黄酒为代表，中国白酒的品种也更加丰富。

1949 年新中国成立以后，中国白酒酿造业进入蓬勃发展的新时代。西方酿酒技术与我国传统的白酒酿造工艺开始相互融合，共同进步。中国白酒酿造工业不断发展、创新。一批又一批从事白酒生产的骨干企业为国家建设和人民生活水平的提高持续做出重要贡献。

（二）中国白酒的酿造

中国白酒的酿造原理即根据酒精的物理特性，使用经过发酵的酿酒原料，经过一次或多次蒸馏后促使酒精汽化，并提取高纯度酒液的过程。

由于酒精的汽化点是 78.3℃，达到并保持这个温度就可以得到汽化酒精，再将汽化酒精通过冷却后就可以得到液体酒精。因为酿酒原料中所包含的水分或其他物质在加热时都掺杂于酒精之中，所以白酒生产出来的质量自然千差万别。

中国白酒的酿造过程一般由选料、制曲、发酵、蒸馏、陈酿和勾兑六个步骤组成。

1. 选料

一般是指精选高粱、大米、小麦、玉米、大麦、豌豆等粮食作为原料，要求原料颗粒均匀、饱满、新鲜、干燥，无虫蛀、霉变、泥沙、异味或其他杂物。同时，水也是酿酒的核心原料，甚至可以比喻为"酒的血液"，正所谓"好水酿好酒"，白酒酿制时水质的好坏直接关系到糖化发酵流程是否能够顺利地进行。

2. 制曲

一般是指是用豌豆、小麦等制作成酒曲，并用酒曲中所含的酶促进原料的糖化发酵。

3. 发酵

中国白酒最初的酿造工艺是从黄酒的酿造工艺演化而来，白酒的酿造大多采用固态发酵，即从原料配料、蒸粮、糖化、发酵再到蒸酒等整个生产过程都是通过固体状态流转、酿制而成。发酵形式一般有两种：单式发酵是指发酵转化过程中先直接将麦芽糖化，再加入酵母进行酒精发酵；复式发酵是指发酵时将糖化和酒精发酵两个过程连续交叉进行。

4. 蒸馏

通过发酵产生的液体酒精含量很低，还需要通过酒甑桶等作为容器进行缓慢或反复蒸馏，蒸馏后酒度一般都会在 40% 以上，最高可达 70% 以上。许多国家的法律及税收都规定，凡是酒精含量超过 40% 以上的酒类饮品须加倍收税。因此，除中国白酒外的其他世界知名蒸馏酒的酒精含量都只有 40%，而中国白酒的酒精含量一般多在 55%~65%。通过蒸馏以后得到的不同批次的白酒原酒的质量、风味都各不相同，因此需要分类分批存放。

5. 陈酿

白酒的陈酿也叫老熟，所谓"酒是陈的香"指的就是酒的"陈酿"过程。因为经过蒸馏的高度原酒只能算是白酒的半成品，口感辛辣，味道不醇和，需要在特定环境中通过贮存一段时间使其自然老熟，才能确保生产出来的白酒能够酒体绵软、醇厚、香浓适口，中国白酒的贮酒容器通常都会选择使用陶坛、陶罐等。

6. 勾兑

即指用储存中不同年份、不同等级的白酒原酒进行混合勾调，因为从酒甑（俗称蒸锅）或蒸馏器中酿制出的白酒原酒（也叫基酒）的酒精含量通常都在 70%~85%，由于基酒的生产批次、蒸馏批次不同，酒的味道、风格都不会统一，甚至有的可能无法直接饮用，为了达到口感统一、香气协调、去除杂质、降低酒度等目的，就需要由调酒师进行勾兑，以便消费者能够喝到质量稳定的高品质的白酒。

（三）中国白酒的分类

1. 根据酿造时所使用的酒曲及酿造工艺不同，可分为：

大曲酒：即以大曲为糖化发酵剂（制曲的原料以小麦、大麦和一定数量的豌豆为主），一般采用固态发酵，大曲又分为中温曲、高温曲和超高温曲等，中国大多数名优白酒都是以大曲酿成。

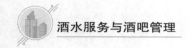
小曲酒：小曲以稻米为原料制成的，一般采用半固态发酵，中国南方的白酒大多是小曲酒。

麸曲酒：即分别以纯培养的曲霉菌及酒母作为糖化发酵剂，这种酿造方法生产成本比较低，所以被很多白酒厂采用，产量也最大。

混曲法白酒：即以大曲和小曲混合酿成的酒。

其他糖化剂白酒：即以糖化酶为糖化剂，发酵时加入酿酒活性干酵母或生香酵母发酵酿制而成的白酒。

液态发酵法白酒：这种白酒的生产工艺类似于酒精的生产，酒质一般较淡。

半固态、半液态发酵白酒：即以大米为原料，以小曲为糖化发酵剂，先在固态条件下糖化，之后在半固态、半液态状态下发酵、蒸馏酿制的白酒。

勾兑白酒：即以不少于10%的固态法白酒与液态法白酒或食用酒精按照一定比例勾兑制成的白酒。

调香白酒：即以食用酒精为酒基，将食用香精与特制的调香白酒混合调配制成的白酒。

2.根据白酒香型不同，可分为：

（1）酱香型

酱香型白酒的酿造通常采用的原料是贵州当地生产的红缨糯高粱，经过润粮后加入酒曲、酒药发酵，发酵时不添加其他原料，属于单粮酿造和高温堆积发酵。由于酱香型白酒一般采用多轮发酵和多次蒸馏，所以适合使用条石窖（即以石头做窖池壁，窖池底部是窖泥，窖池顶部用黄泥密封）进行发酵。

酱香型白酒通常采用所谓"12987"工艺酿造，即一年一个酿造周期，二次投料，九次蒸煮，八次发酵，以酒养糟，七次高温烤酒、取酒，长期陈贮等。其酿造工艺比浓香型白酒更复杂，酿制时间更长。

酱香型酒的颜色一般呈微黄而透明、酱香突出、香而不艳、口感细腻丰满、醇香优雅，回味悠长、空杯留香。酱香型酒以贵州仁怀茅台镇出产的茅台酒为典型代表，因此又被称为"茅香型"。

（2）浓香型

浓香型是中国白酒市场上所占比例最多的一种白酒香型，这种香型的白酒以高粱、大米等谷物为原料，一般以大麦和豌豆或小麦制成的中、高温大曲为糖化发酵剂，采用混蒸续馇、酒糟配料、老窖发酵、稳火蒸馏、贮存、勾兑等酿造工艺酿制而成。其窖香浓郁、绵柔甘洌、入口绵柔、落口较甜、酒尾子干净而且回味悠长。

浓香型白酒一般分三大类别：一是以五粮液为典型代表；二是以泸州老

窖为典型代表；三是以我国江淮一带出产的浓香型白酒为典型代表，比如洋河大曲、双沟、古井贡酒、宋河粮液等。浓香型白酒一般公认以四川泸州老窖大曲为典型代表，因此又被称为"泸香型"或"窖香型"。

（3）清香型

清香型白酒以高粱等谷物为原料，一般采用大麦和豌豆制成的中温大曲为糖化发酵剂，采用"清蒸清糟"的酿造工艺和固态地缸发酵，整个酿酒过程强调"清蒸排杂、清洁卫生"和"一清到底"。因此酒色清亮透明、口感纯净、清香纯正。又因其主体香味成分是乙酸乙酯，因此口感醇厚柔和、甘润绵软、自然协调、余味甜爽。

清香型白酒以山西省汾阳市杏花村酒厂的汾酒为典型代表，因此又被称为"汾香型"。

（4）药香型

药香型白酒以高粱、稻谷为原料，一般以小麦制成的大曲和用大米等制成的小曲同时作为糖化发酵剂，并且在酒曲中加入多种中药材，采用双醅串蒸的酿造工艺酿制而成。

药香型白酒清澈透明，浓香中带有令人愉快的药香、香气典雅、香味协调，既有大曲酒的浓郁芳香，又具备小曲酒的柔绵、醇和、回甜等。

药香型白酒以贵州遵义出产的董酒为典型代表，又被称"董香型"。

（5）兼香型

兼香型白酒一般以高粱为原料，以小麦制成的中、高温大曲，或以麸曲和产酯酵母为糖化发酵剂，采用混蒸续精、高温堆积、泥窖发酵、缓慢蒸馏、贮存勾兑等酿造工艺酿制而成。

兼香型白酒一般以湖北宜昌出产的西陵特曲为典型代表。同时也可以细分为两类，一是以湖北白云边酒为代表；二是以黑龙江的玉泉酒为代表。其酒质特点为清亮透明，浓头酱尾，协调适中，醇厚甘绵，酒体丰满，留香悠长。

（6）米香型

米香型白酒通常以大米为主要原料，并以大米制成的小曲为糖比发酵剂，不加辅料，采用固态糖化、液态发酵、液态蒸馏、酒贮存等酿造工艺制成。酒质无色透明，口感柔和、蜜香清雅、入口绵甜、落口爽净、回味怡畅，具有令人愉快的药香味。

米香型白酒以广西壮族自治区桂林市的"三花酒"为典型代表。

（7）凤香型

凤香型白酒以高粱为酿造原料，以大麦和豌豆制成的中温大曲、麸曲和酵母为糖化发酵剂，一般采用续馇配料、土窖发酵、陈贮等酿造工艺酿制而

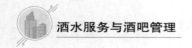

成。酒液无色透明、醇香秀雅、醇厚丰满、甘润挺爽、诸味协调、尾净悠长、清而不淡、浓而不酽，集清香、浓香型酒的优点于一体。

凤香型白酒以陕西凤翔县出产的西凤酒为典型代表。

（8）芝香型

芝香型白酒以高粱为原料，一般以小麦制成的中温大曲为糖化发酵剂，采用特殊的酿造工艺在含有芝麻香味的窖池中发酵酿制而成。这种香型的白酒芝麻香味突出、无色透明、香气袭人、优雅细腻、甘爽协调、清冽可口。

芝麻香型白酒一般以山东省安丘市出产的特级景芝白干为典型代表。

（9）豉香型

豉香型白酒以大米为原料，通过以酿制好的小曲酒为基酒，然后放入陈年肥肉缸中浸渍而成。酒质玉洁冰清、晶莹悦人、豉香独特、诸味协调，入口醇厚、余味爽净，酒度虽然只有30%，但低而不淡。

豉香型白酒通常以广东佛山出产的"豉味玉冰烧"为其典型代表。

（10）特香型

特香型白酒以大米、高粱等为酿酒原料，以小麦制成的中温大曲为糖化发酵剂，一般采用地窖发酵、醅香蒸酒、老酒为底、勾兑调味等酿造工艺酿制而成。酒质无色透明，闻香清雅、口感浓郁、醇甜绵软、酒体协调。

特香型白酒以江西省樟树镇出产的"四特酒"为典型代表。

（11）老白干香型

老白干型白酒通常以高粱为酿酒原料，以麸曲和酵母为糖化发酵，采用地池发酵、清蒸原辅料、续馇发酵等酿造工艺酿制而成。酒质无色清澈或微黄透明，芳香纯正、醇香清雅、甘冽醇厚，后劲悠长。

老白干香型白酒以河北出产的衡水老白干为典型代表。

（12）馥郁香型

馥郁香型白酒芳香秀雅、绵柔甘冽、醇厚细腻、后味怡畅、香味馥郁、酒体净爽。这种香型白酒以湖南出产的"酒鬼酒"为典型代表。

（四）中国白酒典型代表

中华人民共和国自1949年成立以来，共进行了五次全国性名酒评选活动。第一届全国评酒会于1952年在北京召开；第二届全国评酒会于1963年在北京召开；第三届全国评酒会于1979年在辽宁大连召开；第四届全国评酒会于1984年在山西太原召开；第五届全国评酒会于1989年在安徽合肥召开。历届评酒会甄选出一批风味独特、品质上乘的"中国名酒"，这些白酒的生产企业也逐渐发展成为中国白酒行业的中流砥柱。以1952年中国历史上召开的第一次全国性评酒会为例，全国的酿造专家、评酒专家和学者们从来自全国数以万计的名酒中评选出八种国家级名酒，即茅台酒、汾酒、西凤酒、泸州老窖特曲酒、绍兴鉴湖黄酒、红玫瑰葡萄酒、味美思酒、金奖白兰地等（张裕公司）。

历届全国评酒大会评出的国家级白酒包括：

第一届共评出四大名酒，其中白酒有：茅台酒、汾酒、泸州大曲酒、西凤酒。

第二届共评出八大名酒：汾酒、五粮液、古井贡酒、泸州老窖特曲、全兴大曲酒、茅台酒、西凤酒、董酒。

第三届共评出八种名酒：茅台酒、汾酒、五粮液、剑南春、古井贡酒、洋河大曲、董酒、泸州老窖特曲。

第四届共评出十三种名酒：茅台酒、汾酒、五粮液、洋河大曲、剑南春、古井贡酒、董酒、西凤酒、泸州老窖特曲、全兴大曲酒、双沟大曲、特制黄鹤楼酒、郎酒。

第五届共评出十七种名酒：茅台酒、汾酒、五粮液、洋河大曲、剑南春、古井贡酒、董酒、西凤酒、泸州老窖特曲、全兴大曲酒、双沟大曲、特制黄鹤楼酒、郎酒、武陵酒、宝丰酒、宋河粮液、沱牌曲酒。

1. 茅台酒

茅台酒，贵州省遵义市仁怀市茅台镇特产，中国国家地理标志产品，也是大曲酱香型白酒的鼻祖，已有 800 多年的历史。

2. 五粮液

五粮液酒产于四川省宜宾市，是浓香型大曲酒的典型代表。它以高粱、糯米、大米、小麦和玉米五种粮食为酿造原料，具有香气悠久、口味醇厚、入口甘美、入喉清爽、诸味协调、恰到好处的独特风格。

3. 郎酒

郎酒产于四川省古蔺县，郎酒以当地优质红高粱为主要原料，以酱香浓郁、醇厚净爽、优雅细腻、回甜味长的独特风格著称，郎酒香型素有"一树三花"之称，指的是酱香型、浓香型和兼香型。

4. 泸州老窖

泸州老窖产于四川省泸州市，泸州老窖以高粱为主要原料，窖香、糟香幽雅，口感醇香浓郁，饮后尤香，清冽甘爽，回味悠长，为单粮浓香型白酒的典型代表。泸州是我国酿酒历史最为悠久的地区之一，是浓（泸）香型大曲酒的发源地，在浩如烟海的史籍中，有不少关于泸州酒文化的记载。

5. 剑南春

剑南春产于四川省绵竹市，是我国有悠久历史的名酒之一。以高粱、大

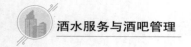

米、糯米、玉米、小麦五种谷物为原料，经精心酿制而成。剑南春芳香浓郁，纯正典雅，醇厚棉柔，甘洌爽净，余香悠长，香味谐调，酒体丰满圆润，风格独特。唐代以"春"命酒，绵竹是当年剑南道上一大县，由此得名。

6. 洋河大曲

洋河大曲现产于江苏省宿迁市洋河镇。洋河大曲以优质黏高粱为原料，酒液无色透明，醇香浓郁，余味爽净，回味悠长，是浓香型大曲酒，有"色，香，鲜，浓，醇"的独特风格。

7. 汾酒

汾酒产于山西省汾阳市杏花村，距今已有1500多年的历史。我国最负盛名的八大名酒都和汾酒有着十分亲近的血缘。有色、香、味"三绝"的美称，为我国清香型酒的典范。汾酒的原料，用产于汾阳一带晋中平原的"一把抓"高粱，甘露如醇的"古井佳泉水"，采用传统的酿造工艺。汾酒清亮透明，气味芳香，入口绵绵，落口甘甜，回味生津。

8. 西凤酒

西凤酒产于陕西省凤翔县，是中国最古老的历史名酒之一，是中国凤香型白酒的典型代表。西凤酒，清亮透明，醇香芬芳，清而不淡，浓而不艳，集清香、浓香之优点融于一体，以"醇香典雅，甘润挺爽，诸味协调，尾净悠长"和"不上头，不干喉，回味愉快"的独特风格闻名。

9. 桂林三花酒

桂林三花酒产于广西壮族自治区桂林市，是"桂林三宝"之一。现在常见的桂林三花酒主要有象山水月桂林三花酒、青花梅瓶桂林三花酒、象山藏三花酒、美陶瓶特酿、桂林三花百年酒、水晶瓶特酿桂林三花酒、普通桂林三花酒、桂林三花酒是米香型白酒的代表。

10. 董酒

董酒产于贵州省遵义市，因厂址坐落在北郊董公寺镇而得名。董酒是我国白酒中酿造工艺最为特殊的一种酒品。它采用优质黏高粱为原料，以"水口寺"地下泉水为酿造用水，用小曲、小窖制取酒醅，大曲、大窖制取香醅，酒醅、香醅串烧而成。风味既有大曲酒的浓郁芳香，又有小曲酒的柔绵、醇和、回甜，还有淡雅舒适的药香和爽口的微酸。

三、认识啤酒

啤酒（Beer）是人类最古老的酒精饮料之一，被誉为"液体面包"。人类使用谷物酿酒至今已有8000多年的历史，啤酒是一种以麦芽、啤酒花、水为主要原料通过发酵酿制而成的富含二氧化碳的低酒度酒精饮料。从古至今，啤酒在日常生活中都起着不可替代的作用，啤酒的历史几乎伴随着整个人类文明史，绵延数千年而长盛不衰。

现代啤酒酿造技术于19世纪末传入中国，因为不同国家对啤酒的称呼中都含有接近"啤"字的发音，如德国、荷兰称为"Bier"，英国称为"Beer"，法国称为"Biere"，意大利称为"Birre"，因此，当啤酒传入中国后，我们先是根据它的单词音译的第一个音节Be或Bi，将其翻译为"皮酒"，后来考虑到啤酒属于酒精饮料这一特点，又创造性地按照中国古代造字法中形声字的做法，以"口"为形旁、"卑"为声旁创造出一个崭新的"啤"字，命名为啤酒并一直沿用至今。

（一）啤酒的历史

啤酒是人类最古老的酒精饮料，啤酒的起源与谷物的起源密切相关，人类使用谷物制造酒类饮料已有8000多年的历史。已知最古老的酒类文献，是公元前6000年左右巴比伦人用黏土板雕刻的献祭用啤酒制作法。公元前4000年美索不达米亚地区已有用大麦、小麦、蜂蜜酿制的16种啤酒。巴黎卢浮宫博物馆内的"蓝色纪念碑"上，记录了公元前3世纪巴比伦的苏美尔人以啤酒祭祀女神的情形。事实上，啤酒的发明者正是苏美尔人。公元前6000年前，居住在美索不达米亚地区的苏美尔人，他们用大麦芽酿制成了原始的啤酒，不过那时的啤酒并没有丰富的泡沫。

大约在公元前3000年前，波斯一带的闪米人学会了制作啤酒，而且他们还把制作啤酒的方法刻在泥板上，献给农耕女神。公元前2225年，啤酒在古巴比伦人中得到了普及，他们用啤酒来招待客人。那时候古埃及人和古巴比伦人注意到了啤酒的药用价值，纷纷用啤酒制作药物。希腊人也非常热爱喝啤酒，他们从埃及人那里学会了酿制啤酒的方法。

公元前18世纪，在古巴比伦国王汉谟拉比颁布的法典中，已有关于啤酒的详细记载。

公元前1300年左右，埃及的啤酒作为国家管理下的优秀产业得到高度发展。

公元4世纪时，啤酒传遍了整个北欧。啤酒的种类开始变得丰富，其中英国人用蜂蜜和水混合酿制而成的蜂蜜酒是比较有名的一种。英国出现的一种黑啤酒也非常有名，与现代的黑啤酒已经很相似。公元1世纪，爱尔兰人自行酿制出了一种跟现代的淡色啤酒相仿的啤酒。

1516年，巴伐利亚公国大公威廉四世发布《德国啤酒纯酒法》，规定啤酒只可以啤酒花、麦子、酵母和水做原料。这也是最早的食品法律。

19世纪，有了冷冻机，人们开始对啤酒进行低温后熟的处理，就是这一

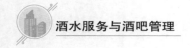

发明使啤酒冒出了泡沫。

1900 年，俄罗斯技师首次在中国哈尔滨建立了啤酒作坊，中国人开始喝上了啤酒。1903 年，英国人和德国人又在中国建了英德啤酒厂，就是青岛啤酒厂的前身。当时中国的啤酒业发展缓慢，分布不广，产量不大。1949 年后，中国的啤酒工业发展较快，并逐步摆脱了原料依赖进口的落后状态。

20 世纪 80 年代至今，我国啤酒生产企业如雨后春笋般不断涌现，我国早已成为名副其实的啤酒生产和消费大国。据中国酒业协会的统计数据，2019 年我国啤酒产量就已经完成 3765.3 万吨，占全球啤酒产量的 19.7%。目前，中国啤酒制造业已进入成熟期，国内啤酒品牌纷纷通过调整产品结构，加大技术研发力度，向中、高端啤酒市场发展。

（二）啤酒的酿造

酿造啤酒的主要原料是水、谷物、酵母和啤酒花。它们各司其职，共同决定了啤酒的质量和等级。

啤酒生产大致可分为麦芽处理、啤酒酿造、啤酒灌装 3 个主要过程。

1. 麦芽处理

麦芽的处理有以下 6 道工序。

（1）大麦贮存：刚收获的大麦有休眠期，发芽力低，要进行贮存后熟。

（2）大麦精选：用风力、筛机除去杂物，按麦粒大小分级。

（3）浸麦：浸麦在浸麦槽中用水浸泡 2~3 天，同时进行洗净，除去浮麦，使大麦的水分浸麦度达到 42%~48%。

（4）发芽：浸水后的大麦在控温通风条件下发芽，形成各种酶，使麦粒内容物质进行分解。大麦发芽适宜温度为 13~18℃，发芽周期为 4~6 天，根芽的伸长为粒长的 1~1.5 倍。长成的湿麦芽称绿麦芽。

（5）焙燥：目的是降低水分，终止绿麦芽的生长和分解作用，以便长期贮存；使麦芽形成赋予啤酒色、香、味的物质；易于除去根芽，焙燥后的麦芽水分为 3%~5%。

（6）贮存：焙燥后的麦芽，在除去麦根、精选、冷却之后放入混凝土或金属贮仓中贮存。

2. 酿造

酿造有以下 5 道工序。主要是糖化、发酵、贮酒后熟 3 个过程。

（1）原料粉碎：将麦芽、大米分别由粉碎机粉碎至适于糖化操作的粉碎度。

（2）糖化：将粉碎的麦芽和淀粉质辅料用温水分别在糊化锅、糖化锅中混合，调节温度。糖化锅先维持在适于蛋白质分解作用的温度（45~52℃）（蛋白休止）。将糊化锅中液化完全的醪液兑入糖化锅后，维持在适于糖化

（β－淀粉和 α－淀粉）作用的温度（62~70℃）（糖化休止），以制造麦醪。麦醪温度的上升方法有浸出法和煮出法两种。蛋白、糖化休止时间及温度上升方法，根据啤酒的性质、使用的原料、设备等决定用过滤槽或过滤机滤出麦汁后，在煮沸锅中煮沸，添加酒花，调整成适当的麦汁浓度后，进入回旋沉淀槽中分离出热凝固物，澄清的麦汁进入冷却器中冷却到 5~8℃。

（3）发酵：冷却后的麦汁添加酵母送入发酵池或圆柱锥底发酵罐中进行发酵，用蛇管或夹套冷却并控制温度。发酵时，最高温度控制在 8~13℃，发酵过程分为起泡期、高泡期、低泡期，一般发酵 5~10 日。发酵成的啤酒称为嫩啤酒，口味粗糙，CO_2 含量低，不宜饮用。

（4）后酵：为了使嫩啤酒后熟，将其送入贮酒罐中或继续在圆柱锥底发酵罐中冷却至 0℃左右，调节罐内压力，使 CO_2 溶入啤酒中。贮酒期需 1~2个月，在此期间残存的酵母、冷凝固物等逐渐沉淀，啤酒逐渐变得澄清，CO_2在酒内饱和，口味醇和，适于饮用。

（5）过滤：为了使啤酒澄清透明成为商品，啤酒在 −1℃下进行澄清过滤。对过滤的要求为：过滤能力大、质量好，酒和 CO_2 的损失少，不影响酒的风味。过滤方式有硅藻土过滤、纸板过滤、微孔薄膜过滤等。

3. 灌装

灌装是啤酒生产的最后一道工序，对保持啤酒的质量，赋予啤酒的商品外观形象有直接影响。灌装后的啤酒应符合卫生标准，尽量减少 CO_2 损失和减少封入容器内的空气含量。

（1）桶装：桶的材质为铝或不锈钢，容量为 15L、20L、25L、30L、50L。其中 30L 为常用规格。桶装啤酒一般是未经巴氏杀菌的鲜啤酒。鲜啤酒口味好，成本低，但保存期不长，适于当地销售。

（2）罐装：罐装啤酒于 1935 年起始于美国。第二次世界大战中因军需而发展很快。罐装啤酒体轻，运输携带和开启饮用方便，因此很受消费者欢迎，发展很快。PET（聚对苯二甲酸乙二酯）塑料瓶装：自 1980 年后投放市场，数量逐年增加。其优点为高度透明，重量轻，启封后可再次密封，价格合理。主要缺点为保气性差，在存放过程中，CO_2 逐渐减少。增添涂层能改善保气性，但贮存时间也不能太长。PET 瓶不能预先抽空或巴氏杀菌，需采用特殊的灌装程序，以避免摄入空气和污染杂菌。

（3）瓶装：为了保持啤酒质量，减少紫外线的影响，一般采用棕色或深绿色的玻璃瓶。空瓶经浸瓶槽（碱液 2%~5%，40~70℃）浸泡，然后通过洗瓶机洗净，再经灌装机灌入啤酒，压盖机压上瓶盖。经杀菌机巴氏杀菌后，检查合格即可装箱出厂。

4. 现代全新技术

（1）浓醪发酵：1967 年开始应用于生产。是采用高浓度麦汁进行发酵，然后再稀释成规定浓度成品啤酒的方法。

（2）快速发酵：通过控制发酵条件，在保持原有风味的基础上，缩短发酵周期，提高设备利用率，增加产量。

快速发酵法工艺控制目的在于大幅度缩短发酵周期，实质上是为了克服菌种变异、杂菌污染问题，而且是更加快速、连续的发酵工艺。

（3）纯生啤酒的开发：随着除菌过滤、无菌包装技术的成功，自 20 世纪 70 年代开始开发了不经巴氏杀菌而能长期保存的纯生啤酒。由于口味好，很受消费者欢迎。有的国家纯生啤酒已占整个啤酒产量的 50%。

拓展阅读 2-6

（4）低醇、无醇啤酒的开发：为妇孺和老年人饮用的一种清凉饮料。它的特点是酒精含量低，含量一般在 0.5%~1%。该种啤酒泡沫丰富，口味淡爽，有较好的啤酒花香味，保持了啤酒的特色。

（三）啤酒的分类

1. 根据啤酒酿造时的杀菌状态分为生啤和熟啤

（1）生啤酒

从酿造工艺上讲，其本质就是酿制成熟后，未经热处理并以特定方式出售的生鲜啤酒。我们之所以习惯把生啤酒称为扎啤，一是因为外文音译，二是源自以前粤港地区的习惯性称谓。生啤酒在 0~5℃条件下一般可保质 30 天，它是目前市场上酒质、保鲜和营养价值都最为理想的啤酒。

（2）熟啤酒

熟啤酒是指啤酒在酿造完成后，为了使其具备较长的保存期，通过巴氏杀菌法进行彻底杀菌处理后瓶装或罐装的啤酒。与生啤酒相比，熟啤酒的口感略差，但优点是在常温下保质期可达 4 个月。

2. 根据啤酒的色泽分为淡色的黄啤酒和浓色的黑啤酒

淡色的黄啤酒一般呈淡黄色、金黄色、棕黄色三种，是中国啤酒的主要品种。黑啤酒呈深红褐色或黑褐色，用烘烤的麦芽酿造的，麦芽汁浓度高，香气明显，因为黑里透红，习惯上称之为黑啤。

3. 根据麦芽汁的浓度分为高浓度型、中浓度型和低浓度型啤酒

高浓度型啤酒的麦芽汁浓度在 14~20 度之间，酒精含量一般为 4%~5%，这种啤酒属于高级啤酒，生产周期长，稳定性好，宜于贮存和远途运输；

中浓度型啤酒的麦芽汁浓度在 10~12 度之间，酒精含量一般在 3.5% 左右，是中国啤酒的主要品种；

低浓度型啤酒的麦芽汁浓度在 6~8 度之间，酒精度为 2% 左右，这种啤酒属于营养型啤酒，清凉爽口，极适合夏季饮用，但稳定性较差，保存时间较短。

4. 根据酿造工艺的特殊性可另分为冰啤和干啤

干啤是由英文 Dry-Beer 意译过来。它的酿造工艺是指彻底发酵干净的意思。与普通啤酒相比，由于发酵程度很高，酒的颜色一般比较浅、苦味更淡。冰啤不是指经过冰冻处理的啤酒，它的酿造工艺是指将啤酒处于冰点温度后生产出更加清澈的啤酒。啤酒的色泽极为清亮，口感醇厚、爽口。

5. 根据啤酒发酵时所采用的酵母分为上发酵啤酒和下发酵啤酒

上发酵即顶部发酵（Ale，艾尔）啤酒，下发酵即底部发酵（Lager，拉格）啤酒。

顶部发酵啤酒即在发酵过程中，在液体表面大量聚集泡沫进行发酵，这种发酵方式适合高温环境下（16~24℃）进行发酵。如英国的淡色爱尔（Ale）啤酒、波特（Porter）啤酒，爱尔兰的司陶特（Stout）黑啤酒等都属于上发酵啤酒。

底部发酵啤酒即在发酵过程中，啤酒的酵母在发酵容器底部进行发酵，发酵的温度要求较低，一般酒精含量也比较低。如国际流行的捷克比尔森（Pilsen）啤酒，德国慕尼黑（Munchen）啤酒、多特蒙德（Dortmund）啤酒，丹麦的嘉士伯（Carlsberg）啤酒和我国生产的大多数啤酒都属于这种类型。

6. 其他分类方法

按啤酒的包装容器一般可分为瓶装啤酒、桶装啤酒和罐装啤酒。按啤酒的消费对象可分为普通型啤酒、低酒精啤酒、无酒精啤酒、无糖或低糖啤酒、酸啤酒等，以适合不同特质和体质的人群饮用。

（四）常见啤酒名品

1. 百威 Budweiser

百威啤酒属于安海斯 - 布希英博集团旗下知名的啤酒品牌，成立于 1876 年，总部位于美国。百威啤酒由大米、大麦芽和啤酒花酿制而成，酒精度（abv）为 5%。

2. 嘉士伯 Carlsberg

1847 年由丹麦的嘉士伯集团（Carlsberg group）创建，嘉士伯啤酒的口感属于典型的欧洲式 LARGER 啤酒，酒质澄清甘醇。

3. 贝克 Beck's

起源于 16 世纪的不来梅古城，拥有 400 年历史的贝克啤酒是德国啤酒的代表。贝克啤酒口味醇美营养丰富，刺激性低，酒质温和，是有健康概念的

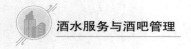

高品质啤酒。

4. 喜力 HeineKen

又名海尼根，荷兰啤酒，于1863年阿姆斯特丹创立。喜力是一种以蛇麻子为原料酿制而成的，口感平顺甘醇，是不含苦涩刺激味道的啤酒。

5. 科罗娜 Corona

墨西哥的啤酒品牌，创建于1925年。因其独特的透明瓶包装以及饮用时添加柠檬片的特别风味，深受时尚青年的青睐。

6. 时代 Stella Artois

比利时的啤酒成立于1366年，是比利时颇具知名度的窖藏啤酒，口感清爽，散发淡淡的苦涩味道。

7. 安贝夫 AmBev

创立于1948年，巴西啤酒品牌。安贝夫公司是南美洲最大的啤酒集团。

8. 生力啤酒 San Miguel

生力集团始创于1890年，总部位于菲律宾马尼拉，是东南亚最老最大的几个啤酒集团之一。啤酒的色泽金黄清纯，含浓郁的麦芽香味，酒质芬芳，酒味醇厚，口感清爽。

9. 麒麟 Kirin

麒麟麦酒酿造会社是日本三大啤酒公司之一，成立于1907年，秉承日本麒麟公司精湛的"一番榨"酿造工艺，保留着日本啤酒的"原汁原味"，口感更纯更顺。

10. 朝日 Asahi

成立于1889年，朝日啤酒是日本最著名的啤酒制造厂商之一。

11. 健力士黑啤 guinness

健力士黑啤也称吉尼斯黑啤酒，创立于1759年，爱尔兰。由大麦、啤酒花、水和酵母四种原料酿造而成。使用烘焙的大麦酿制的吉尼斯黑啤酒拥有特有的深色以及独特的口味。

12.Tiger Beer 虎牌

创立于1932年，新加坡，亚太酿酒集团的旗舰品牌，亚洲最佳啤酒之一。

13. 青岛啤酒

青岛啤酒1903年由英、德两国商人合资开办，是中国最早的啤酒生产企业之一。青岛啤酒选用优质大麦、大米、上等啤酒花和软硬适度、洁净甘美的崂山矿泉水为原料酿制而成。在中国啤酒行业中名列前茅，青岛啤酒也是最早代表着中国啤酒形象进入国际市场的中国品牌之一。

图 2-14 青岛啤酒

14. 雪花啤酒

雪花啤酒成立于 1994 年，华润雪花啤酒（中国）有限公司旗下主打的一款啤酒品牌。雪花啤酒一直以清新、淡爽的口感，进取、挑战、创新的品牌个性深受全国消费者的普遍喜爱，成为当代年轻人最喜爱的啤酒品牌。

15. 珠江啤酒

创立于 1985 年，珠江啤酒是广州珠江啤酒集团有限公司旗下的品牌。酒香浓郁、口感醇厚、苦味适中、杀口力强。

16. 哈尔滨啤酒

哈尔滨啤酒集团有限公司创建于 1900 年，是中国最早的啤酒制造商，其生产的哈尔滨啤酒也是中国最早的啤酒品牌，至今仍在中国各地畅销。

（五）啤酒的饮用

1. 啤酒的保存

啤酒购买后一般不宜久放，保存啤酒时应放置在阴凉、干燥的地方，尤其注意防止日光直接照射，因为经过阳光直接暴晒的啤酒会发生氧化反应并产生类似柿饼的怪味，被俗称为"日光臭"。

人们都喜欢饮用冷冻过的啤酒，但它的最佳饮用温度在 8~10℃，此时的啤酒各种化学成分协调平衡、香气浓郁、泡沫丰富、细腻而又持久。二氧化碳是形成啤酒泡沫的关键成分，当二氧化碳进入人体的胃中会遇热膨胀，又通过打嗝儿时排出体外，这时就可以带走体内形成的部分热量，从而达到散热解暑的效果。

但啤酒的冰点为 -1.5℃，所以当啤酒冷冻到 -3℃以下时，啤酒的风味就会发生改变，饮用时也会很难起泡，过度冰冻反而会使得啤酒爽快的饮用体验和散热解暑的饮用效果降低，甚至发生泄漏或酒瓶爆裂。

2. 啤酒的饮用

首先要注意在斟倒啤酒时，必须保持啤酒杯的清洁卫生，然后倒酒时要注意杯口一定压到带有一定厚度的泡沫。按国际惯例斟倒啤酒的泡沫厚度一般应保持 1.5~2 厘米。尤其需要注意的是，啤酒杯是不能和餐具一起清洗的，因为杯子内一旦沾上不易清洗的油渍，就会影响啤酒泡沫的产生。

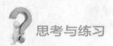 思考与练习

参考答案

一、不定项选择题

1. 常用的鸡尾酒调制方法有哪些？

A. 兑和法   B. 搅和法   C. 摇和法   D. 调和法

2. 以下哪些属于酒吧常用的利口酒？

A. 君度（Cointreau）；

B. 金万利（Grand Marnier）

C. 咖啡甘露（Khlua）

D. 马利宝椰子朗姆酒（Malibu）

E. 百利甜酒（Baileys）

F 加利安奴（Galliano）

3. 威士忌按照生产国家和地区一般可以分为以下哪几种风格？

A. 苏格兰威士忌   B. 美国威士忌

C. 加拿大威士忌   D 爱尔兰威士忌

二、判断题

1. 公元 1909 年，法国政府曾颁布法令明文规定，只有在干邑镇周围的 36 个县市所生产的白兰地可以命名为干邑（Cognac）（   ）

2. 我们在酒吧最常见的是英式干金酒，如 Beefeater、Gordon's（   ）

3. 索查（Sauza）、奥米加（Olmaca）、懒虫（Camino）都是酒吧常见的特基拉典型代表酒（   ）

4. 酒吧常见的俄罗斯伏特加典型代表有"雪树"（Belvedere Vodka）、"灰雁"（Grey Goose Vodka）、"红牌"（Stolichnaya Vodka）伏特加、"绝对"（Absolut Vodka）伏特加等（   ）

5. 酒吧常见的开胃酒种类很多，仙山露（Cinzano）、马天尼（Martini）、

卡帕诺（Carpano）、金巴利（Campari）、杜本纳特（Dubonnet）等都是其主要品种（　　　）

三、简述题

1. 酒吧常见的利口酒按照酿造方法主要可以分为哪些类别？

2. 苏格兰威士忌是享誉盛名的世界名酒之一，按照所使用的原料、蒸馏和陈年方式不同一般可以分为哪几类？

3. 中国白酒根据香型不同，可分为哪些类型和典型代表酒？

四、案例分析题

特基拉（龙舌兰酒）的经典饮用方法及服务

案例情景：实习生小王今天上班时看到有一座宾客点了一款烈性酒，他们的饮用方式是小王第一次见到，两位宾客在喝酒前先轻轻地咬了一口柠檬片，然后又将少许的盐洒在自己左手的虎口上并一下吸入口中，之后他们将苏打水和酒一同加入洛克杯中，然后用杯垫盖住杯口，再用右手提起酒杯往桌面上用力敲击了一下，并趁着酒大量液溢出酒杯的瞬间一口喝完。小王觉得很好奇，于是向酒吧经理请教。经理告诉小王："他们点的是特基拉酒，也叫龙舌兰酒，刚才那种喝酒的方法我们叫作 Tequila pop。" Tequila pop，译为特基拉"炮"，曾经在我国的酒吧里也很流行。那么，我们应该如何做好特基拉的饮用服务呢？

五、实训题

按照全国职业院校技能大赛创新鸡尾酒调制与服务比赛规程开展技能实训。

一、创新鸡尾酒调制与服务竞赛规程

（一）竞赛时间：0.5 小时（30 分钟）

（二）竞赛任务简述：

1. 要求选手根据材料清单进行自创鸡尾酒的制作及服务

比赛开始前，选手将提前准备好的鸡尾酒配方（配方两份，一款一份）交给裁判长。

2. 工作准备

选取制作创意鸡尾酒所需的工具、原材料、载杯等，做好准备工作。物品分类归档，摆放位置符合操作习惯，台面整洁。

3. 迎接客人

礼貌问候客人，引领 2 桌（每桌 2 位）客人入座。

4. 点酒

了解客人需求，为客人推荐创意鸡尾酒。

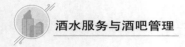

5.创意鸡尾酒制作

使用赛场提供的原料制作两款（每款两杯）创意鸡尾酒，要求按照给出的清单进行调制，部分原材料将在比赛前三天由裁判抽签或投票去除，选手在剩下的原材料中选择合适的原料进行自创。

6.鸡尾酒呈现

鸡尾酒需以正确的方式呈现。（必须有装饰物，且装饰物最少2种，不多于3种，但不包括吸管）

7.鸡尾酒服务

将调制好的4杯鸡尾酒以正确的方式分别提供给4位客人。向客人介绍鸡尾酒的配方和创意，与客人保持互动。

8.服务语言

选手必须全程使用英语进行服务。

二、创新鸡尾酒配方模版

RECIPE TEMPLATE SIGNATURE COCKTAIL

Competitor Name	Number
Recipe for 2 persons Signature Cocktail	Date
amount	ingredients
Garnish/Glasses	

Description of the preparation	

三、创新鸡尾酒材料清单

LIST OF INGREDIENTS SIGNATURE COCKTAIL

Spirits	Liqueurs	Juice / Soft Drinks	Syrup	Others
Tequila	Amaretto	Orange juice	Cherry syrup	Cream
Rum	Chocolate	Grapefruit juice	Sugar syrup	Coconut milk
Vodka	Strawberry	Cranberry juice	Grenadine syrup	Lemon
Gin	Cherry	Mango juice	Violet syrup	Lime
Brandy	Banana	Pineapple juice	Strawberry syrup	Orange
Whisky	Green mint	Yellow lemon juice	Green Mint syrup	Apple
	Blue curacao	Lime juice		Mint leaves
	Drambuie	Pure milk		Maraschino cherries, red
	Baileys	Sprite		Sugar
	Grand Marnier	Tonic water		Salt
	Malibu			Pepper

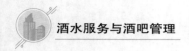

四、创新鸡尾酒评分表

任务	M= 测量 J= 评判	标准名称或描述	权重	评分
C1 仪容 仪态 2分	M	制服干净整洁，熨烫挺括，合身，符合行业标准	0.2	Y|N
	M	鞋子干净且符合行业标准	0.2	Y|N
	M	男士修面，胡须修理整齐；女士淡妆，身体部位没有可见标记	0.2	Y|N
	M	发型符合职业要求	0.2	Y|N
	M	不佩戴过于醒目的饰物	0.1	Y|N
	M	指甲干净整齐，不涂有色指甲油	0.1	Y|N
	J	0 所有的工作中站姿、走姿标准低，仪态未能展示工作任务所需的自信 1 所有的工作中站姿、走姿一般，对于有挑战性的工作任务时仪态较差 2 所有的工作任务中站姿、走姿良好，表现较专业，但是仍有瑕疵 3 所有的工作中站姿、走姿优美，表现非常专业	1.0	0 1 2 3
C2 鸡尾 酒调 制6 分	M	所有必需设备和材料全部领取正确、可用	0.5	Y|N
	M	鸡尾酒调制过程中没有浪费	0.5	Y|N
	M	鸡尾酒调制方法正确	0.5	Y|N
	M	鸡尾酒成分合理	0.5	Y|N
	M	鸡尾酒调制过程没有滴洒	0.5	Y|N
	M	同款鸡尾酒出品一致	0.5	Y|N
	M	操作过程注重卫生	0.5	Y|N
	M	器具和材料使用完毕后复归原位	0.5	Y|N
	J	0 对酒吧任务不自信，缺乏展示技巧，无法提供最终作品或最终作品无法饮用 1 对酒吧服务技巧有一定了解，展示技巧一般，提供的最终作品可以饮用 2 对任务充满自信，对酒吧技巧的了解较多，作品呈现与装饰物展现较好 3 对任务非常有自信，与宾客有极好的交流，酒吧技术知识丰富，作品呈现优秀，装饰物完美	2.0	0 1 2 3

3 项目三
葡萄酒鉴赏与服务

项目导读

　　葡萄酒是由葡萄果糖通过酵母的作用自然转化成的酒精饮料，有非常悠久的历史，几乎伴随了人类整个文明史。本章从葡萄酒的起源开始讲起，阐述了葡萄酒的世界分布，酿造与类型，葡萄酒的品鉴与技巧，主要红、白葡萄品种，主要代表性葡萄酒产区以及葡萄酒侍酒服务等相关内容。

知识目标：

1. 了解葡萄酒的起源、发展及传播。

2. 了解新旧世界葡萄酒的不同之处。

3. 掌握葡萄酒的分类与特点。

4. 掌握红、白、桃红及起泡酒的酿造方法。

5. 掌握红、白葡萄品种、特点及口感、风味。

6. 掌握葡萄酒主要产国、产区以及所产葡萄酒的特点。

技能目标：

1. 能够正确储藏与保管葡萄酒。

2. 能够准确选择葡萄酒酒杯的类型及斟酒量。

3. 能够正确掌握葡萄酒的饮用温度。

4. 能够正确为客人做好服务前的准备工作。

5. 能够熟练掌握静止、起泡葡萄酒的开瓶服务工作。

6. 能够熟练掌握各类葡萄酒服务的方法与流程。

素质目标：

具备良好的职业道德和敬业精神，培养良好的合作学习精神。

思维导图

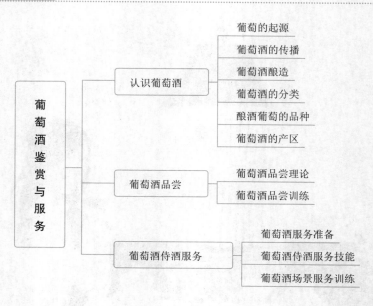

任务一　认识葡萄酒

　　葡萄酒是自然发酵的产物，当葡萄浆果落地裂开，果皮上形如白色果粉的物质即为酵母菌就开始活动，天然酿酒也就开始了。正因为如此，在人类起源的远古时代就有了葡萄酒，葡萄酒成为已知的最古老的发酵饮料，因此，葡萄酒的历史与人类的文明史几乎是同步的。历史学家和考古学家在众多相互独立的人类起源地都发现了葡萄酒留下的痕迹，葡萄酒在古代文明中占有重要的地位。多少世纪以来的传统、礼仪、神话和文字记载都赋予了葡萄酒特殊的作用。古代，葡萄酒在人类的信仰和日常生活中都扮演着极其重要的角色。

一、葡萄的起源

　　据考古研究发现，在距今 1.3 亿年至 6700 万年前的中生代白垩纪地质层中发现了葡萄科植物。在新生代第三纪的化石中，考古学家发现了葡萄属植物的叶片和种子化石，这一发现证实了早在新生代第三纪（6500 万年前），葡萄属植物已经遍布欧亚大陆北部和格陵兰西部。第三纪上新世的冰河期，大陆的分离使得广阔的、连片的陆地分割为几块大陆。在第三纪末期出现了森林葡萄，它成为后来普遍栽培的欧亚种葡萄的原始祖先。东亚地区，有较多的葡萄种得以保留，在当地居民有意识无意识的选择下形成了一些比较原始的栽培类型。如原产于我国东北、俄罗斯远东和朝鲜的山葡萄，能够忍受零下 50 度低温而不产生任何冻害症状（欧洲葡萄的低温抵抗极限为零下 22 至 20 度），是葡萄属中生长期最短、抗寒性最强的葡萄。又如江西由刺葡萄驯化而来的"塘尾"葡萄，不仅果实品质佳、耐储运，而且具有很强的抗病性。在北美洲约有 30 余种葡萄得以留存下来，如河岸葡萄、沙地葡萄等。由于北美洲东南部是葡萄根瘤蚜、霜霉病等病虫害的发源地，因而美洲葡萄种群多具有极强的抗病性。

　　综上所述，葡萄的起源地为北半球的温带和亚热带地区，即北美、欧洲中南部和亚洲北部地区。全世界所有葡萄种都来源于同一祖先，但由于大陆分离与冰川影响，使其扩散到了不同的地区，在长期的自然选择过程中，形成了欧亚种群、美洲种群和东亚种群。

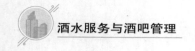

二、葡萄酒的传播

（一）欧亚葡萄的兴起

欧亚葡萄是人类最早驯化的果树之一。考古学家们曾发掘出成堆的葡萄籽，他们认为这可能就是古人曾经酿造葡萄酒的证据。通过碳定年对葡萄籽（或果核）化石进行分析并得出：第一批种植葡萄和酿造葡萄酒的人类可能居住在外高加索地区，黑海与里海之间，这个地区位于当今的亚美尼亚与格鲁吉亚境内，具体时间在公元前 7000—前 5000 年。葡萄酒发展的初期，古埃及人对此有着重要的影响，饮用葡萄酒成为埃及文化精髓的一部分。他们记载了葡萄酒年份和葡萄园，甚至在陶罐上刻录了酿酒师的名字，这些在古埃及的贵族坟墓里可以找到证据。另外，腓尼基人可能对当今葡萄酒格局的形成带来了非常深远的影响，随着腓尼基人对地中海沿岸的贸易与殖民，葡萄种植与酿造葡萄酒开始向欧洲的主要国家传播。

（二）地中海传播

同腓尼基人一样，希腊人热衷于贸易与殖民，葡萄酒成了与橄榄同等重要的贸易利器。他们对葡萄酒的贡献在于，将新的葡萄品种与新技术引入法国南部、西班牙，其中影响最深当属意大利。伴随着希腊文化的衰退，是古罗马帝国的日渐繁荣，罗马人开始在欧洲大肆扩张，随着罗马军队南征北战，葡萄酒也飘香欧洲各地。直到今天，我们在法国罗讷河谷、香槟产区，德国莱茵河，奥地利的多瑙河附近都能找到罗马留下来的葡萄酒的痕迹。

（三）世界葡萄酒版图形成

15 世纪，新航路的开辟，为欧洲葡萄酒打开了另一扇大门。葡萄酒行业在南、北美洲境内新的人口聚居地迅速发展，修道院的葡萄园如雨后春笋般涌现，以满足教堂与商人的需要，商人们在港口城市设立店铺为欧洲和美洲人提供葡萄酒。随着探索的不断深入，葡萄牙人、西班牙人、英国人与法国人等开始在新大陆建立定居点，为葡萄种植与酿造提供人文环境。17 世纪，荷兰人在南非开普地区建立葡萄酒庄园，18 世纪末，随着英国人对澳大利亚与新西兰的殖民，葡萄酒开始在澳大利亚与新西兰扎根发芽。与此同时，欧洲葡萄向东传入我国西部，并继续向东传到我国西北、华北一带。自此，世界葡萄酒的格局基本形成。

拓展阅读 3-1

三、葡萄酒酿造

葡萄转变成葡萄酒的过程遵循了一条极为简单的原理。葡萄富含天然糖分与果糖，果皮上充满天然酵母，葡萄成熟、破裂，酵母自然侵入，并消耗果汁里的糖分，发酵自然开始，葡萄糖转化成了酒精。根据国际葡萄与葡萄酒组织的规定（OIV，2006），葡萄酒是破碎或未破碎的新鲜葡萄果实或葡萄汁经完全或部分酒精发酵后获得的饮料，其酒精度不能低于 8.5%（体积分数）。葡萄酒发酵公式如下：

$C_6H_{12}O_6$ + 酒化酶 → $2C_2H_5OH$ + $2CO_2$（葡萄糖 + 酵母→酒精 + 二氧化碳）

从这一发酵公式可以看得出，葡萄酒发酵并不复杂。葡萄酒本身就是大自然的产物，由一生物产品（葡萄）转化为另一生物产品（葡萄酒），只需要一种重要的媒介——酵母菌。工业上葡萄酒根据这一发酵原理，大致有如下几种酿造工艺。

（一）红葡萄酒的酿造

1. 采摘（Harvest）

葡萄成熟后进入采收阶段，北半球的葡萄采收时间一般是 9—10 月，南半球的采收时间则是在 3—4 月。随着人力成本的不断上升，地势平坦的葡萄园、酒庄更喜欢使用机器采收葡萄，这样可以节省非常多的人力成本。机器与人工采收各有利弊，需要根据葡萄园所在地形地势、所酿葡萄酒的质量以及酒庄的具体情况等定。葡萄采摘后，会进行一定的分选工作，分选主要是对原料中枝叶、僵果、生青果、霉烂果及其他杂物的筛选工作，主要在分选传送带上完成，分为穗选与粒选两种形式。

2. 破碎去梗（Crushing and Destemming）

去梗是将成熟的葡萄浆果果粒与果梗分离的过程。葡萄通过除梗机取出葡萄梗后，再使用破皮机将果实压破，挤出葡萄酒果皮上的物质，获取风味物质，这是葡萄原料从"农业阶段"转为"工业阶段"的起点。

3. 浸渍与酒精发酵（Alcoholic Fermentation）

葡萄破碎去梗后，会被转移到不锈钢桶、水泥槽或橡木桶内，在桶内葡萄汁开始华丽的蜕变。葡萄果浆里的甜果汁在酵母的作用下慢慢转化为酒精。果皮上的色素在浸渍过程中得以释放，葡萄酒获得色素、单宁与酚类物质。浸渍的时间需要根据葡萄酒的风格而定，如果想酿造富含果香、清新感十足的即饮型葡萄酒，应缩短浸渍时间，降低单宁，保持酸度；如果想酿造陈年型优质红葡萄酒，则需要加强浸渍，提高单宁含量。一般情况下，红葡萄酒的发酵温度比白葡萄酒略高，在 25~32℃ 之间，发酵时间从几天到几周不等。葡萄酒发酵温度范围见表 3-1。

表 3-1　葡萄酒发酵温度范围（℃）

葡萄酒类型	最低发酵温度	最佳发酵温度	最高发酵温度
Red wine	25	26~30	32
White wine	16	18~20	22
Rose wine	16	18~20	22
Fortified wine/sweet	18	20~22	25

来源：李华等 著《葡萄酒工艺学》

4. 压榨（Pressing）

发酵结束，需要将发酵好的葡萄酒与果渣分离开来。红葡萄酒酿造的压榨是指将发酵后存于皮渣中的果汁或葡萄酒通过机械压力压榨的过程。从发酵桶内最先放出来的，被称为自流汁（Free juice）。自流汁放出之后，发酵的果浆部分仍然非常湿润，这时比较先进的做法是使用到一种叫作气囊压榨机的机器进行榨汁，它可以有效地缓和因为强烈挤压葡萄产生的苦涩感，这些汁液被称为压榨汁（Press juice）。

5. 苹果酸乳酸发酵（Malolactic Fermentation）

大部分红葡萄酒的酿造通常都会采用这种发酵方式。酒精发酵后的红葡萄酒保持很高的酸度，酸度锋利敏锐，所以红葡萄酒会通常采用苹果酸乳酸发酵（MLF）把生硬尖锐的苹果酸转化为柔和的乳酸。进行了乳酸发酵的葡萄酒，口感更加柔滑、圆润，同时会为葡萄酒增加烤面包、饼干、奶香等香气。

6. 调配（Blending）

葡萄酒的调配混合是很多地区的酿酒惯例，不同品种之间相互调和可以形成特性互补，对调节葡萄酒的香气、酸度、酒体与色泽都有很大帮助，是增加收益的有效办法。

7. 熟成（Maturation）

大部分红葡萄酒发酵结束会进入熟成阶段，其容器多为橡木或其他木质容器。橡木桶由于富含单宁及与葡萄酒自然亲近的香气，数百年前就成为酿造陈年葡萄酒的最佳容器。可以为葡萄酒带来更多复杂的果香，帮助葡萄酒更好地熟成，而且其物理性特点可以有效地帮助葡萄酒澄清与稳定，柔化葡萄酒的口感。

8. 澄清过滤（Clarification）

澄清处理主要通过沉降（Sedimentation）、下胶（Fining）与过滤（Filtration）等步骤完成。当葡萄酒发酵完成后，便可以进行过滤，以迅速去除细小的杂质颗粒。过滤有两种方法：表面过滤（或绝对过滤）和深度过滤。之后葡萄酒还要进行稳定处理，主要包括酒石酸盐稳定、微生物稳定以及氧稳定等。

9. 装瓶（Bottling）

稳定处理后，葡萄酒进入装瓶环节。装瓶时，必须保证葡萄酒处于无菌状态，灌装后的葡萄酒需要进行封瓶，这时酒厂需要提前做出决定是选择使用软木塞还是螺旋盖，大部分葡萄酒产国使用软木塞封瓶，澳大利亚、新西兰、南非等国家螺旋盖的使用非常普遍。封瓶后，大部分葡萄酒在正式发售之前会进行一段时间的瓶内陈酿熟成——瓶储，瓶储结束后，再进行塑帽、贴标、装箱、销售。

图 3-1　酿酒葡萄采摘

（二）白葡萄酒的酿造

1. 采摘（Harvest）

与红葡萄酒一样，根据当地法规，选择采收时间与采收方式——人工或者机器，采收时间一般会比红葡萄品种早些。

2. 去梗破碎（Crushing）

葡萄通过除梗机去除葡萄梗后，再使用破皮机将果实压破，有些酒庄则会把葡萄直接压榨，节省去梗破碎环节，这看上去更直接。

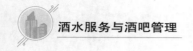

3. 压榨（Pressing）

将湿润的果皮与果汁分离出来，一般采用的压榨设备与红葡萄酒一致，这个过程一般会很迅速，尤其是使用红葡萄酿造白葡萄酒时，更需要速战速决，减少果皮与果汁接触的时间。

4. 澄清（Clarification）

通常酿造白葡萄酒需要先澄清，然后进入发酵阶段。发酵汁中如果含有较多的果皮、种子、果梗残留物构成的悬浮物，会影响酒精发酵后的香气。酿造优质的白葡萄酒，澄清的方法会比较天然。随着时间的流逝，可以让固体颗粒慢慢沉向不锈钢桶的底部，通过换桶达到澄清的效果。

5. 发酵（Fermentation）

为了保留白葡萄酒中自身的水果果香，白葡萄酒的发酵温度一般在12~22℃之间，比红葡萄酒低，葡萄酒的香气更加精巧细致，发酵时间从2~4周不等。

6. 调配（Blending）

与红葡萄酒一样，有些地区会使用不同的品种进行混酿。

7. 熟成（Maturation）

白葡萄酒比红葡萄酒脆弱很多，所以，是否熟成需要根据不同品种及风味进行选择。大部分白葡萄酒为了保留其新鲜的酸度与果香会直接装瓶，也有部分白葡萄酒会转移到橡木桶内进行熟成，为葡萄酒增加酒体、香气与质感。

8. 装瓶（Bottling）

白葡萄酒装瓶之前，会先冷却，过滤酒石酸，稳定葡萄酒，否则葡萄酒很容易出现白色结晶状的酒石酸。

（三）桃红葡萄酒的酿造

桃红葡萄酒是介于红、白之间的葡萄酒，色泽比白葡萄酒深，但与红葡萄酒浓郁的色泽相比浅很多，呈现玫瑰色或桃红色，因此被称为桃红葡萄酒。虽然我们完全可以通过调配红、白葡萄酒进行酿造，但大部分的桃红葡萄酒却是结合红、白葡萄酒酿造方式基础上酿造而成。葡萄酒颜色的萃取与发酵温度、发酵的时间长度是分不开的，因此我们只需要在酿造红葡萄酒的基础上降低发酵的温度或者压缩发酵的时间就可以获得桃红葡萄酒。把短期浸渍发酵的已经获得了足够色素的葡萄汁抽出一部分进行压榨，接下来再像酿造白葡萄酒的方式一样，先澄清，然后发酵、熟成，最后完成装瓶，这种方法称为放血法（Saignée）。除此以外，其他方法还有直接压榨法（Direct Pressing）、排出法（Drawing off）等。

（四）起泡酒的酿造

起泡酒区别于静止酒的特征就是其自身携带二氧化碳。保留二氧化碳的方法，一般有三种形式。传统酿酒法，指把葡萄基酒逐一装瓶后，二次发酵产生气泡，也被称为瓶内二次发酵法。这种方法酿出的酒，起泡细腻而且持续时间长，果香复杂。罐式发酵法，是把基酒转移到密封的不锈钢桶内进行二次发酵，获得起泡，在高压下装瓶。二氧化碳注入法，是将 CO_2 直接注入静止葡萄酒内，这种方法酿成的起泡酒，起泡较大，持续时间短，不稳定，极易挥发。

四、葡萄酒的分类

葡萄酒的类型多样，根据我国国家质量监督检验检疫总局发布 GB15037-2006 国家标准，大致可划分为如下几类。

（一）按颜色划分

1. 红葡萄酒（Red Wine）

红葡萄采收后，加以破碎，葡萄连同果皮、果肉、果籽，甚至果梗一起发酵，浸渍果皮从而获得红润的色泽，这种带皮发酵酿造的葡萄酒即为红葡萄酒。

2. 白葡萄酒（White Wine）

使用白葡萄或者红葡萄先榨汁再进行发酵便可酿成白葡萄酒。年轻的干白一般会呈现非常浅的淡黄色或水白色，随着年份的延长，葡萄酒的颜色会越变越深。

3. 桃红葡萄酒（Rose Wine）

介于红葡萄酒与白葡萄酒之间的桃红葡萄酒，有清新的酸度与丰富的果香，几乎没有单宁，适合搭配各类亚洲料理。

（二）按糖分含有量划分

葡萄酒按照糖分含有量可以分为干型（Dry），半干型（Off-dry）、半甜型（Semi-sweet）及甜型葡萄酒（Sweet）。

1. 干型（Dry wine）

含糖（以葡萄糖计）小于或等于 4.0 g/L 的葡萄酒，或者当总糖与总酸（以酒石酸计）的差值小于或等于 2.0 g/L 时，含糖最高为 9.0 g/L 的葡萄酒，这类葡萄酒为市场主导类型。

2. 半干型（off-dry wine）

含糖大于干型葡萄酒，最高为 12.0 g/L 的葡萄酒，或者当总糖与总酸（以

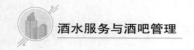

酒石酸计）的差值小于或等于 2.0 g/L 时，含糖最高为 18.0 g/L 的葡萄酒。

3. 半甜葡萄酒（Semi-sweet wine）

含糖大于半干葡萄酒，最高为 45.0 g/L 的葡萄酒。

4. 甜型（Sweet wine）

含糖大于 45.0 g/L 的葡萄酒。

（三）按是否含有二氧化碳划分

1. 静止葡萄酒（Still wine）

指在 20℃时，二氧化碳压力小于 0.5bar 的葡萄酒，属于市场上主流类型。

2. 起泡葡萄酒（Sparkling wine）

在 20℃时，二氧化碳压力等于或大于 0.5bar 的葡萄酒。酿造葡萄酒时，通过一些方法保存发酵自然产生的二氧化碳，便会酿成携带 CO_2 的起泡酒、法国香槟（Champagne）、意大利阿斯蒂（Asti）、普罗塞克（Prosecco）、德国塞克特（Sekt）、西班牙卡瓦（Cava）等都是世界经典起泡酒。

（四）按上餐程序划分

餐酒搭配需要遵守一定的规则，尤其对西餐来讲，不同上餐的程序需要搭配不同类型的葡萄酒。根据西餐的用餐程序，葡萄酒有如下划分：

1. 开胃酒（Aperitif wine）

指搭配开胃餐时饮用的葡萄酒，这类酒多为干型起泡、香槟及清爽型干白。它们的特点是都具有清新的酸度、淡雅的果香以及轻盈的酒体，这样可以很好地搭配新鲜、清淡精致的开胃菜肴。

2. 佐餐酒（Table wine）

可以搭配佐餐菜肴的葡萄酒，佐餐酒通常需要根据菜品类型进行搭配，包括各类干红、干白或桃红葡萄酒，可以根据食物的类型、口感、风味及浓郁度进行匹配红、白葡萄酒，具体餐酒搭配参考后文。

3. 餐后甜酒（Sweetness wine）

餐后甜点一般有各类水果、蛋糕、布丁、慕斯、冰激凌或中式甜品等，冰酒、贵腐甜白、晚收甜白、稻草酒、法国 VDN、波特、奶油雪莉等是这些餐后甜点的经典选择，具体选择可根据甜品的食材类型、甜味浓郁度、质感等进行合理搭配。

（五）按酿造方法划分

1. 发酵型（Fermented wine）

用葡萄为原料，在酵母活性菌的活动下发酵而成，不添加任何糖分、水分、香料及酒精的葡萄酒即为发酵型酒。我们日常饮用的各类干红、干白、甜白大多都属于此。酿造过程依赖酵母的使用，由于酵母的生存环境较为微妙，发酵型葡萄酒酒精度数一般在 12.5% 上下，最高不过 16.5% 左右，过高的酒精浓度下，酵母无法生存。

2. 蒸馏型（Spirit wine）

以葡萄为原料，蒸馏而成的葡萄酒，通常称为白兰地（Brandy）。如，法国干邑，酒精度通常大于等于 40 度，酒精度较高，口感浓郁，一般餐后单独饮用或者作为鸡尾酒基酒制作各类鸡尾酒。

3. 加强型（Fortified wine）

在天然葡萄酒中加入蒸馏酒（一般为白兰地）进行强化，即可得到加强型葡萄酒，这类葡萄酒的酒精度一般在 15%~20%，如雪莉、波特、马德拉、马尔萨拉等。

（六）按酒体划分

葡萄酒有不同的酒体，有的轻盈，有的厚重。按照酒体轻重关系可以划分为轻盈型（Light fruity wine）、均衡型（Medium bodied wine）及浓郁型（Full bodied wine）。不同酒体的红、白葡萄酒部分举例见表 3-2、表 3-3。

表 3-2　不同酒体的白葡萄酒举例

轻盈型	均衡型	浓郁型
Loire's Muscadet	Chablis's Crand Cru	Rhône's Hermitage/Chateau-Grillet
Veneto's Soave	Loire's Sancerre	California's Chardonnay
Mosel's Riesling	Loire's Chenin Blanc	Chile，South Africa'Chardonnay
Pinot Grigio	Rhine's Riesling	Australia's Chardonnay

表 3-3　不同酒体的红葡萄酒举例

Light fresh wine	Medium bodied wine	Full bodied wine
Alsace's Pinot Noir	Bourgogne's Mâcon	Bordeaux Médoc's Cabernet
Beaujolais Nouveau	New Zealand's Cabernet	Piemonte's Barolo/Barbaresco
Veneto's Valpolicella	Australia's GSM	California's Cabernet Sauvignon
Piemonte's Barbera	Côtes du Rhône	Châteauneuf-du-Papez
Germany's Spätburgunder	Spain's Rioja	Barossa's Shiraz

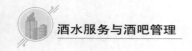

（七）特种类型葡萄酒

指用鲜葡萄或葡萄汁在采摘或酿造工艺中使用特定方法酿制而成的葡萄酒。分为如下几种类型。

1. 利口葡萄酒（Liqueur wine）

由葡萄生成总酒精度为 12 %（体积分数）以上的葡萄酒中，加入葡萄白兰地、食用酒精或葡萄酒精以及葡萄汁、浓缩葡萄汁、含焦糖葡萄汁、白砂糖等，使其最终产品酒精度为 15.0 %~22.0 %（体积分数）的葡萄酒。

2. 加香葡萄酒（Flavoured wine）

以葡萄酒为基酒，经浸泡芳香植物或加入芳香植物的浸出液（或馏出液）而制成的葡萄酒。通常采用的芳香及药用植物有苦艾、肉桂、丁香、豆蔻、菊花、陈皮、芫荽籽、鸢尾等。因为添加的香味物多样，葡萄酒会出现苦味、果香及花香等特殊风味，苦艾酒与味美思是其中典型代表。

3. 低醇葡萄酒（Low alcohol wine）

世界各国有关这一酒精度标准，各有不同的规定。按照我国最新葡萄酒国家标准，低醇葡萄酒是指"采用鲜葡萄或葡萄汁经全部或部分发酵，采用特种工艺加工而成的、酒精度为 1.0%~7.0%（体积分数）的葡萄酒"。

4. 无醇葡萄酒（Non-alcohol wine）

无醇葡萄酒与低醇葡萄酒概念相似，是指"采用鲜葡萄或葡萄汁经全部或部分发酵，采用特种工艺加工而成的、酒精度为 0.5%~1.0%（体积分数）的葡萄酒"。这类葡萄酒是近几年的新锐产品。但如何在不影响葡萄酒风味的情况下脱醇，严格意义上讲是一项艰难的工作，目前很多国家还在研究开发中。

5. 葡萄汽酒（Carbonated wine）

葡萄酒中所含二氧化碳是部分或全部由人工添加的，具有起泡葡萄酒类似物理特性的葡萄酒。这类酒有时会添加白砂糖及柠檬酸类物质，以增加其风味。起泡的物理特性与真正的起泡酒相似，但风味相差很大。

6. 山葡萄酒（V.amurensis wine）

采用鲜山葡萄（包括毛葡萄、刺葡萄、秋葡萄等）或山葡萄汁经过全部或部分发酵酿制而成的葡萄酒。

7. 冰葡萄酒（Icewine）

将葡萄推迟采收，当气温低于 −7 ℃使葡萄在树枝上保持一定时间，结冰，采收，在结冰状态下压榨、发酵，酿制而成的葡萄酒（在生产过程中不允许外加糖源）。

8. 贵腐葡萄酒（Noble rot wine）

在葡萄的成熟后期，葡萄果实感染了灰绿葡萄孢，使果实的成分发生了明显的变化，使用这种葡萄酿制而成的葡萄酒。

9. 产膜葡萄酒（Flor or film wine）

葡萄汁经过全部酒精发酵，在酒的自由表面产生一层典型的酵母膜后，加入葡萄白兰地、葡萄酒精或食用酒精，所含酒精度等于或大于 15.0 %（体积分数）的葡萄酒。

五、酿酒葡萄的品种

对葡萄酒的入门学习，葡萄品种的学习是最好的开始。现在国际常见的葡萄品种大约有 20~30 种，以下简单介绍了 8 种最具代表性的酿酒葡萄。了解它们的品种特点对学习葡萄酒基础知识有至关重要的作用。

（一）霞多丽（Chardonnay）

霞多丽别名莎当妮、夏多利、夏多内等，欧亚品种，原产法国勃艮第。白葡萄品种里最具代表性的一个，非常容易栽培，适应各种气候带，因此世界范围分布广泛。在凉爽地区，霞多丽展现出绿色水果、柑橘类香气，酸度高，清爽高瘦，代表产区有夏布利（Chablis）与香槟（Champagne）；温暖产区的霞多丽呈现出核果以及热带果香。另外霞多丽在酿造过程中经常使用橡木桶，会散发出香草、椰子和烘烤类香气。酒体饱满，口感浓郁，优质的霞多丽，有很好的窖藏潜力。霞多丽是勃艮第的经典，从最北部的夏布利（Chablis）产区到博纳丘（Côte de Beaune），再到夏隆内（Côte Chalonnaise），最后为马岗内（Maconnais），霞多丽都能呈现出千变万化的姿态；新世界的种植区域也非常广泛，美国加州是霞多丽的核心种植区；其他在澳洲玛格丽特河（Margaret River）、智利卡萨布兰卡谷（Casablanca Valley）、新西兰、南非以及我国大部分产区都有优质表现。

（二）长相思（Sauvignon Blanc）

长相思属于欧亚品种，长相思为其清末意译，多音译为白苏维浓，其他译名还有苏维翁等。长相思是一种典型冷凉风格的品种，酿造的葡萄酒具有典型的酸度。长相思强调葡萄的天然风味，避免人工增添风味的工艺，所以，很少使用橡木桶酿造或乳酸发酵，多使用不锈钢罐低温发酵而成，早装瓶，尽量多地保留清新的果香。长相思有浓郁的果香，酿出的白葡萄酒呈现出清爽的绿色水果、柑橘类及植物型香气，比如，黑醋栗芽孢、青草、芦笋、百香果、柑橘等的香气。酸度高，酒体轻盈到中等。原产地法国波尔多格拉芙产区（Graves），卢瓦尔河的桑赛尔（Sancerre）与普依富美（Pouilly Fume）等是长相思著名产区，新西兰马尔堡（Marlborough）是公认的长相思的经典产区。除此之外，智利的卡萨布兰卡谷（Casablanca Valley）、澳大利亚的凉爽地区也有较多分布。

（三）雷司令（Riesling）

雷司令是一种古老的欧亚品种，原产于德国莱茵地区，早在 1392 年就出现了有关雷司令的记录文字。雷司令是有名的芳香型葡萄，适合生长在凉爽的产区，呈现绿色水果、柠檬及小白花的味道。酸度高，优质雷司令有很好的熟成潜力，晚熟，很容易感染贵腐霉，适合酿造晚收、冰酒及贵腐甜酒。成熟的雷司令，通常色浅，多呈现绿色水果、柠檬、白色花朵及矿物质的味道，酿制的葡萄酒熟成后有类似汽油的香气，甜型雷司令会有甜美的桃子、蜂蜜、葡萄干及烤面包等的香气。主要集中在德国的摩泽尔（Mosel）、莱茵高（Rheingau）、莱茵汉森（Rheinhessen）、法尔兹（Pfalz）与巴登（Baden）产区，紧靠德国的法国阿尔萨斯以及奥地利部分产区也是雷司令的主要产区；雷司令在一些寒冷产区也有不错表现，经常酿出一些优质雷司令干白，例如澳大利亚克莱尔谷（Clare Valley）、伊甸（Eden Valley）产区、塔斯马尼亚岛（Tasmania），新西兰坎特伯雷（Canterbury）产区等。

（四）琼瑶浆（Gewurztraminer）

琼瑶浆名称的翻译源于"琼浆玉液"这一词汇对它形象的描述，是一个真正果香四溢、让人陶醉的白葡萄品种。琼瑶浆是典型的芳香型葡萄，而且非常容易辨认，浓郁的热带果香与香料的味道让人难忘，如荔枝、蜜桃、玫瑰、丁香等，间或有生姜等香料气息。酿制的葡萄酒口感肥厚甜美，酒体浓郁，酒精相对较高，但酸度往往不足。琼瑶浆主要种植在欧洲国家，法国阿尔萨斯是该品种种植的大本营，那里以出产果味丰富的琼瑶浆而著称。该品种可以用来酿造干白、半干白，也可以用来做迟摘晚收（VT）、贵腐颗粒精选（Selections de Grains Nobles）。与旧世界相比，新世界的种植目前还不够广泛，只有新西兰、澳大利亚、加拿大等地极个别凉爽产区有渐渐增多的趋势。

（五）赤霞珠（Cabernet Sauvignon）

赤霞珠起源于波尔多，1996 年美国加州戴维斯分校（Davis）通过 DNA 分析表明，该品种由品丽珠（Cabernet Franc）、长相思（Sauvignon Blanc）在 17 世纪前后自然杂交而成，栽培历史悠久。赤霞珠闻名全球，世界各地都有栽培。赤霞珠拥有非常优秀的植物特性，是世界上最受欢迎的葡萄品种之一，用它酿造的葡萄酒，色泽幽深，果香饱满，有丰富的单宁与酸度。优质赤霞珠熟成的潜力非凡，酿造出了很多世界经典葡萄酒。果香以黑色果香为主，如黑醋栗、黑莓等，还伴随有青椒、雪松的香气。赤霞珠适合用橡木桶酿造，在这个过程中，单宁得以柔化，还增加了葡萄酒的香气复杂度（橡木、咖啡、香草）。由于单宁丰富，酿酒过程中经常与其他品种混酿，美乐是其经典搭档，在澳大利亚，经常与 Shiraz 混酿。法国波尔多左岸的梅多克（Médoc）下的四个村庄群（玛歌、波亚克、圣埃斯泰夫、圣朱利安）出产世界顶级的赤霞珠混酿，众多世界级名庄分布于此；格拉芙（Graves）也是赤霞珠的核心产区；美国加州纳帕谷（Napa valley），澳大利亚科纳瓦拉（Coonawarra）、玛格丽特河（Margaret River），智利迈坡谷（Maipo Valley）都是非常经典的产区；在阿根廷、南非以及我国也有非常优秀的葡萄酒庄。

（六）美乐（Merlot）

美乐原产于法国波尔多，是目前该地区栽培最广泛的葡萄品种。"Merlot"一词来自法国波尔多地区特有的一种欧洲小鸟（Petit-Merle）。美乐与赤霞珠是经典混酿搭档，是波尔多栽培范围最广的品种，波尔多 AOC（Bordeaux AOC）以美乐为主酿造。美乐属于早熟品种，对土壤、气候的适应能力强，较喜欢潮湿的石灰质黏土，容易种植，产量高。美乐通常酒精、酒体饱满浓郁，口感圆润，带有浓郁的果味（李子、草莓、黑莓等），果香馥郁，含中等果酸。单宁比赤霞珠少，口感温和柔顺，多汁味甜，和赤霞珠有很好的互补性，两者一柔一刚，堪称完美搭档。波尔多右岸的圣埃美隆（St.Emillion）与波美侯（Pomerol）寒凉的黏土质是美乐种植的理想场所。美乐在法国南部种植广泛，是酿造餐酒的主要品种，多单一品种酿造，在酒标上可以直接看到美乐的品种标识。在智利、澳大利亚、美国加州等国家或地区也用来酿造物美价廉的葡萄酒，分布广泛，通常单一品种或与波尔多品种混合。

（七）黑皮诺（Pinot Noir）

黑皮诺为欧亚品种，原产于法国勃艮第。最早的栽培记载为公元 1 世纪的罗马时代，当时被人们称作"Allobrogica"，并在欧洲广泛种植。中世纪起修道院开始酿酒，使它在勃艮第开始大范围内栽种。黑皮诺是红葡萄里有名的娇贵品种，对气候、土壤等种植环境要求高，非常挑剔，适应相对凉爽的气候，太热的气候会导致葡萄成熟过快，缺乏风味物质。黑皮诺的原产地是法国勃艮第，气候较为凉爽，宜栽培。黑皮诺果皮较薄，所酿制的葡萄酒颜色浅，呈亮丽宝石红的颜色，酒体单薄，单宁较少，但酸度是红葡萄里有名的居高者。适合单一品种酿酒，所酿葡萄酒一般有红色水果的果香（草莓、覆盆子、樱桃等），成熟后，会带有动物、泥土的复杂香气。法国勃艮第金丘（Côte d'Or）区是黑皮诺的最经典产区，另外，在香槟产区，黑皮诺也是尤其重要的品种，在法国阿尔萨斯也有优质黑皮诺出产。近年，在德国黑皮诺也成为非常重要的红葡萄品种，它非常适宜相对温暖的巴登产区；世界上的一些凉爽产地，如，新西兰中奥塔哥、澳大利亚的托斯马尼亚岛（Tasmania）、美国加州的俄罗斯河谷（Russian River Valley）、俄勒冈的威拉梅特谷（Willamette Valley）等地都出产优质黑皮诺。

（八）西拉 / 设拉子（Syrah/Shiraz）

这个品种的原产地是法国罗讷河地区，在当地称为西拉，大约在 19 世纪 30 年代被引入到澳大利亚，被改称为设拉子（Shiraz）。西拉葡萄颜色深，酿制的葡萄酒酒体浓郁饱满，单宁多，酸度中高。香气以黑色果香（黑莓、黑醋栗）为主，有明显的香料味道（胡椒、丁香），适合在橡木桶中培养，熟成后散发出香草、烟熏等气味。西拉世界范围内分布广泛，对于原产地的法国，最优质的西拉来自北罗纳河两岸陡峭的斜坡上，在罗帝丘（Côte Rotie）与艾米塔吉（Hermitage）尤其著名。南罗纳河以教皇新堡（Châteauneuf-du-Pape）的西拉混酿表现突出。澳大利亚的巴罗萨谷是西拉最耀眼的明星产区，在澳大利亚其他产区也有广泛种植，麦拉伦谷（Mclaren Valley）、猎人谷（Hunter Valley）及玛格丽特河（Margaret River）等地都表现优良。随着西拉的盛行，在美国加州、智利、南非等地也都引种，并表现不俗，发展速度惊人。在我国宁夏、新疆等产区也表现突出。

以上是国际上最常见的八大葡萄品种，除此之外，白葡萄品种还有麝香（Muscat）、灰皮诺（Pinot Gris）、白诗南（Chenin Blanc）、维欧尼（Viognier）、赛美蓉（Sémillon）等；其他代表性红葡萄品种还有品丽珠（Cabernet Franc）、佳美（Gamay）、马尔贝克（Malbec）、内比奥罗（Nebbiolo）、桑娇维塞（Sangiovese）等。它们都在某些区域有着非常重要的地位，成为该区域主打品种。当然在世界葡萄酒追求多样化的今天，品种多样性的培养与酿造成为大部分产区及酿酒商丰富品牌的重要途径。

六、葡萄酒的产区

（一）法国葡萄酒

法国是世界举足轻重的葡萄酒生产大国，酿制葡萄酒的历史十分悠久。早在公元前 900 年前，腓尼基人便为法国南部地区带来了最早的葡萄种植术。公元前 600 年左右，希腊人来到了法国马赛地区，并为当地带来了葡萄树和葡萄栽培技术。公元前 51 年，恺撒征服了高卢地区，葡萄树大面积的栽培由此开始。随着葡萄种植区域不断地向北扩展，公元 3 世纪，波尔多和勃艮第开始为供不应求的葡萄酒市场酿制葡萄酒。公元 6 世纪，随着教会的兴起，葡萄酒的需求量急增，加之富豪对高品质葡萄酒的需求，加快了法国葡萄酒产业发展的脚步。如今的法国是世界最为经典的产区之一，在世界葡萄酒市场中占有重要地位。

1. 波尔多产区

波尔多是全世界优质葡萄酒的最大产区，种植面积约 12.8 万公顷，年产 8 亿瓶葡萄酒，其中 AOC 级葡萄酒占到总产量的 95% 以上，是法国产量最大的 AOC 葡萄酒产区。波尔多位于法国西南部，西邻大西洋，吉龙德河（Gironde River）穿城而过。温带海洋性气候的波尔多气候温和，朗德森林可以有效地保护葡萄园不受过多的海洋风暴的影响，葡萄可以慢慢成熟。该地区受墨西哥湾暖流的影响较大，受这股暖流的影响，欧洲西北部原本寒冷的地区变得温暖，洋流带来的暖湿气流沿着吉龙德河口，溯流直上，深入波尔多产区内部，使得波尔多整个产区的气候相当温和。即使在冬季，波尔多产区也相对暖和，这为葡萄树的越冬提供了良好的气候条件。

波尔多是世界闻名的混酿产区，尤其是红葡萄酒。波尔多左岸以赤霞珠为主，搭配美乐、品丽珠，三者的混酿通常被称为"波尔多混酿 Bordeaux Blending"。右岸的葡萄酒酿造以美乐为主，搭配赤霞珠、品丽珠等，所以整体来看右岸酿造的葡萄酒由于美乐成分居多，口感相对柔美，而左岸酿造的葡萄酒口感则会充满力量感。红葡萄酒的酿造适合橡木桶陈年，单宁丰富，酒体浓郁，中高酸度。优质波尔多葡萄酒具有很强的陈年潜力，造就了诸如拉菲、玛歌、木桐、柏图斯等顶级酒庄。波尔多还是优质干白、甜白葡萄酒的主产区，干白葡萄酒主要使用长相思为主，调配少量赛美蓉酿造而成。通常入门级干白无须橡木桶陈年，口感清爽明快。优质干白使用苹果酸乳酸发酵与橡木桶陈年，酒体浓郁，并保持清爽的酸度，果香饱满馥郁，层次感强，有很好的陈年潜力。甜白葡萄酒主要使用赛美蓉、长相思、密斯卡岱混酿而成，世界有名的滴金酒庄（Château d'Yquem）就擅长酿造苏玳甜白葡萄酒中的经典款。两海之间产区主要以酿造单一品种的长相思干白为主。

2. 勃艮第产区

勃艮第属于法国一行政大区，也是西欧历史上著名勃艮第公国所在地。该地位于巴黎南部，地处第戎与里昂之间。整个产区绵延 360 公里，是历史上著名的葡萄种植区，可追溯到公元前 1 世纪。当时居住在地中海及希腊的高卢人，将葡萄种子从瑞士传到勃艮第。勃艮第葡萄种植历史悠久，早期的西多会教士沉迷于葡萄品种的研究与改良，对勃艮第葡萄酒酿制的发展做出了巨大贡献。

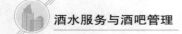

　　勃艮第位于法国东部，远离大西洋，处于温带海洋性气候与大陆性气候的交界处。与同纬度产区相比，这里冬季严寒，夏季炎热，秋季比较凉爽，多雨水，春季霜冻是最大的风险，葡萄勉强成熟。勃艮第以酿造单一葡萄品种的葡萄酒著称，红葡萄品种主要是黑皮诺，占勃艮第总产量的 1/3 左右。勃艮第是全球最优质的黑皮诺产区。勃艮第的黑皮诺从饱满强劲橡木陈年的风格到新鲜易饮的风格都有，经典特征是年轻时香气多呈现樱桃、覆盆子等红色水果的气息，清新自然，陈年后慢慢转化为蘑菇、雪茄、皮革等的风味。单宁含量和酸度可以从中到高，但是口感一般比较柔和。勃艮第是全球最好的黑皮诺产区，以葡萄园为基础进行等级划分，每个小产区、每个葡萄园葡萄风格迥异，是无数黑皮诺爱好者终极追随的地方。白葡萄品种是霞多丽，勃艮第从北到南，是顶级霞多丽主产区。

图 3-2　法国勃艮第的秋季葡萄园

3. 阿尔萨斯产区

　　阿尔萨斯位于法国东北部，在孚日山脉（Vosges）和莱茵河之间，素有法国"白葡萄酒之乡"的美誉，白葡萄酒产量占当地葡萄酒总产量的 90% 以上。此处地靠德国边境，由于历史问题，留存了很多德国传统。不管酒瓶类型、食物特点还是酒标标识都能看到很多德式风格的影子。

阿尔萨斯是法国白葡萄酒之乡，葡萄园位于莱茵河的西岸。孚日山脉向东延伸的山脉上，挡住了北方吹来的寒风，秋季日光充足，气候温暖，造就了果香丰富、口感浓郁的干白。阿尔萨斯主要酿造单一品种的白葡萄酒，雷司令、琼瑶浆、灰皮诺、麝香是该地的四大贵族品种。该产区的葡萄酒以清新精致的花香与果香著称，是世界公认的最佳白葡萄酒产区之一。

4. 香槟产区

香槟产区位于法国葡萄种植地带的最北段，"冷"是这里的主要特征。葡萄只有种植在优越的地带才能获得最佳成熟度，优秀的葡萄园多来自向阳的山坡，这可以为葡萄带来足够的光照。土壤是香槟产区个性来源的重要奠基石，香槟三大重要的子产区均有白垩泥灰岩土壤，并辅以黏土、沙土、砂岩、褐煤和泥灰土等多种类型的土壤，为当地塑造了独一无二的风土个性。香槟的酿造历来是传统法起泡酒的坚守阵地，工序有手工采收葡萄、整串压榨、手工转瓶除渣、瓶内酵母自溶及瓶内陈年等。虽然一直坚持传统，但也有更多的酒庄采用现代工艺，传统工艺与现代科技的结合让香槟的酿造变得效率更高起来。

香槟产区以出产顶尖起泡酒而著称，一般使用霞多丽、黑皮诺及尼诺莫尼亚混酿而成，各个小产区、品牌及使用不同的葡萄品种等不同因素使得香槟风格各异。香槟配餐非常合适，一般作为高端晚宴的开胃酒来饮用，清爽的口感，非常有助于开胃。

5. 罗讷河谷产区

罗讷河是法国第二大河流，全长 812 千米，在法国境内长度为 500 千米。源于瑞士中南的阿尔卑斯山，流入法国东部，于索恩河汇流，在阿尔勒形成大罗讷河与小罗讷河两支，形成三角洲，并继续向南流入地中海。

罗讷河谷产区位于法国的东南方向，这里四季如春，终日阳光明媚，充足的日照，为该地带来了浓郁、饱满、厚重的葡萄酒。罗讷河产区历史悠久，早在公元 1 世纪时，随着罗马对高卢的征战，罗马人就认识到罗讷河两岸是种植葡萄的理想场所。罗讷河谷葡萄园沿狭长的河谷自南至北呈条状分布，北罗讷河与勃艮第产区接壤，紧连着罗讷河两岸的狭窄山坡地，属于阶梯形坡地，河谷陡峭，很多昂贵的葡萄酒生产于此。北罗讷河葡萄酒大多采单一葡萄品种酿制，西拉与维欧尼是当地明星品种。西拉葡萄坚韧有力，非常适合在这里生长，用它酿造的葡萄酒多呈现单宁厚实、中高酸度、色泽浓重、浆果及香辛料风味十足的特点，具备中长陈年潜质。南罗讷河谷，地中海气候，阳光充足，气温明显比北部高，土壤多为鹅卵石、石灰石。鹅卵石在白天吸收了热量，在夜间释放热能，让葡萄园的土壤随时保持温热，催化酿酒葡萄的成熟。罗讷河谷当地有一种密斯托拉风（Mistral）很好地调节了当地气候。南罗讷河葡萄园开始向河床两岸延伸，地形开阔，葡萄园地势较为平坦，土壤类型多样，属于阳光照耀的地中海型气候，是法国最丰饶的地区之一。由于受密斯托拉风的影响，葡萄树多使用高杯式、VSP 垂直枝条定位来保护葡萄树不受北风的摧残。南罗讷河以混酿为主，多以歌海娜、西拉、慕合怀特搭配，可酿造出丰满圆润、甜熟浆果气息浓郁的葡萄酒，葡萄酒的风味普遍丰腴强劲，陈年潜质佳。

（二）德国葡萄酒

德国葡萄酒历史悠久，最早可以追溯到古罗马时期。公元前 100 年前后，罗马人占领了日耳曼领土的一部分（即今德国西南部），战争及生活需要，推动了葡萄的栽培与酿造。罗马殖民者从意大利输入了葡萄树以及葡萄栽培和酿酒工艺。德国是全世界最北部的葡萄酒产区，由于受大西洋暖流影响，其平均气温不会低于 9℃，加之莱茵河秋季浓雾对葡萄树起到一定保暖的作用，使得该国本应严苛的葡萄种植条件得到一定改善。德国的葡萄酒产区主要位于莱茵河（Rhine）、摩泽尔河、美因河（Main）及相关河道支流的两岸。德国是全球第十大葡萄酒生产国，产量与世界上主要产酒国相比略低，与澳大利亚、南非、葡萄牙等产酒国持平。虽然产量上有诸多劣势，但它作为北半球纬度最高的产酒国，气候凉爽，被公认为是白葡萄酒的最佳产地，其生产的优质白葡萄酒在世界上有举足轻重的地位。三大主导白葡萄品种是雷司令、丽瓦娜（Rivaner）、西万尼（Silvaner），近几年，黑皮诺为主导的红葡萄品种在世界上开始广受瞩目。主要产区有莱茵高（Rheingau）、摩泽（Mosel）、法尔兹（Pfalz）、巴登（Baden）、莱茵黑森（Rheinhessen）等。

（三）意大利葡萄酒

意大利葡萄酒的历史最早可以追溯到公元前 2000 年左右，希腊人更是称之为"酒之王国"。到公元前 1 世纪中期，葡萄的种植已经在意大利非常广泛，从最南部的西西里岛到北部的阿尔卑斯山脚下，葡萄酒是当时最重要的流通商品。意大利的气候类型比较复杂，全境呈靴子式的狭长地形，从北到南跨越了 10 个纬度，这给意大利带来了多种多样的土壤资源与气候。受山脉、海洋、火山等影响大，各地气候有很大差别。意大利大部分地区属亚热带地中海型气候。根据意大利各地不同的地形和地理位置，全国分为以下三个气候区：南部半岛和岛屿区、马丹平原区和阿尔卑斯山区。这三个区的气候各有不同的特点，北部属于四季分明的大陆性气候，中部、南部地区则受地中海气候影响大，干燥少雨，火山石、石灰石、砾石、黏土等土壤环境也丰富多样。这些充满变化与丰富个性的自然条件为意大利葡萄种植提供了绝佳的生长环境，酿出了性格迥异、富有特点的葡萄酒。

意大利葡萄酒法律实施时间远远晚于法国，其等级划分于 1963 年开始实施，遵循欧盟基本的优质葡萄酒与餐酒两个等级，每个基本级别分为两个子等级：优质葡萄酒分为 DOCG 与 DOC 两个子等级，餐酒分为 IGT 与 VDT 两个子等级。该国主要栽培品种以当地传统葡萄为主，如内比奥罗（Nebbiolo）、巴贝拉（Barbera）、桑娇维赛（Sangiovese）、多姿桃（Dolcetto）等。意大利葡萄酒产区按照当地行政管理区域分为 20 个产区，从地形上，分为西北部、东北部、中部及南部等 4 个大的产区。北部重要的产区有皮埃蒙特、威尼托等，中部重要的有托斯卡纳，南部有卡帕尼亚（Campania）、普利亚（Puglia）、西西里岛（Sicily）和撒丁岛（Sardinia）等。

（四）西班牙葡萄酒

西班牙作为旧世界葡萄酒生产国的代表性国家，拥有非常悠久的葡萄酒历史。西班牙的葡萄种植大约可以追溯到公元前 4000 年，是腓尼基人把葡萄引入了当地。

西班牙位于欧洲大陆的西南部，坐落于伊比利亚半岛之上，占整个半岛的 85%，剩余为葡萄牙。北靠大西洋，同时与法国比利牛斯山隔山相望，西临葡萄牙，东朝地中海。这个国家大部分国土都处于高原地带，水源不算充足，但有几条大河孕育了这片土地，也为它带来了生机。北部有埃布罗河（Ebro）与斗罗河（Duero）。前者贯穿了西班牙的几个著名产区，如奥哈产区、纳瓦拉（Navarre）、阿拉贡（Aragon）等，最后浇灌整个卡特鲁西亚（Catalonia）产区后注入地中海；而斗罗河由于向东流，滋润浇灌著名的斗罗河区（Ribera del Duero）、托罗（Toro）、卢埃达（Rueda）后，途经葡萄牙流入大西洋。西班牙有三种气候带。一是西班牙北部及西北部沿海的温带海洋性气候，降雨量高，降雨量主要集中在冬季，夏季炎热，冬季温和；二是中部高原的极端大陆性气候，降雨量非常低，夏季炎热，冬季寒冷；三是南部与东南部则属于明显的地中海气候，不少地区的海拔对当地气候起到调节作用。这些气候特点对西班牙丰富的葡萄酒业产生巨大影响。

西班牙葡萄酒等级制度于 2003 年 7 月 10 日进行了重新修改，新制度将葡萄酒划分为两个等级：一是优质 PDO 法定产区葡萄酒，即为 "Vinos de Calidad Producidos en Regiones Determinadas（VCPRD）"；二是 PGI 地理标示葡萄酒，即为 "Vinos de Mesa（VDM）"。前者包括 VP、DOCa、DO 与 VCIG 四个级别，后者包括 VdLT 地区餐酒、VM 日常餐酒。

西班牙是通往欧洲大陆与非洲大陆的重要关口，地理位置优越，历史上有众多移民到来，他们为西班牙带来了多样的外来葡萄品种。这些外来葡萄品种很早就在这片大地上扎根发芽，现与西班牙本土品种已无差别，主要品种有添帕尼优（Tempranillo）、歌海娜（Garnacha）、佳丽酿（Carinena）、慕合怀特（Monastrell）、门西亚（Mencia）等；白葡萄品种有贝尔德霍（Verdejo）、阿尔巴利诺（Albarino）、阿依伦（Airen）等。另外，国际品种在西班牙地位也日渐提高，赤霞珠、美乐、长相思和霞多丽等国际品种在某些产区展现出色的潜力，尤其是东北部一些产区，种植普遍。

西班牙是世界上种植葡萄面积最大的国家，全国葡萄酒产区可以分为 6 个大产区，分别是上埃布罗产区（包括里奥哈 Rioja、纳瓦拉 Navarra）、加泰罗尼亚（包括佩内德斯 Penedes、普里奥拉托 Priorat）、杜罗河谷（杜罗河畔 Ribera del Duero、托罗 Toro、卢埃达 Rueda）、西北部产区（下海湾地区 Rias Baixas、比埃尔索 Bierzo）、莱万特（瓦伦西亚 Valencia、胡米亚 Jumilla、伊克拉 Yecla DO）以及卡斯蒂利亚 – 拉曼恰。

（五）葡萄牙葡萄酒

葡萄牙位于伊比利亚半岛之上，西班牙西侧，地处北纬36° 至42° 之间，西部和南部是大西洋的海岸。葡萄牙历史非常悠久，公元前 1100 年，腓尼基人在伊比利亚半岛开始了葡萄的栽培，到了公元前 7 世纪，在伊比利亚半岛定居的希腊人发展了葡萄的种植。葡萄酒产业在该国占据着非常重要的地位，大约 25% 的农业人口从事此行业，这些数据足已显示以"葡萄王国"著称的葡萄牙在葡萄酒产业上的巨大规模。葡萄牙还素有"软木之国"美称，葡萄牙软木及橡树制品居世界第一。

葡萄牙 1986 年加入欧盟，原来的 DO 制度已改为 DOC 制度，按照这一新的制度，葡萄酒分为 4 个等级。包括最高等级的葡萄酒（DOC，Denominacao de Origem Controlada）、IPR（Indicao de Prov'enência Regulamentada）、地区餐酒（VR，Vinho Regional）及日常餐酒（VdM，Vinho de Mesa）。

葡萄牙是一个以红葡萄酒占主导的国家，但白葡萄酒越来越受到重视。主要品种有多瑞加（Touriga Nacional）、添帕尼优（Tinta Roriz）、卡斯特劳（Castelao）、巴格（Baga）等，白葡萄品种阿尔瓦里尼奥（Alvarinho，西班牙叫 Albarino）、阿兰多（Arinto）、洛雷罗（Loureiro）、安桃娃（Antao Vaz）、华帝露（Verdelho）等。

葡萄牙葡萄酒的主要产区有：绿酒（Vinho Verde DOC）、杜罗河（Douro DOC）、杜奥（DãoDOC）、拉福斯（Lafões DOC）、百拉达（Bairrada DOC）、里斯本（Lisboa）、特茹（Tejo）、塞图巴尔半岛（Peninsula de Setubal）、阿连特茹（Alentejo）、马德拉群岛（Madeira）。

（六）美国葡萄酒

与大多数新世界国家一样，美国也是随着新大陆的发现，由欧洲移民者及传教士带来了葡萄苗木。到了 18 世纪，葡萄的种植已得到了很大的扩散。随着"淘金热"的兴起，加利福尼亚州吸引了大批的欧洲移民者，正是他们带来了先进的葡萄栽培及酿酒技术，使得美国葡萄酒产业得以真正发展。美国大部分国土都可以种植葡萄，但主要集中在加州、俄勒冈州、华盛顿州等地区。美国加州汇集了美国 90% 左右的葡萄酒产出，这里优越的自然环境是加州葡萄酒成名的基础条件。加州西靠太平洋，有明显的地中海式气候，夏季炎热干燥、高温少雨，日照时间充足；同时这一地区的南北走向的山脉及遍布的溪谷，形成了明显温差多样的微气候区（像纳帕谷 Napa Valley、索罗马谷 Sonoma Valley、俄国河谷 Russian River Valley 等），再加上多样的地形使得此地形成了石灰石、黏土、火山灰等多样的土壤类型，这些都非常宜于葡萄的生长及成熟。加州品种以赤霞珠、美乐、黑皮诺、西拉、莎当妮、长相思等国际品种为主，美国当地的仙粉黛是明星品种。

美国在欧洲原产地概念基础上，根据不同气候和地理条件建立美国法定葡萄种植区（American Viticultural Areas），这就是美国葡萄酒产业的 AVA 制度。这一制度于 1983 年由美国酒类、烟草和武器管理局（TTB）发起并实施。根据 2007 年 4 月美国的相关法律，目前美国有 187 个 AVA 产区，其中大部分集中在加州。不过，值得注意的是各州 AVA 法律略有不同，如加州规定标明加州的葡萄酒必须是由 100% 的加州葡萄酿成，俄勒冈州法律规定标明俄勒冈任何产地的酒必须是 100% 由该产区的葡萄所酿。AVA 制度对葡萄酒不同产地起到了保护作用，品种的标识也需要达到相应的最低要求。

（七）智利葡萄酒

智利葡萄栽培起始于 1518 年，当时的西班牙传教士在圣地亚哥周边种植葡萄，以提供教会做弥撒用葡萄酒。1830 年在法国人克劳德·盖伊（Claude Gay）倡议下，智利政府设立了国家农业研究站，并引种了大量的法国、意大利葡萄品种，至 1850 年已有 70 多个葡萄品种。

智利的自然环境可以用极其优越来形容，作为世界上最狭长的国家，这里拥有着得天独厚的自然条件。由于智利的国土横跨 38 个纬度，各地区地理条件不一，气候复杂多样。气候可分为北、中、南三个明显不同的地段：北段主要是沙漠气候，智利最北部延伸至南纬 20 度左右，多为高山和沙漠，为世界上最干燥的地区，阻断了病虫害的滋生；中段是冬季多雨、夏季干燥的亚热带地中海型气候，这里干旱少雨，日照量丰富，优质的葡萄酒来自山谷海拔较高地带，有利于保持酸度平衡；南部一直延伸至南极附近，为多雨的温带阔叶林气候（部分表现为海洋性气候），这里天气凉爽，成了优质黑皮诺的重要来源地。东部安第斯山积雪的融化成为葡萄的天然灌溉源。该地受海拔影响，昼夜温差大，总体气候比较凉爽，谷底则相对温暖。受西部海洋海风的调节，气候凉爽，诞生了很多优质白葡萄酒胜地。中央多山谷，形成众多微气候。多样的气候和地质条件为葡萄生长提供了最理想的环境。

智利受其历史的影响，基本上没有自己的本土葡萄品种，主要以波尔多为主，也种植其他品种，白葡萄品种与红葡萄品种的比例约为25%：75%，品种多样。智利最具特色的品种当属佳美娜，该品种晚熟，喜好温暖，黑色水果、绿色植物以及香料味道浓郁。智利葡萄酒深受法国波尔多影响，品种也多为法国品种，如赤霞珠、美乐、黑皮诺、西拉、莎当妮、长相思等。智利葡萄酒产地主要分布在以首都圣第亚哥为中心的南北走向山谷带上，自北向南葡萄酒产区依次排开，这里习惯上被划分为北、中、南三个区，大部分葡萄种植区域主要分布于智利中央山谷。智利葡萄酒酒标上最常见的产区就是亚产地（sub-region），全国分为13个亚产区，包括阿空加瓜谷（Aconcagua Valley）、迈坡谷（Maipo Valley）、马乌莱谷（Maul Valley）、卡萨布兰卡谷（Casablanca）及南部的伊塔塔谷（Itata Valley）等。

（八）阿根廷葡萄酒

阿根廷位于南美洲东南部，安第斯山脉东侧，地处南纬21度至55度之间，是南美洲最大的葡萄酒生产国。阿根廷葡萄酒历史悠久，最早可以追溯到16世纪的殖民早期。

安第斯山脉阻隔了太平洋的海风和水汽，加上阿根廷的葡萄园都整体纬度偏低，在南纬23度到45度之间，这里气候异常炎热、干燥，湿度低，葡萄园种植多位于安第斯山脉附近，平均海拔高。由于特殊的环境影响，葡萄园无真菌问题，但灌溉是该国葡萄园的重要工作。由于受安第斯山脉的影响，阻碍了来自太平洋的潮湿季风，使得圣胡安（San Juan）、门多萨（Mendoza）一带多是荒漠，土地贫瘠，多为砾石，终日烈日当头，干燥少雨。也因此阿根廷葡萄园的病虫害非常少，具有天然有机的大环境。因为气候炎热，葡萄大多种在300~2400米海拔之上，昼夜温差的增加，可以很好地调节葡萄的糖分与酸度的平衡。另外，很多葡萄园依赖灌溉，安第斯山的冰雪融化为靠近山体的葡萄园带来了天然水源。马尔贝克是该国最重要的红葡萄品种，也是阿根廷在世界上受到高度评价的国人引以为豪的旗舰产品。这里的马尔贝克的知名度已经远远地超过了它的法国原产地，此品种的葡萄颜色呈深紫红色，皮厚，单宁极其丰富。

阿根廷的葡萄种植面积十分广阔，其中最重要的产区是门多萨

（Mendoza），其葡萄酒产量占全国总产量的 60% 左右。葡萄酒主要产区从北到南共分为三个大产区，分别是北部地区（North）、库约地区（Cuyo）、巴塔哥尼亚（Patagonia）。主要子产区有门多萨（Mendoza）、圣胡安省（San Juan）、拉里奥哈省（La Rioja）、萨尔塔（Salta）等。

（九）澳大利亚葡萄酒

澳大利亚位于南太平洋和印度洋之间，西、北、南三面临印度洋及其边缘海，地处南纬 10° 到南纬 43° 之间。是世界上唯一一个独占一个大陆的国家。澳大利亚作为新兴的移民国家，葡萄酒的历史并不长。与欧洲、美洲不同，澳大利亚几乎没有本土葡萄，葡萄苗木全部依赖引进。1788 年，首批来自欧洲的移居者在澳大利亚定居，他们带来了众多的植物，包括葡萄藤。

澳大利亚有得天独厚的自然条件，大部分的葡萄酒主产地位于南纬 30 度到 35 度之间，阳光充足，大部分葡萄园位于东南部、墨累达令河两岸、大分水岭（Great Dividing Range）西侧以及西部沿海地区。气候多属于地中海气候，降雨量较少，气温常年温和，葡萄易于成熟。澳大利亚还拥有非常多样、独特的土壤类型，这些都有利于葡萄的生长。但部分产区面临干旱问题，需要人工灌溉。

澳大利亚的葡萄品种中最耀眼的当属于设拉子（Shiraz），这一品种在约占澳大利亚葡萄总种植面积的 25%，种植非常广泛。其他按照种植比例多少，依次是霞多丽、赤霞珠、美乐、赛美蓉，别的品种还有歌海娜、马尔贝克、品丽珠、黑皮诺、桑娇维塞、仙粉黛、雷司令、长相思、慕合怀特等。得益于多元的人文环境及优质的自然条件，世界上大部分葡萄品种在澳大利亚几乎都有种植。

澳大利亚全国分为 6 大产区，主要集中在靠近海岸的凉爽地带，巴罗莎（Barossa Valley）、古纳华拉（Coonawarra）、玛格丽河（Margaret River）等都是非常优秀的子产区。

（十）新西兰葡萄酒

素有"白云之乡"美誉的岛国新西兰位于太平洋西南部，地处澳大利亚东南方约 1600 公里处，介于南极洲和赤道之间，地处南纬 34 度至 47 度，西隔塔斯曼海与澳大利亚相望，是世界最南端的葡萄酒生产国。

新西兰自然风光迷人，全境被海洋包围，有着凉爽的气候，尤其适合白葡萄的生长。新西兰的葡萄园主要位于海岸地区，受海洋的影响非常大，大部分产区属于凉爽到温和的海洋性气候，昼夜均有海风吹拂。其国土分为南北两岛，南北两岛由于地理的差异，形成了不同的气候特点，南岛寒冷，北岛较为温暖，这给各产区葡萄酒风格的多样性创造了条件。春夏温差超过10℃，两岛葡萄的采收期从二月开始，直到六月才能全部完成。该国葡萄生长期最常遇到的一个主要问题就是过度充沛的雨水。雨水不仅会降低葡萄的含糖量，也会影响葡萄的成熟度。新西兰整体呈现海洋性气候，拥有多山地貌，昼夜温差大，葡萄可以慢慢成熟，葡萄酒的酸度清新自然，果香新鲜丰富。

新西兰分南北两个岛，自然环境、土壤及气候特点都有很大不同，整体气候受海洋影响较大，呈现出明显的海洋性气候特点。正是因为这个特点，这里一直以来就大量种植与凉爽气候相适应的长相思、霞多丽等白葡萄品种。近年来，新西兰正大力开发红葡萄品种的栽培，其中表现最好的是黑皮诺。其他主要的葡萄品种有霞多丽、琼浆液、西拉、赤霞珠等。该国主要的葡萄酒产区分布于两岛内，北岛主要有奥克兰、吉斯伯恩（Gisborne）、北部地区（Northland）、怀拉拉帕（Wairarapa）、奥克兰（Auckland）及霍克斯湾（Hawke's Bay）等，南岛主要有（Marlborough）、尼尔森（Nelson）、坎特伯雷（Canterbury）、中奥塔哥（Central Otago）等。

（十一）南非葡萄酒

南非占据了非洲大陆的最南端，是非洲最优秀的葡萄酒生产国。葡萄栽培主要集中在南纬34度左右。南非大部分属于热带草原气候（东部沿海为热带季风气候），葡萄种植区域主要集中在西南部（西/南开普省），这一区域属于地中海气候，夏季长，有充足的日照量。虽然地处低纬度，但两洋交融，海域吹来的冷空气可以有效消减夏季的炎热。另外，从南极洲飘来的本吉拉洋流（Benguela Current）使开普敦的气候较同纬度其他地区更为凉爽，加上从东南部海域吹来的开普医生（Cape Doctor）凉爽海风，使得南非南部沿海的气候比内陆凉爽许多。酿制的葡萄酒也更为优雅、精致。南非地形多样，多丘陵地、山谷地，地势高低不平，优质葡萄园多分布于群山环抱的西南海岸地区。靠近内陆的地方，气候更加炎热，优质葡萄酒园需要寻找更多微气候的子区域，高纬度地带可以让葡萄缓慢成熟。

南非是白葡萄酒占主导地位的国家，但近10年来，红葡萄酒的比例也在迅速上升。南非没有本土葡萄品种，大部分由欧洲引进。这里表现最好的为原产于法国卢瓦尔河的白诗南，约占总产量的20%。白诗南适应能力极强，产量高，在该地展现出了多姿多彩的一面，尤其一些产区出产的老藤白诗南能够酿造南非的招牌葡萄酒。其他白葡萄品种中鸽笼白种植较多，天然高酸，适合酿造蒸馏酒，霞多丽、长相思也表现突出。红葡萄品种中赤霞珠、美乐等波尔多品种栽培面积最大，西拉的种植也紧跟其后，酿造方法上多为波尔多式调配或者单一品种酿造。根据 WO 制度，目前南非分为六大地理区域、五大产区（Region）以及 27 个地方葡萄酒产区（District）和 78 个次产区（Ward）。六大地理区域分别是西开普（Western Cape）、北开普（Northern Cape）、东开普（Eastern Cape）、夸祖鲁 – 纳塔尔（Kwazulu Natal）、林波波（Limpopo）、自由邦（Free State）。其中西开普是南非葡萄酒最集中的区域，约占南非总产量的 90%。

（十二）中国葡萄酒

中国幅员辽阔，南北纬度跨度大，葡萄园大多种植在北纬 25° 至北纬 47° 广阔的地域里。从渤海湾的山东半岛、河北，再到西部的宁夏，以及昼夜温差极大的新疆、云南等地，气候、土壤、地形、海拔、湖泊、河流等风土资源丰富多变，这些条件为我国葡萄种植的多样性提供了条件。这些产区经过多年的探索、引种、栽培试验以及酿造改良，吸引了越来越多的国内外投资者，国内精品酒庄开始快速发展起来。首先，渤海湾的胶东半岛的葡萄园多分布于半岛山岭之中（主要分布在青岛、烟台两地），优质葡萄园分布在朝东或南向的山坡上，日照充足，受海洋性气候的影响大，气候湿润，葡萄酒可以维持非常理想的酸度。宁夏、新疆葡萄酒产业近些年发展迅速，这两地的气候属于典型大陆性气候，夏季温度高，日照量充足，干燥少雨，昼夜温差大，其酿造的葡萄酒更加饱满，果香突出，在市场上表现强劲。云南高原产区是近几年在国内市场表现突出的产地，是我国有名的高海拔葡萄园所在地，葡萄栽培受高山气候影响大，葡萄酒独具特色，品质较高。河北是我国传统葡萄酒产区，葡萄园主要分布在怀来与昌黎一带。燕山是该产区的一道天然屏障，阻挡来自北方的冷空气，气候、环境有其优势所在。东北、甘肃、内蒙古以及湖南等地，自然环境独特，葡萄酒各有特色。国内葡萄酒产区大致可以划分为东部、中部、西部和南部四大片区。这四大片区由于地理环境的不同形成了不同产区风格。按照不同的地理方位可以细分为山东产区、河北产区、京津产区、山西 – 陕西产区、宁夏 – 内蒙古产区、甘肃产区、新疆产区、东北产区、黄河故道产区、西南产区以及其他产区。

我国葡萄品种异常多样，鲜食葡萄栽培率在世界上占有绝对优势，酿酒葡萄在其中占有 20% 的份额。随着我国葡萄酒市场的快速发展，酿酒葡萄的种植与生产正在快速提升。目前我国各产区酿酒葡萄除了东北产区以山葡萄为主，南方特殊产区以刺葡萄和毛葡萄为主外，其余产区均以国际品种为主，品种结构大致相同，红葡萄品种有明显主导优势，红葡萄品种的种植比例约占 80%，白葡萄品种约占 20%。红葡萄品种主要有赤

拓展阅读 3-2

霞珠、美乐、品丽珠、蛇龙珠、黑皮诺、马瑟兰、西拉、小味尔多、歌海娜、佳利酿及本土山葡萄及刺葡萄等，此外也有一些欧美杂交、欧山杂交品种。白葡萄品种主要有威代尔、贵人香、霞多丽、长相思、白诗南、琼瑶浆、白雷司令、白玉霓、维欧尼、小芒森及本土品种龙眼等。

图 3-3　蓬莱龙亭酒庄

任务二　葡萄酒品尝

葡萄酒是众多饮料中种类最多、风味和口感变化最大、最为复杂的一种含酒精饮料。首先，葡萄酒的成分极为复杂，目前，葡萄酒已鉴定出 1000 多种化学成分，其中 350 多种已被定量鉴定，这些给品尝增加了不小难度。其次，虽然所有的葡萄酒都用葡萄酿造而成，但他们种类异常庞大，是农业食品中变化最大、种类最多的一种。即使同一品种，由于受气候、土壤、浆果成熟度、酿造、储藏方式等条件影响，葡萄酒的风味也会千变万化，质量等级也各不相同。因此，从理论上讲，很难找到感官特性完全一致的葡萄酒，即使同一种葡萄酒，因为饮用时间、地点、环境、气氛、佐餐，甚至饮用者的情绪的影响，其香气、风味和饮用者所获得的感受也会不同，这正是品尝的意义所在。

一、葡萄酒品尝理论

在日常生活中所说的品尝，用专业术语讲，即为感官分析。我国国家标准《感官分析术语》和国际标准（ISO 5492—1992）对感官分析及相关词汇做了如下定义：感官分析（Sensory analysis）即为用感觉器官检查产品的特征，所谓感官就是感觉器官，而感觉则是感官刺激引起的主观反应。感觉分析就是利用感官去了解、确定产品的感官特征及其优缺点，并最终评价其质量的科学方法，即利用视觉、嗅觉和味觉对产品进行观察、分析、描述、定义和分级的过程。

（一）品酒环境要求

根据国际标准 ISO 8598—1988《设计感官分析实验室的一般原则》对感官分析实验室的要求进行了一系列的规定，我国国家标准也采用了这一标准。根据此，葡萄酒的品酒室应包括品尝的检验区（狭义品尝室）和样品准备区（准备室）。应满足如下条件：

1.应有适宜的光线，使人感觉舒适，墙壁的颜色最好是能形成气氛的浅色。光源可采用自然光或日光灯，色温建议为 6500K；

2.应便于清扫，并远离噪声源，隔音效果好；

3.无任何气味，通风效果好；

4.适宜的温度与湿度，温度保持在 20℃~22℃，湿度在 60%~70% 为佳。

（二）品酒者要求

品尝是一门艺术，也是一门科学。品尝还是一种职业，或者是职业的一部分。品尝对品尝者要求较高，它需要扎实的理论基础与品酒训练，要想成为合格的品尝者，需要个人不懈的努力，专心致志和持之以恒的精神。首先，品尝者必须具有敏锐的嗅觉与味觉等良好的生理条件；其次，品尝者要有高昂的个人兴趣与热情。当参与品尝活动时，为了获得最准确的风味信息，还有一些禁忌事项要注意：品尝者尽量不要喷洒香水，品酒前不得饮用咖啡、烈酒，不得抽香烟等。保持清新的口腔是品尝时重要的前提，如果口腔中有口香糖、牙膏等杂味，可以通过漱口进行清除。

（三）品酒器皿要求

酒杯是品尝者工作的主要工具，影响到品尝者对酒外观与风味的评价。目前国际上采用的标准品尝杯是 NFV09-110 号杯。标准杯由无色透明的含铅为 9% 左右的水晶玻璃制成，不能有任何印痕和气泡；杯口必须平滑、一致，且为圆边；应能承受 0~100℃温度变化，其容量为 210~225mL。除专业酒杯

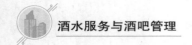

之外，吐酒桶也是应该准备的器皿。为了避免大量饮酒影响大脑的活跃度，品尝过程中，应把葡萄酒吐掉，避免过多的酒精麻痹大脑活跃度，时刻保持清醒的头脑是品酒者的基本要求。在品尝的过程中，需要时刻保持口腔清新，矿泉水也是常备物品。每款酒品尝的间歇，尽量使用矿泉水漱口，保持口气清新，避免不同葡萄酒香气及口感的交叉影响。

二、葡萄酒品尝训练

（一）观色（Appearance）

葡萄酒感官分析的第一步是观察葡萄酒的外观（Appearance），视觉可以引导和帮助品尝者正确评价葡萄酒的感官特性，使其得出正确的结论。葡萄酒的外观主要给人以澄清度（浑浊、光亮）和颜色（深浅、色调）等方面的印象，此外，葡萄酒外观还包括流动性（Fluidity）、起泡性（Foaminess）以及与酒度有关的挂杯（Legs）现象。首先需要拿一张白纸（白色背景纸），抓握杯柄，倾斜45度，观察葡萄酒的颜色。红葡萄酒的颜色变化规律是随着陈年时间的延长，葡萄酒颜色变浅，分别呈现紫红、宝石红、石榴红、棕红色。白葡萄酒随着陈年时间的延长，葡萄酒颜色会变深，分别呈现浅稻草黄、浅金黄色、金黄色、琥珀色。接下来需要看葡萄酒是否清澈，是否有浑浊物出现，判断酒质。再者，对葡萄酒的浓郁度、黏稠度进行判断。最后，观察挂杯现象，对于任何一款含有酒精的葡萄酒来说，如果摇动酒杯使葡萄酒进行圆周运动后，就会看到杯壁上形成酒柱，这就是挂杯现象。通常酒精度越高，酒柱越明显；酒精度越低，酒柱下降的速度更快。

（二）闻香（Nose）

在嗅觉与味觉构成的风味中，贡献最大的是那些能被嗅觉感受器所感知的或在空气中可传播的分子。正因如此，葡萄酒风味的广泛差异主要是由嗅觉来判断的。先静闻，然后再晃动酒杯闻香，确认香气是否良好，确定酒质。然后判断与区别不同类型的香气以及香气的浓郁度。下面介绍几种香气的类型。

1. 果香（Fruity odor）

包括所有的果香，又分柑橘类、浆果类、热带水果、核果、无花果、葡萄干等干果、坚果类（杏仁、核桃、榛子仁）等香气类型。

2. 花香（Floral odor）

包括所有花香，如山楂、玫瑰、茉莉、天竺葵、洋槐、紫罗兰、香橙花、椴树等花香。

3. 植物与矿物质（Vegetal and Mineral odor）

主要有青草、落叶、块根、蘑菇、湿禾秆、湿青苔、湿土、青叶、青椒、芦笋等。

4. 动物气味（Animal odor）

野味、脂肪味、腐败味、肉味、麝香味、猫尿味等。

5. 烧焦气味（Toast odor）

包括烟熏、烘焙、干面包、杏仁、干草、咖啡、饼干、焦糖、巧克力、木头等气味，此外还有动物皮、松油等气味。烧焦气味主要是在葡萄酒成熟过程中单宁变化或溶解橡木成分形成的。

6. 香料气味（Spice odor）

包括所有用作佐料的香料，主要有月桂叶、胡椒、桂皮、姜、甘草、薄荷等。

7. 香脂气味（Balsam odor）

指芳香植物的香气，包括树脂、刺柏、香子兰、松油等。

8. 化学气味（Chemical odor）

包括酒精、丙酮、醋、硫酸、乳酸、碘、氧化、酵母、微生物等气味。葡萄酒中的化学气味，最常见的为硫、醋、被氧化等不良气味。这些气味的出现，都会不同程度上损害葡萄酒的质量。

上述八大香气对应着许多复杂的气味物质。在葡萄酒中，根据这些物质的来源，又可将葡萄酒的香气分为三大类，分别是：一类香气（Primary aroma），又称果香（fruit aroma）或品种香气，源于葡萄浆果本身，具果味特征。每个不同品种都有特定芳香物质的种类及其浓度，一般而言酿酒品种只有在成熟时，才能产生果香味，酿制出质量优异的葡萄酒。二类香气（Second aroma）又称发酵香（Fermented aroma），源于发酵的过程，具酒味特征。在发酵的过程中，酵母菌在将糖分解为酒精和二氧化碳的同时，还产生很多副产物。三类香气（Tertiary aroma）又称陈年香或醇香（Ageing aroma/Bouquet），源于陈年过程。见表3-4。

表3-4　葡萄酒主要香气类型表

香气类型	表现	红白区分	备注
柑橘类香气	柠檬、葡萄柚、橘子	年轻的干白	冷凉气候
浆果类香气	草莓、覆盆子、红醋栗、黑莓、黑醋栗等	年轻的干红	温暖/炎热
热带水果果香	菠萝、芒果、香蕉、荔枝等	白	温暖气候

核果果香	樱桃、李子、杏、桃子、苹果	红白	温暖气候
植物型香气	青椒、青草、芦笋	红白	葡萄成熟度欠佳
干果香气	李子干、葡萄干、杏干、无花果干	红白	甜葡萄酒
烘烤类香气	烤面包、饼干、焦糖、咖啡、巧克力	红白	橡木桶陈年
花香	玫瑰、紫罗兰、槐花、椴花	红白	年轻的
香料类香气	香草、甘草、桂皮、丁香花、藏红花、黑白胡椒、生姜	红	陈年 / 温暖气候
酒中异味	硫化氢、煮过的水果、发霉、潮湿的纸板、醋	红白	不健康
橡木香气	橡木、香草、烟熏等	多为红	橡木桶陈酿

来源：李海英著《葡萄酒的世界与侍酒服务》

（三）品尝（Palate）

无论是喝酒，还是品尝，都离不开口感与味觉。葡萄酒在口腔中，除味觉以外还会引起其他很多感觉。我们将葡萄酒在口腔中所引起的感觉的总和称为口感（Mouth-feel）。虽然我们通常用酸、甜、苦、辣、咸来描述食物的风味，但实际上，我们舌头上的味蕾只能感觉到酸、甜、苦、咸四种味觉，所有其他的复合味，都是由这四种基本的味觉构成的。各种味道的刺激反应时间的差异，主要是舌头上不同味觉的敏感区不一致导致的。甜味区在舌尖处，酸味和咸味在舌头的两侧，而苦味区则位于舌根处。舌头的中部为非敏感区。将葡萄酒含在口中，吸入一点空气，让空气与酒味布满口腔所有味蕾，然后试着发出呼噜声，帮助释放味道与香气。酒中的味道有：

甜味：干、半干、半甜、甜（确定酒是否有甜味）

香味特征：水果、花卉、香料、橡木、植物、其他（再次确认香气类型）

酒体：轻盈、中度、浓郁

酒精：低、中等、高

单宁：少、中等、高（一般针对红葡萄）

酸度：少、中等、高

余韵：长、中等、短

（四）总结（Conclusions）

通过视觉、嗅觉与味觉的感知，我们对葡萄酒的认知会一步步清晰起来。总结是对以上三个步骤的汇总与归纳，我们需要根据看到的、闻到的、尝到的综合考量该酒的平衡、结构、复杂度与余韵。平衡，葡萄酒的平衡性相对比较好去判断，它是指单宁、酸度、果香等在口腔中是均衡、和谐、舒适的；复杂度，葡萄酒拥有复杂的香气，也是葡萄酒质量的表现。

综合以上，我们需要对葡萄酒的品质作出一个质量范围的评定。品质即为对葡萄酒色泽、香气、口感的一个综合性质量鉴定，我们可以描述为差、一般、好、很好。综合来看，葡萄酒品鉴与咖啡、茶的鉴赏一致，需要细细观察，慢慢品鉴。一个优秀的品酒者除了保持良好的味觉、嗅觉器官外，品酒的数量与种类也非常重要，葡萄酒品鉴是一个非常依赖经验的工作。作为侍酒师来说，品酒是日常工作的一部分，我们需要对每种葡萄酒的香气、口感以及质量情况了如指掌，如此才能为客人更好地服务。同时，最重要的是能为客人推荐与该酒合理搭配的菜品，介绍该酒最佳的试饮温度，做好侍酒服务工作，最终让客人享受最佳的用餐过程。

拓展阅读 3-3

案例 3-1

独立酒评家

简西斯·罗宾逊（Jancis Robinson MW）是世界少数享有国际声誉的葡萄酒类专著作家，祖籍英国，主要著作有《藤蔓、葡萄与葡萄园 Vines, Grapes and Wines》《剑桥葡萄酒全书 The Oxford Companion to Wine》《世界葡萄酒地图》《葡萄酒品酒练习册》，后两本已被翻译为中文，在国内有广泛传播。简西斯·罗宾逊不仅著书，在葡萄酒界的评分体系中也有着重要的地位，与罗伯特·帕克的 100 分制不同的，杰西斯·罗宾逊采用的是欧洲传统的 20 分制。

20 分：无与伦比的葡萄酒（Truly exceptional）

19 分：极其出色的葡萄酒（A humdinger）

18 分：上好的葡萄酒（A cut above superior）

17 分：优秀的葡萄酒（Superior）

16 分：优良的葡萄酒（Distinguished）

15 分：中等水平没有什么缺点的葡萄酒（Average）

14 分：了无生趣的葡萄酒（Deadly dull）

13 分：接近有缺陷和不平衡的葡萄酒（Borderline faulty or unbalanced）

12 分：有缺陷和不平衡的葡萄酒（Faulty or Unbalanced）

来源：红酒世界网

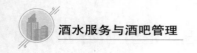

任务三　葡萄酒侍酒服务

侍酒是西式餐饮服务重要的一环，正式的西式餐厅常有专职的侍酒师负责葡萄酒的侍酒服务。正确的侍酒不仅能让葡萄酒表现应有的风格，甚至可以提升葡萄酒原有的价值和品质。但是错误的侍酒却可能尽失葡萄酒的品质。

一、葡萄酒服务准备

（一）葡萄酒的储藏

葡萄酒储藏对环境有一定要求，如果没有正确的储藏，很容易破坏葡萄酒的香气以及酒的骨架，甚至变质，影响正常饮用。葡萄酒理想储藏条件有：

1. 温度要求

葡萄酒储藏需要低温，低温一般要求在12~15℃。葡萄酒在储藏时如果温度过高，会加速葡萄酒的变质，让酒产生煮过的味道。另外，需要温度恒定，温度忽高忽低会加速葡萄酒的变质。

2. 光线要求

强烈的光照会使葡萄酒升温，加速葡萄酒的变质。储藏过程中避免让葡萄酒暴露强光之中，存酒尽量面北而向，避免光线。

3. 湿度要求

葡萄酒储藏的湿度应保持在70%左右。湿度过高，橡木塞会发霉；湿度过低，环境干燥，橡木塞很容易被风干，导致空气进入酒瓶氧化葡萄酒。

4. 防止震荡

葡萄酒在瓶中是一个缓慢的陈年过程，震动会加速葡萄酒的氧化，葡萄酒容易失去细腻优雅的口感。所以应该避免将葡萄酒搬来搬去，或置于汽车后备箱内。长时间的颠簸与震动对葡萄酒有严重损害，葡萄酒处于"沉睡"状态是其保管的最佳选择。

5. 通风要求

葡萄酒储藏要避免异味环境，汽油、溶剂、油漆、药材、香料都会污染葡萄酒的香气与味道。同时需要注意香水、咖啡等味道的熏染。葡萄酒应该置于通风较好的环境，一般封闭式酒窖会设置通风循环系统，以避免葡萄酒吸入异味，酒柜也需定期通风。

6. 放置要求

葡萄酒存放应该横卧式放置，竖放会容易造成软木塞风化，气孔增大，增加葡萄酒氧化风险。横卧放置可以使葡萄酒与酒塞处于接触状态，保持木塞湿润，有利于葡萄酒缓慢陈年。对于使用螺旋盖的葡萄酒，最好竖放保管。

（二）葡萄酒酒杯

市场上最常见的就是红葡萄酒杯、白葡萄酒杯与杯柄较长的起泡酒杯。这几种类型的酒杯都有统一的形态，形状上多呈现大小不一的郁金香型，同时都有一个长长的杯柄，这样可以使得在抓握酒杯时较为方便。切记不要直接抓握杯肚，手掌的温度会对葡萄酒的饮用温度有很大影响。

1. 波尔多酒杯（Bordeaux Red wine glass）

其特点是杯身较大，呈上升型曲线，通过晃动杯身，可以让葡萄酒有效地氧化，释放香气。主要适用波尔多类型红葡萄酒，适用于单宁较多、口感较重、香气复杂多样的赤霞珠、美乐、西拉子等品种。

2. 勃艮第酒杯（Burgundy red wine glass）

勃艮第酒杯根据该地最著名的红葡萄品种口感特点发展而来，杯口收缩，杯肚宽大。这样可以有效地收拢葡萄酒的香气，使得香气可以更长地保留在内。适合品种有黑皮诺、内比奥罗（Nebbiolo）等，意大利皮埃蒙特产区的Barbaresco、Barolo 通常会使用这一类型酒杯。

3. 波尔多白酒杯（Bordeaux White wine glass）

与波尔多红酒杯一样，是该地也是世界上最常见的白葡萄酒杯类型，与红酒杯相比型号较小，杯身呈上升曲线。

4. 干邑酒杯（Cognac glass）

上好的干邑酒杯一般选用郁金香型酒杯，这类酒杯一般澄清透亮，杯柄较长，有利于持杯。杯口比杯身要窄且略向外扩，更能聚拢一些微妙的香气。尺寸相对较小，仅能容纳 130mL 酒液，通常倒酒量为 25mL 左右。

5. 白兰地杯（Brandy glass）

白兰地杯是杯口小、腹部宽大的矮脚酒杯。由于白兰地的酒精含量较高，酒杯倒酒量一般建议 30mL 左右，不宜过多。

6. 香槟杯（Champagne glass）

即为起泡酒酒杯，也被称为笛型杯（Flute），杯肚较长，可以更好地观察上升的气泡。美观灵巧、修长纤细是其最大特点，杯身长也可以很好地凝聚葡萄酒的香气。

7. 碟形香槟杯（Coupe glass）

这类酒杯属于香槟最早期的专用酒杯，尤其是桃红香槟。开口较大，浅口造型正好凸显了桃红香槟漂亮的色泽。但由于杯身较短，气泡会很容易上升到液面爆破，所以很难发挥起泡酒的优势所在，起泡酒更多使用笛型香槟杯。这类经典传统杯型，现在更多使用在宴会上，成为香槟塔的主要道具。

8. 雪莉杯（Sherry glass）

雪莉杯特点是比正常葡萄酒杯略显细长，杯口呈现盛开的郁金香型，酒杯容量也较小，大约在 60~90mL，倒酒量通常 20mL 左右。

9. ISO 酒杯（Standard Wine Tasting Glass）

该类型酒杯是 1974 年由法国 INAO（国家产地命名委员会）设计、广泛用于国际品酒活动的全能型酒杯，被称为国际标准品酒杯，又称为 ISO 杯。酒杯容量在 215mL 左右，酒杯口小腹大，呈郁金香型。杯身容量大，使得葡萄酒在杯中可以自由呼吸。略微收窄的杯口设计，是为了让酒液在晃动时不至于外溅，而且使酒香能够在杯口聚集，以便更好地感受酒香。专业品酒杯的出现为专业品尝葡萄酒统一了杯型，使得评价结果更加客观、公正。

图 3-4　不同类型的葡萄酒杯

（三）葡萄酒侍酒温度

葡萄酒饮用需要适宜的温度，不同的葡萄酒类型、不同酒体及浓郁度的葡萄酒的最佳饮用温度都不尽相同。适宜的温度是葡萄酒品尝体验的关键，是保证顾客饮用效果最大化的一项重要的服务工作。

1. 红葡萄酒（Red wine）

一般常温饮用，侍酒温度 15~18℃。酒体轻盈的红葡萄酒，如黑皮诺等，尤其在夏季，饮用时可稍加冰镇，控制在 15℃左右。

2. 白葡萄酒（White wine）

浓郁的干白稍微冰镇，温度保持在 10~12℃为宜；酒体轻盈的干白温度可以略低于浓郁干白，需要完全冰镇 8~10℃饮用为宜。

3. 起泡酒（Sparkling wine）

起泡酒内含有大量二氧化碳，酸爽清新，侍酒温度在 6~10℃。

4. 甜葡萄酒（Sweet wine）

这类酒甜度较高，饮用时需要完全冰镇，温度为 6~8℃。

拓展阅读 3-4

二、葡萄酒侍酒服务技能

（一）静止酒开瓶

静止葡萄酒的开瓶相对于起泡酒较为容易，因为葡萄酒内没有气压，不需担心飞塞的危险，但偶尔也避免不了断塞现象的发生，因此要多做练习。

拓展视频 3-1

1. 沿瓶口下方切开锡纸，分三步切割，尽量保持锡纸完整。

2. 用口布擦拭瓶口，保证良好的卫生状态。

3. 用开瓶器尽量安静、干净地取出瓶塞，不要钻透软木塞。

4. 用口布擦拭瓶口内侧，再次做好卫生工作。

（二）酒篮内开瓶

1. 左手握住瓶颈下端，右手将瓶口凸出部分以上的锡纸割开去除。

2. 用口布将瓶口擦拭干净。

3. 将螺旋钻头慢慢转入酒塞内，另一只手握住瓶颈处，轻轻将酒塞取出。

4. 将拔出的酒塞轻轻闻过之后，放于小餐碟内。

5. 用口布轻轻擦拭瓶口内侧。

（三）起泡酒开瓶

起泡酒因为内有相当大的气压，起泡酒开瓶一定要先冰镇葡萄酒，温度降低可以降低气压，另外橡木塞外的铁丝圈也能有效控制葡萄酒内的气压。

1. 手动或用酒刀去除锡纸。

2. 手动松开铁丝圈。

3. 将葡萄酒倾斜 30 度，左手握紧瓶塞，右手握住瓶底。

4. 转动瓶底，而非转动橡木塞。

5. 握紧瓶塞，使瓶塞慢慢移出瓶颈，避免飞塞。

6. 瓶内气压释放时会"噗"的一声，而不是爆炸声或者飞出。

三、葡萄酒场景服务训练

（一）起泡酒服务流程

起泡酒服务的关键在熟练的开瓶技巧，服务训练如下：

模拟场景：一对年轻夫妇来餐厅用餐，为两位客人推荐起泡葡萄酒。

器皿准备：酒水车、冰桶、冰桶架、口布、起泡酒酒杯及餐碟等。

1. 为客人递送酒单点酒；

2. 为客人准备起泡酒杯，托盘拖送；

3. 准备冰桶（冰水混合），口布放置在冰桶上方；

4. 为客人取酒，并向客人重复酒名、年份及产地等信息；

5. 按照起泡酒开瓶方式，轻轻取出酒塞；

6. 轻闻瓶塞，确认葡萄酒酒质；

7. 擦拭瓶口，保持瓶口清洁卫生；

8. 为主人位倒少量葡萄酒，请主人品鉴；

9. 为客人倒酒，女士优先，最后为主人倒酒；

10. 呈递祝福语，归位服务器皿并离开。

1. 点单

2. 放置冰桶

3. 选择酒杯

4. 向顾客示酒

5. 拧掉铁丝圈

6. 开瓶

图 3-5　起泡酒服务流程

来源：李海英著《葡萄酒的世界与侍酒服务》

（二）白葡萄酒服务流程

白葡萄酒服务是餐厅常用的服务类型，与起泡酒一样，通常需要冰镇服务。服务训练如下。

模拟场景：一对年轻夫妇来餐厅用餐，为两位客人推荐白葡萄酒。

拓展视频 3-2

器皿准备：酒水车、冰桶、冰桶架、口布、起泡酒酒杯及餐碟等。

1. 为客人递送酒单点酒；

2. 为客人准备起泡酒杯，托盘拖送；

3. 准备冰桶（冰水混合），口布放置在冰桶上方；

4. 为客人取酒，并向客人重复酒名、年份及产地等信息；

5. 按照静止白葡萄酒开瓶方式，轻轻取出酒塞；

6. 轻闻瓶塞，确认葡萄酒酒质；

7. 擦拭瓶口，保持瓶口清洁卫生；

8. 为主人倒少量葡萄酒，请主人品鉴；

9. 为客人倒酒，女士优先，最后为主人倒酒；

10. 呈递祝福语，归位服务器皿并离开。

（三）新年份红葡萄酒醒酒服务流程

与起泡酒服务不同，新年份红葡萄酒的醒酒服务需要器皿多样，服务训练如下。

模拟场景：一对年轻夫妇来餐厅用晚餐，为两位客人推荐红葡萄酒（新年份）。

器皿准备：酒水车、新酒醒酒器、口布、开瓶器、酒篮、酒杯及餐碟等。

1. 为客人递送酒单，进行点酒，介绍酒的口感，为什么需要醒酒；

2. 为客人准备酒杯、醒酒器、蜡烛等器皿，搬送至客人面前；

3. 为客人取酒，并向客人重复酒名、年份及产地，老年份酒使用红酒篮；

4. 使用火柴点燃蜡烛，新年份酒不需要此步骤；

5. 轻轻取出酒塞，并擦拭瓶口，确保卫生状态；

6. 轻闻瓶塞，确认葡萄酒酒质，并呈递给主人；

7. 擦拭瓶口，保持瓶口清洁卫生；

8. 为主人位倒少量葡萄酒，请主人品鉴，同时为自己倒入30mL，以备品鉴；

拓展视频 3-3

9. 左手抓握醒酒器，右手抓瓶，确保酒标冲向客人，轻轻倒入醒酒器；

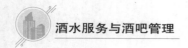
10. 在瓶底保留少量余酒以避免酒渣倒入醒酒器内；

11. 为客人倒酒，女士优先，最后为主人倒酒；

12. 呈递祝福语，除醒酒器及酒瓶外，归位服务器皿并离开。

（四）老年份葡萄酒醒酒服务流程

老年份红葡萄酒服务醒酒与新年份红葡萄酒醒酒所需器皿类似。由于老年份酒有沉淀物，为了更好地看清瓶中沉淀，达到更好的过滤效果，需要借用蜡烛，部分过滤性工具也在服务中常用。

模拟场景：4 人商务人士来餐厅用餐，为客人推荐红葡萄酒（老年份）。

器皿准备：酒水车、老年份醒酒器、蜡烛、口布、酒刀、酒篮、酒杯及餐碟。

1. 为客人递送酒单，进行点酒，介绍酒的口感，为什么需要醒酒；

2. 为客人准备酒杯、醒酒器、蜡烛等器皿，搬送至客人面前；

3. 为客人取酒，并向客人重复酒名、年份及产地，老年份酒使用红酒篮；

4. 使用火柴点燃蜡烛，新年份酒不需要此步骤；

5. 轻轻取出酒塞，并擦拭瓶口，确保卫生状态；

6. 轻闻瓶塞，确认葡萄酒酒质，并呈递给主人；

7. 擦拭瓶口，保持瓶口清洁卫生；

8. 为主人位倒品尝酒，请主人品鉴，同时为自己倒入 30mL，以备品鉴；

9. 左手抓握醒酒器，右手抓瓶，确保酒标冲向客人，轻轻倒入醒酒器；

10. 在瓶底保留少量余酒以避免酒渣倒入醒酒器内；

11. 为客人倒酒，女士优先，最后为主人倒酒；

12. 呈递祝福语，除醒酒器及酒瓶外，归位服务器皿并离开。

 思考与练习

一、单项选择题

1. 年轻的长相思一般有哪些香气？（　　　　）

A. 凤梨与橡木　　　　　　　　B. 鹅莓与百香果

C. 梨与蜂蜜　　　　　　　　　D. 柑橘与黄油

2. 以下哪项葡萄品种用来酿造优质葡萄酒，可以同时在凉爽、温暖、炎热气候带成熟？（　　　　）

A. 莎当妮　　　　　　　　　　B. 黑皮诺

C. 长相思　　　　　　　　　　D. 雷司令

参考答案

3. 以下哪个葡萄品种生长在阿尔萨斯？（　　　）

A. 灰苏维浓　　　　　　　　　B. 莎当妮

C. 琼瑶浆　　　　　　　　　　D. 赛美容

4. 以下哪项葡萄酒有中等甜度？（　　　）

A. 马尔堡长相思　　　　　　　B. 摩泽尔雷司令晚收

C. 雪莉　　　　　　　　　　　D. 科纳瓦拉赤霞珠

5. 以下哪个品种是中国特有品种？（　　　）

A. 贵人香　　　　　　　　　　B. 龙眼

C. 麝香　　　　　　　　　　　D. 雷司令

6. 酿酒葡萄主要分布区域为（　　　）

A. 南北纬 30~50 度

B. 南北纬 20 度

C. 赤道附近

D. 南北纬 30 度

7. 白葡萄酒的最佳饮用温度为（　　　）

A. 常温　　　　　　　　　　　B. 16℃ ~18℃

C. 8~12℃　　　　　　　　　　D. 20℃以上

8. 以下哪项因素不会影响葡萄酒的风味？（　　　）

A. 橡木桶　　　　　　　　　　B. 葡萄酒瓶

C. 降雨　　　　　　　　　　　D. 土壤

9. 以下哪个产区不属于法国？（　　　）

A. 波尔多　　　　　　　　　　B. 卢瓦尔河

C. 托斯卡纳　　　　　　　　　D. 罗讷河谷

10. 以下哪个品种原产于意大利？（　　　）

A. 赤霞珠　　　　　　　　　　B. 霞多丽

C. 西拉　　　　　　　　　　　D. 桑娇维塞

二、简答题

1. 什么是葡萄酒的新旧世界？有什么不同之处？

2. 起泡酒有几种酿造方法？

3. 葡萄酒品尝需要做哪些准备工作？如何品鉴？

4. 葡萄酒储藏有哪些要求？

5. 不同类型葡萄酒的正确饮酒温度是多少？

三、思考题

1. 思考葡萄酒风格形成的因素有哪些。

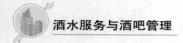

2.思考我国葡萄酒产业的优势因素有哪些。

3.思考新旧世界葡萄酒风格的不同之处。

4.思考葡萄酒服务的标准化与个性化需求。

5.思考葡萄酒储藏与运输对葡萄酒质量的影响。

4 项目四
清酒与黄酒品鉴

 ────── 项目导读 ──────

　　黄酒源于中国，唯中国独有，与啤酒、葡萄酒并称世界三大古酒。约在 3000 多年前的商周时代，中国人独创酒曲复式发酵法，开始大量酿制黄酒。日本的酿酒文化源于中国，日本清酒借鉴了中国黄酒的酿造法，但却有别于中国的黄酒。

知识目标：

1. 掌握清酒的原料及酿造方法。

2. 掌握清酒的分类及知名品牌。

3. 掌握黄酒的原料及酿造方法。

4. 掌握黄酒的分类及知名品牌。

能力目标：

1. 能够掌握清酒的服务方法与流程。

2. 能够掌握黄酒的服务方法与流程。

素质目标：

具备良好的服务意识、团队协作能力、职业素养、文化素养、沟通能力、创新能力以及学习能力。

思维导图

```
                          ┌─────────── 清酒酿造
              ┌─ 清酒品鉴 ─┼─────────── 清酒分类
清酒          │            └─────────── 清酒品鉴与服务
与黄酒  ──────┤
品鉴          │            ┌─────────── 黄酒酿造
              └─ 黄酒品鉴 ─┼─────────── 黄酒分类
                          └─────────── 黄酒品鉴与服务
```

任务一　清酒品鉴

清酒（Sake），字意为澄清的酒，是指必须以米为原料，而且必须是经过压榨的酒。日本清酒是借鉴中国黄酒的酿造法而发展起来的，它有别于中国的黄酒。清酒色泽呈淡黄色或无色，清亮透明，芳香宜人，口味纯正，绵柔爽口，其酸、甜、苦、涩、辣诸味谐调。清酒的酒精含量在15%左右，含多种氨基酸、维生素等，是营养丰富的酒精饮料。据中国史书记载，古时候日本只有浊酒，没有清酒，后来有人在浊酒中加入石炭，使其沉淀，取其清澈的酒液饮用，于是便有了清酒之名。清酒的酿造过程及酒曲的使用均从中国引入。

一、清酒酿造

（一）清酒酿酒原料（酒米）

所谓酒米，是指适合用于日本酒原料的大米，其正式名称是"酒造好适米"或"酿造用玄米"。目前酒米的新品种越来越多，总数已经接近100种。酒米主要特征是颗粒大、有心白（米粒中心的白色不透明部分）、蛋白质和脂肪含量少、高吸水性、外硬内软。清酒中最出名的有四大酒米。

1. 山田锦

山田锦是最有名的酒米之王，米味极具张力，能够酿成口味和谐的酒。目前，山田锦是栽培人气最高的品种，主要产地在日本兵库县。

2. 五百万石

五百万石是米仓新开发的畅销酒米，属于早生品种，耐寒性强，在日本各地都有栽培。其名称是为了纪念这种米育成的昭和三十二年（1957 年），其产量突破五百万石。五百万石心白较大，研磨 50% 以上就会使其变得容易碎裂，因此不适合酿制大吟酿。

3. 美山锦

美山锦是日本长野县开发的酒米。因为其心白如同长野县最为骄傲的北阿尔卑斯山山巅的白雪，因此被命名为"美山锦"。美山锦属于耐寒性强的品种，从日本岩手县到东北一带，以及日本关东北陆都有种植。

4. 雄町

是原生种酒米，被认为是"山田锦"先祖的古老品种，晚稻。雄町的主

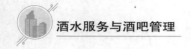

要产地在日本冈山。它是口感柔软的软米，易溶化，风味深邃，酿成的酒余韵绵长。

其他著名酒米还有八反锦、华吹雪、金纹锦、出羽灿灿、越淡丽及吟风等。

（二）清酒的酿造过程

清酒是借助酵母及曲菌等微生物采用并行复发酵（Multiple Parallel Fermentation）而成的酒精饮料。清酒是酒精含量最高的发酵饮品之一，对过程要求极为严格，通常耗时 3 个月左右。主要酿造过程有米的处理、米曲的制作、发酵液培养、醪及三阶段制造、压榨过滤及装瓶等五大步骤。

1. 米的处理

米的处理主要指精米、洗米、浸渍、蒸米、冷却等过程。

精米是把糙米变为精米的过程，收成后的米为糙米，必须把米的外壳去掉才能酿造清酒。清酒是以米粒中心的淀粉酿造而成的。淀粉米心的外围包裹着脂质、蛋白质及矿物质，是清酒风味与香气的重要来源。为了避免风味不佳，必须先碾磨米粒。

精米度是指将米粒碾磨及精制至可供酿造的程度，它是评判清酒等级的重要指标，确切意思是指碾除后的米重占玄米（糙米）的比重，以百分比表示。例如，精米度 60% 的米，意指将米的外层去除 40%，这个数值越小意味着成本越高，相同重量糙米加工后剩下的精米越少，加工难度越大，口感越轻盈纯粹。在传统日本语的说法中常用几割几分来表示精米步合，如二割三分就是 23% 的精米步合。

精米后的米需要洗米、浸渍，浸渍水温通常在 10~15℃，接下来为蒸米过程，吸足水的米置于蒸锅上蒸热（用蒸汽约蒸 1 小时），蒸米取出后冷却至 32~35℃。

2. 米曲的制作

米曲的制作是酿造清酒的重要工序，可以分为机器制作与手工制作两种。清酒界有句形容制造曲的重要性的古训：一曲、二酛（酒母）、三发酵。米曲是指在蒸熟的米上成功培育曲菌的菌种，它的作用是用以帮助白米释放淀粉糖化酵素，并将淀粉长链分子分解成短链分子，形成葡萄糖，这一过程称为糖化。米曲的制作一般在 48 小时完成。主要过程为蒸米入曲室、床揉、翻动、分装、糖化、完成糖化到制成几个步骤。依据曲菌繁殖的不同，米曲分为总破精型与突破精型，可用来酿造不同风味的清酒。一般来说前者可用来酿造各种清酒；后者用来酿造口感清爽、芬芳的清酒，多酿造吟酿酒。

3. 发酵液（酒母）制作

所谓的酒母就是将蒸好的米、天然泉水以及之前制好的米曲，再混合酵母菌及乳酸菌后所得到的物料。可加入少量乳酸菌，乳酸能很好地抑制其他有害细菌滋生，通常两周左右完成。

4. 醪及三阶段制作

将酒母置换到大桶缸内，加入蒸米、米曲及水，这一混合液被称为醪。清酒醪以酒母为基础，顺次增加原料使其发酵，这是日本清酒酿造的特点。原料的追加多分三个阶段进行，日本人称之为初添、中添和末添。加入的过程通常为期四天，第五天开始，酒液进行并行复发酵阶段，也就是淀粉糖化与酒精发酵同时进行，时间为 2~4 周不等。

5. 压榨及装瓶

将发酵完成的醪放入水袋中，使用压榨机使液体与固体（酒粕）分开，此过程称之为"上槽"。而经过压榨后的液体则为"新酒"，酒精浓度约为19~20 度，酒体带有轻微的混浊感，经过滤器过滤后即可成为透明纯净的"生酒"。压榨的方法通常有传统法、袋吊法与自动压榨法三类。

将榨出的清酒静置在桶中约 10 天，沉淀物便可沉积在桶的底部，接着再将澄清酒通过换桶的方式，达到沉淀过滤的效果。在澄清的酒中加入活性炭，再用过滤器过滤混合液，能去除清酒天然的琥珀色及拙劣的味道。

一般而言，清酒在装瓶前需要进行杀菌。巴氏杀菌法被广泛使用于清酒杀菌的过程中，通常进行两次，一次在过滤前，一次在装瓶前。之后的清酒还会进行调和、兑水（也被称为割水，降低酒精度的一种方法，通常会调整到 15% 左右，原酒通常在 18% 左右）等工序，最后便可装瓶了。装瓶后，部分清酒会进行一段时间的瓶内熟成，通常 3~20 年不等。

二、清酒分类

（一）清酒的分类

清酒根据质量优越分为普通酒与特定名称酒两大类。普通的清酒，也就是不符合特定名称酒的清酒，约占市场 70% 的份额，大部分清酒都属于该类型。优质清酒分为八大特定名称酒。

1. 纯米酒

纯米酒指采用米和米曲为原料，不添加酒精的酒，这类酒无精米度要求。

2. 特别纯米酒

纯米酒指采用米和米曲为原料，不添加酒精的酒，精米度通常 60% 以下。

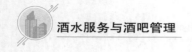
3. 纯米吟酿酒

纯米酒指采用米和米曲为原料，不添加酒精的酒，精米度要求必须 60% 以下。

4. 纯米大吟酿酒

纯米酒指采用米和米曲为原料，不添加酒精的酒，精米度要求必须 50% 以下。

5. 本酿造酒

本酿造酒指酿造原料为米和米曲，添加少量酒精的酒，精米度要求低于 70%。

6. 特别本酿造酒

特别本酿造酒指酿造原料为米和米曲，添加少量酒精的酒，精米度通常低于 60%。

7. 吟酿酒

吟酿酒指酿造原料为米和米曲，添加少量酒精的酒，精米度必须低于 60%。

8. 大吟酿酒

大吟酿酒指酿造原料为米和米曲，添加少量酒精的酒，精米度通常低于 50%。

（二）日本清酒主要品牌

1. 白鹤

白鹤始创于 1743 年，是知名度最高的日本清酒品牌之一，坐落于有第一酒乡之称的滩五乡，多年来一直是清酒中的翘楚。白鹤的产品线非常丰富，从本酿造、纯米生酒、生贮藏酒到纯米吟酿、大吟酿，应有尽有，非常适合清酒入门选手。

2. 松竹梅

松竹梅始创于 1842 年，江户时代末期，位于古都京都的酒乡伏见。松竹梅初入评会（清酒界的奥斯卡）之时，便有"入口柔和，陶然清爽而后醉"的美誉。松竹梅的名字来源于中国的"岁寒三友"。

3. 月桂冠

月桂冠同样位于日本伏见，创立于 1637 年。历史上月桂冠在日本首次推出了全年四季可以酿造的系统，积极引入现代技术革新，推动了整个行业的进步。代表作是凤麟纯米大吟酿，采用酒米之王山田锦，精米度 35%，有着精致优雅的果香，口感柔滑，余味纯净、绵长。

4. 大关

大关是日本颇具影响力的清酒品牌，名字来源于日本传统运动相扑，其比赛优胜者会被授予"大关"的头衔。大关是日本第一家在美国设厂酿造清酒的日本清酒公司，是一个非常具有国际认可度的品牌，在许多国际比赛中都斩获奖项。

5. 菊正宗

菊正宗有日本"国宾酒"之称，始于1659年。菊正宗至今依然以江户时代传承至今的"生酛酿造"古法做酒，酒气凛冽，入口柔滑，闻名于世。

6. 十四代

十四代可谓清酒中的珠穆朗玛峰，可以说是无人不知无人不晓。十四代产自已经有400多年历史的高木酒造，高木酒造有许多独家技术，比如独自研发的一种叫做"海马"的酒米，十四代最顶级的清酒使用的都是这种酒米。十四代稀有又抢手，价格也长年稳居最贵清酒的宝座。

7. 獭祭

酿造獭祭的旭酒造位于日本山口县岩国市，成立于1770年，至今逾250年。獭祭的名声远播海外，在巴黎、伦敦和纽约的许多高级餐厅都能见到其踪影。

图4-1　日本著名清酒品牌獭祭

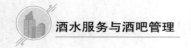
8.矶自慢

矶自慢，日语里的意思是"海边的骄傲"，是日本闻名的清酒品牌，成立于 1830 年。矶自慢酿酒所需原材料全部都要经过严密精选，米要来自其指定种植田地冈山赤磐市，即拥有"奇幻大米"之称的雄町品种；水要来自南阿尔卑斯山的矿泉水，在酿酒前还要进行精细的磨米。

9.久保田

久保田是日本享誉 30 多年的经典品牌，堪称日本顶尖清酒的代名词。久保田坚持使用新潟当地品质最好的五百万石酒米，以及朝日神社中涌出的"宝水"酿酒。酿出的酒香气充沛且酒质细腻。

三、清酒品鉴与服务

（一）清酒的品鉴

清酒的品尝与葡萄酒类似，品尝前应注意品酒环境（20℃左右室温为宜）、品尝酒杯（蛇目杯或 ISO 品酒杯）以及个人身心状态等，以确保品尝的客观性，体现公正。程序上主要分为外观、香气、风味与整体表现四个方面。

1.外观

外观主要包括澄清度、色泽与黏稠度。首先，查看透明度与澄清度，若酒液不澄清，往往代表清酒存在明确的品质瑕疵；其次，看色泽，检查酒的颜色，大多数清酒都是无色透明，不过有些略带黄色或棕色，熟成后会使清酒的颜色变成棕色或黄色，若暴露在阳光或高温之下，会使清酒的颜色变成黄色或棕色，另外，储藏的酒桶内的清酒会成黄色或淡棕色；最后，看黏稠度，酒精及糖分含有量越高，黏稠度越度，酒液会呈现浓稠或糖浆状。

2.香气

首先检查香气的强度、香气的复杂度及层次变化，再者描述香气的类型。清酒香气类型见表 4-1。

表 4-1　清酒香气类型表

类型	区分	香气描述词
宜人芬芳	花香	洋槐、香橙花、百合、紫丁香、紫罗兰
	果香	荔枝、苹果、香蕉、白桃、山楂

续表

类型	区分	香气描述词
清新芳香	花香	山茶花、水仙、紫藤
	草本香	百里香、香峰草、桂叶、樱叶
	果香	柠檬、青苹果、奇异果、樱桃、青柠
淡香	矿物	石头、油、碳
	蔬菜	大白菜、莴苣、牛蒡
	木香	日本柏、树脂、枯菜、蘑菇、橡树
	坚果	栗子、松子、烤芝麻
浓郁或圆润的香气	谷类	熟大米、豆腐、蒿麦、黄豆、玉米
	坚果	栗子、杏仁、椰子
	香料	丁香、肉桂、香草、肉豆蔻、芝麻
	乳制品	奶油、酸奶、牛奶、奶酪
	陈年香味	海藻、红糖、蜂蜜、枫糖、虾米

3. 风味

首先鉴别风味的强度，通常在入口的第一感觉捕捉；其次，测评酒的质地；再次，区分清酒属于甘口还是辛口；又次，辨别酒体的浓郁度，也就是入口后的重量感，通常与酒精含量成正比；最后，感受余韵，评测清酒入喉之后所预留的感觉，特别需要留意是否散发出旨味。

4. 整体表现与分类

根据前面测定的外观、香气与风味上的明显特征，摘取最具有整体表现的词汇，描述其整体表现。清酒风格主要分为四类，分别为熏酒、爽酒、熟酒与醇酒。熏酒多表现为果香，果味丰富，酒体较为清淡，风味清新，分为甘口或辛口。爽酒，整体温润，富有清新自然的香气，为四类中最清淡、无饮酒负担的酒。醇酒风味带有脂味及蒸米的香气，熟酒多表现为浓郁强烈，带有干果及香料的熟成芬芳，兼具香甜旨味、乳质感。

5. 清酒的侍酒温度

相比较于葡萄酒与啤酒，清酒的饮用温度幅度范围较大，从5~60℃均可，相同的清酒可以在不同的温度下品味。四类清酒正确的侍酒温度见表4-2。

表4-2　清酒饮用温度说明

区分	适合的温度	说明
熏酒	10-15℃	激发出果香，不要过凉
爽酒	5-10℃	较低的温度可以突出鲜度
醇酒	40-45℃	此酒特征是旨味及质地，需用较高的温度引出
熟酒	20℃	突出浓郁与成熟的特质

（二）清酒的储藏

清酒与葡萄酒一样，要合理储藏，以确保稳定的品质。清酒的储存主要注意事项有避免紫外线、低温恒温、湿度非必要以及避免氧化等。首先，清酒须与投射的紫外线光源隔绝开来，并且避开光源、阳光、有紫外线的日光灯及杀菌灯类，可使用白炽电灯泡。长时间照射紫外线的清酒，将会变色并散发出烧焦的味道。其次，清酒通常的储藏温度为5~10℃，特定的清酒，如生酒，富含多种酵素，必须低温储藏。再次，清酒主要以螺旋盖为封口材料，应直立放置于低温环境中，湿度不像葡萄酒一样为必需项。最后，清酒开瓶后，应尽快饮用，因为香气成分很容易挥发，酒也会很快氧化。

 任务二　黄酒品鉴

黄酒是世界上最古老的酒类之一，源于中国，且是中国独有，与啤酒、葡萄酒并称世界三大古酒。黄酒属于酿造酒，在世界三大酿造酒中占有重要的一席。中国的黄酒有着几千年的历史，约在3000多年前的商周时代，中国人独创酒曲复式发酵法，开始大量酿制黄酒，酿造黄酒的技术随着时间的推移和地域的变化不断地经过改良，但是始终保持着传统的酿造工艺。

一、黄酒酿造

（一）黄酒的原料

黄酒南方以糯米，北方以黍米、粟及糯米（北方称江米）为原料，通过酒曲及酒药共同作用而酿成，一般酒精含量为8%~20%，属于低度酿造酒。

（二）黄酒的酿造过程

中国传统酿造黄酒的主要工艺流程为：制曲—浸米—蒸饭—发酵—压

榨—煎酒—过滤—封存。

1. 制曲

酿造黄酒之前，必须要提前半年做好酒曲，一般做酒曲选择在天气炎热的伏天制作，利用麦仁、酵子、麻叶等经过装填、发酵而制成传统的酒曲。使用这种酒曲酿造出来的黄酒酒香四溢，同时也更加传统和古朴。

2. 浸米

黄酒酿造的时间一般都选择在每年的腊月附近进行，做黄酒要选专用的米，俗称酒米。腊月里由于气温低，酒米在水中浸泡不容易变质；同时低温可以保证酒米的慢发酵，以免温度过高，酒质容易变酸；再者腊月天气没有蚊虫，可以避免黄酒沾染蚊虫变质。

在酒米充分浸泡完毕之后，反复淘洗几次就可以捞起放在竹筐中沥干水分，充分浸泡可以保证在煮黄酒的过程中酒米熟透，没有夹生。酒米沥干水分在煮酒前半小时进行即可。

3. 蒸饭

将沥干的米上锅蒸至九成熟。要求米饭蒸到外硬内软，无夹心，疏松不糊，熟透均匀。熟后不要马上掀锅盖，在锅内把饭放至快凉时再出锅，出锅后将饭打散，再摊盘晾至28℃以下入缸。

4. 发酵

发酵是酿造黄酒的一个重要的环节。把准备好的水、麦曲和酒药倒入缸内，与蒸好的米饭搅拌均匀，盖好盖，夏季置于室温下，冬天放在暖气上或火炉前。经3天左右，米饭变软，变甜，用筷子搅动，即可见到有酒渗出。当缸里的温度达到23℃左右，即可停止前期发酵。

5. 压榨

黄酒在经过漫长的发酵之后就要进行压榨了，一般酿黄酒经过3~6个月的时间就可以进行压榨了。压榨主要是去除黄酒中的酒糟，得到析出的酒液。

6. 煎酒（加热杀菌）

把压榨出的酒液放入锅内蒸（各种蒸锅均可），当锅内温度升到85℃，即停止加热。

7. 过滤

把蒸过的酒液进行过滤。传统工艺是用豆包布做成一个布袋，把蒸过的酒液倒入袋中过滤，将滤液收集起来。

8. 封存

把滤液装进一个干净的坛子里，用干净的牛皮纸把坛口包好，再用稻草或稻壳与黏土和成稀泥把坛口封严，然后把坛子放到适宜的地方，两个多月

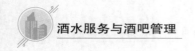

后即可开坛饮用。存放的时间越长，酒的质量越好，味道也越香。

二、黄酒分类

（一）黄酒的命名和分类

经过数千年的发展，黄酒的品种琳琅满目，酒的名称更是丰富多彩。最为常见的是按酒的产地来命名和分类。如房县黄酒、代州黄酒、绍兴酒、金华酒、丹阳酒、九江封缸酒、山东兰陵酒、河南双黄酒等。

还有一种是按某种类型酒的代表作为分类的依据，如"元红酒"，往往是干型黄酒；"花雕酒"（或称加饭酒）表示半干酒；"善酿酒"表示半甜酒；"封缸酒"（绍兴地区又称为"香雪酒"），表示甜型或浓甜型黄酒。还有的按酒的外观（如颜色、浊度等）来分类，如清酒、浊酒、白酒、黄酒、红酒（红曲酿造的酒）等。

再就是按酒的原料来命名和分类，如糯米酒、黑米酒、玉米黄酒、粟米酒、青稞酒等。在古代还有煮酒和非煮酒的区别，甚至还有根据销售对象来分的，如"路庄"（具体的如"京装"，清代销往北京的酒）。

1. 按原料和酒曲分类

（1）糯米黄酒

糯米黄酒以酒药和麦曲为糖化发酵剂，主要生产于中国南方地区。

（2）黍米黄酒

黍米黄酒以米曲霉制成的麸曲为糖化发酵剂，主要生产于中国北方地区。

（3）大米黄酒

大米黄酒为一种改良的黄酒，以米曲加酵母为糖化发酵剂，主要生产于中国吉林及山东等地。

（4）红曲黄酒

红曲黄酒以糯米为原料，以红曲为糖化发酵剂，主要生产于中国福建及浙江等地。

2. 按含糖量多少分类

（1）干型黄酒

干型黄酒是含糖量小于 1g/100mL（以葡萄糖计）的黄酒。"干"表示酒中含糖量少。由于该类酒属稀醪发酵，总加水量为原料米的三倍左右，发酵温度控制得较低，开耙搅拌的时间间隔较短，酵母生长较为旺盛，发酵彻底，酒中的糖分发酵变成了酒精，故酒中糖分含量很低。干型黄酒酒色橙黄透明、口感柔和、鲜美、爽净。

（2）半干黄酒

半干黄酒的含糖量为 1~3g/100mL。"半干"表示酒中糖分还未全部发酵成酒精。其发酵要求较高，酒质浓厚，风味优良，可长久贮藏，是黄酒中的上品。半干黄酒呈琥珀色，酒度高，醇香浓郁，酒质丰美，风味甘鲜醇厚。

（3）半甜黄酒

半甜黄酒的含糖量为 3~10g/100mL。该类酒工艺独特，是将成品黄酒代替水加入发酵醪中，使糖化发酵的开始之际，发酵醪中的酒精浓度就达到较高的水平，在一定程度上抑制了酵母菌的生长速度。由于酵母菌数量较少，对发酵醪中产生的糖分不能转化成酒精，故成品酒中的糖分较高。半甜黄酒酒体协调、酒香浓郁、质地特浓、口味鲜甜。

（4）甜黄酒

甜黄酒的含糖量为 10~20g/100mL。该类酒一般采用淋饭操作法，拌入酒药，先酿成甜酒酿，当糖化至一定程度时，加入 40°~50° 的米白酒或糟烧酒，以抑制微生物的糖化发酵作用。该类酒可常年生产。由于加入了高度酒，所以酒度也较高。甜黄酒色泽橙黄清亮、芳香幽雅、味醇浓甜。

另外少量含糖量 20g/100mL 以上的黄酒称为浓甜黄酒。该类酒呈橙黄至深褐色，清亮透明有光泽，具有蜜甜醇厚、酒体协调、浓郁醇香等特点。

3. 按生产方法分类

（1）淋饭法黄酒

将糯米用清水浸发两日两夜，然后蒸熟成饭，再通过冷水喷淋达到糖化和发酵的最佳温度。拌加酒药、特制麦曲和清水，经糖化和发酵 45 天即可制出淋饭法黄酒。此法主要用于甜型黄酒生产。

（2）摊饭法黄酒

将糯米用清水浸发 16~20 天，取出米粒，分出浆水。将米粒蒸熟成饭，然后将饭摊于竹席上，经空气冷却到预定的发酵温度。配加一定量的酒母、麦曲、清水及浸米浆水后，经糖化和发酵 60~80 天即成。用此法生产的黄酒质量一般比淋饭法黄酒的好。

（3）喂饭法黄酒

将糯米原料分成几批。第一批以淋饭法做成酒母，然后再分批加入新原料使发酵继续进行。用此法生产的黄酒与淋饭法及摊饭法黄酒相比，发酵更深透，原料利用率更高。这是中国古老的酿造方法之一，早在东汉时期就已盛行。现在中国各地仍有许多地方沿用这一传统工艺，著名的绍兴加饭酒便是其典型代表。

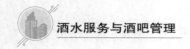

（二）黄酒的著名品牌

1.古越龙山

古龙越山，中国名牌产品，产地浙江省绍兴市，旗下拥有古越龙山、沈永和、女儿红、状元红、鉴湖等品牌。

图4-2　古越龙山是中国黄酒第一品牌

2.会稽山

会稽山黄酒，产地浙江省绍兴市，中国名牌产品、中华老字号，拥有近三百年酿制技术与经验，其主打——会稽山牌绍兴酒，属滋补型低度酒，酒度适中、性质醇和、营养丰富，可修身养性，延年益寿。

3.沙洲优黄

沙洲优黄，江苏省张家港酿酒有限公司旗下著名黄酒产品，其酿造工艺远在清光绪年间就已形成，具有鲜明江南水乡特色，以半干半甜为特点，在长三角地区的城市极为风行，寻常百姓几乎日饮一杯。

4.即墨老酒

即墨老酒，产自山东即墨的黄酒品类，历史悠久、工艺独特、风味独特，是我国北方黄酒的代表，广受大众喜爱及追捧。

5.女儿红

女儿红，产地浙江省绍兴市，是一款知名的地方传统名牌黄酒，在当地长久流传有生女必酿女儿酒之习俗，以糯米、红糖等发酵而成，含有人体所需的大量氨基酸，有养生保健、增加免疫力等功效。

6. 石库门

石库门黄酒，隶属于上海金枫酿酒有限公司，极具中西文化交融及海派文化底蕴。

7. 封缸酒

封缸酒，以大米、黍米为原料，酒精含量为 12~20°，营养丰富，含 21 种氨基酸，被誉为"液体蛋糕"及"营养酒王"，主要产地是江西省和江苏省的丹阳、金坛等地。

8. 房县黄酒

房县地处湖北省十堰市，以神农架山麓闻名遐迩，其产出的黄酒，历史悠久，源远流长，早在西周时期便被封为"封疆御酒"。其酿造工艺具有极强的区域性，只能用房县的小曲、糯米、水质，在房县的土地上才能出品。酒性温和、酒味甘醇、鲜甜可口，有通经养颜、养脾扶肝、舒筋活血、延年益寿等诸多功效。

9. 闽安老酒

闽安老酒，闽派黄酒之代表，由闽派黄酒嫡系传人陈祖可于清道光十五年在闽安镇创建的益泉号酒库开创，传承闽安老酒特殊工艺配方，所产老酒曾多次获得"省优""部优"等荣誉称号。

10. 客家娘酒

客家娘酒，以糯米或黑糯米为原料、天然微生物纯酒曲发酵而成的一种纯天然、绿色黄酒，不加酒精，不含添加剂，可直接饮用，也可用于煲汤，营养丰富，含人体所需四十余种氨基酸，有通经活络、活血化瘀、促进新陈代谢等功效。

拓展阅读 4-1

三、黄酒品鉴与服务

黄酒含有丰富的营养，含有 21 种氨基酸，其中包括有数种未知氨基酸，而人体自身不能合成必须依靠食物摄取的 8 种必需氨基酸黄酒都具备，故被誉为"液体蛋糕"。

黄酒的饮法多种多样，冬天宜热饮，放在热水中烫热或隔火加热后饮用，会使黄酒变得温和柔顺，更能享受到黄酒的醇香，驱寒暖身的效果也更佳；夏天在甜黄酒中加冰块或冰冻苏打水，不仅可以降低酒精度，而且清凉爽口。

一般黄酒烫热喝较常见。原因是黄酒中还含有极微量的甲醇、醛、醚类等有机化合物，对人体有一定的影响。为了尽可能减少这些物质的残留量，人们一般将黄酒隔水烫到60~70℃再喝。因为醛、醚等有机物的沸点较低，一般在20~35℃，即使是甲醇也不过65℃，所以其中所含的这些极微量的有机物，在黄酒烫热的过程中，随着温度升高而挥发掉，同时，黄酒中所含的脂类芳香物随温度升高而蒸腾。

（一）温饮黄酒

黄酒最传统的饮法，当然是温饮。温饮的显著特点是酒香浓郁，酒味柔和。温酒的方法一般有两种：一种是将盛酒器放入热水中烫热，另一种是隔火加温。但黄酒加热时间不宜过久，否则酒精都挥发掉了，反而淡而无味。一般，冬天盛行温饮。

黄酒的最佳品评温度是在38℃左右。在黄酒烫热的过程中，黄酒中含有的极微量对人体健康无益的甲醇、醛、醚类等有机化合物，会随着温度升高而挥发掉，同时，脂类芳香物则随着温度的升高而蒸腾。

（二）冰镇黄酒

在年轻人中盛行一种冰黄酒的喝法，即将黄酒加冰后饮用，或将黄酒放入冰箱冷藏室，温度控制在3℃左右，饮用时再在杯中放几块冰，口感更好。也可根据个人口味，在酒中放入话梅、柠檬等，或兑些雪碧、可乐、果汁。喝冰镇黄酒有消暑、促进食欲的功效。

（三）佐餐黄酒

拓展视频 4-1

黄酒的配餐也十分讲究，以不同的菜配不同的酒，则更可领略黄酒的特有风味。以绍兴酒为例：干型的元红酒，宜配蔬菜类、海蜇皮等冷盘；半干型的加饭酒，宜配肉类、大闸蟹；半甜型的善酿酒，宜配鸡鸭类；甜型的香雪酒，宜配甜菜类。

除了日常饮用，黄酒还是医药上很重要的辅料或"药引子"。中药处方中常用黄酒浸泡、烧煮、蒸炙一些中草药或调制药丸及各种药酒。

拓展阅读 4-2

黄酒的另一功能是调料。黄酒的酒精含量适中，香味浓郁，富含氨基酸等成分。人们喜欢用黄酒作佐料，在烹制荤菜时，特别是羊肉、鲜鱼时加入少许，不仅可以去腥膻，还能增加鲜美的风味。

参考答案

思考与练习

一、单项选择题

1. 以下属于黄酒的是（　　　　）。

A. 茅台　　　　　　　　　　　B. 绍兴花雕酒

C. 水井坊　　　　　　　　　　D. 泸州老窖

2. 绍兴黄酒的水源地是（　　　　）。

A. 鉴湖水　　　　　　　　　　B. 长江水

C. 珠江水　　　　　　　　　　D. 黄河水

3. 清酒中的吟酿酒酿造原料为米和米曲，添加少量酒精的酒，精米度必须低于（　　　　）。

A. 60%　　　　　　　　　　　B. 50%

C. 40%　　　　　　　　　　　D. 35%

二、判断题

1. 按含糖量的多少，黄酒中的善酿酒指的是干型酒。　　　　　　　　（　　　）

2. 清酒的储存主要注意事项有避免紫外线、低温恒温、湿度非必要以及避免氧化等。　　　　　　　　　　　　　　　　　　　　　　　（　　　）

3. 黄酒的最佳品评温度是在38℃左右。在黄酒烫热的过程中，黄酒中含有的极微量对人体健康无益的甲醇、醛、醚类等有机化合物，会随着温度升高而挥发掉，同时，脂类芳香物则随着温度的升高而蒸腾。　　　　　（　　　）

三、简述题

1. 简述清酒的酿造工艺。

2. 简述黄酒的酿造工艺。

3. 简述清酒的分类及著名品牌。

4. 简述黄酒的分类及著名品牌。

四、案例分析题

说起绍兴酒，就不得不提到"会稽山"。始创于1743年的会稽山绍兴酒股份有限公司，有中国黄酒"活化石"之称，是绍兴黄酒国家非物质文化遗产传承基地和《黄酒》《绍兴酒》国家标准起草单位。会稽山黄酒产自浙江绍兴，所谓一方水土酿一方美酒，绍兴地处北纬30°，四季分明，雨水充沛，温润的气候，微酸的土壤，十分有利于酿酒微生物的繁衍生长。请结合绍兴黄酒谈一谈黄酒的酿造条件。

五、实训题

黄酒品鉴

实训目标：通过本次实训，学生初步了解国内不同品牌黄酒的色、香、味等特点，培养学生具备黄酒品鉴的基本技能。

实训时间：2学时。

实训方法：教师演示、讲解，学生分组品尝酒品，撰写实训报告，分组汇报。

实训步骤：

（1）填写黄酒品鉴表（见表4-3）。

表4-3　黄酒品鉴

酒名	颜色	香味	口感	综合评价

（2）撰写实训报告。

（3）分组汇报。

5 项目五
中国茶品鉴

  项目导读

　　中国是茶的故乡，是茶文化的源头与发祥地。茶文化已凝结成为中华文化的记忆和符号。本部分主要讲述茶的起源和发展演变，六大基础茶类（绿茶、白茶、黄茶、乌龙茶、红茶、黑茶）的生产工艺、特点及品鉴要点等知识。

知识目标：

1.具备较系统的中国茶文化方面的基础理论和基本知识。

2.掌握六大茶类的工艺特点及冲泡注意事项，熟练进行六大茶类的冲泡。

能力目标：

1.具备扎实的茶叶辨认、茶汤品鉴方面的技能。

2.掌握茶席设计的基本原则，并通过学习，不断拓展知识面，提高专业技能，提高设计创新能力。

素质目标：

1.具备良好的职业道德和敬业精神。

2.具备良好的合作学习精神。

思维导图 ▸▸▸

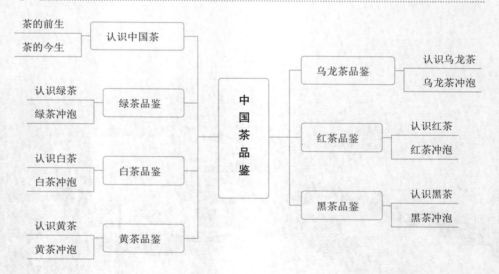

任务一　认识中国茶

中国是最早发现和利用茶的国家。本项目通过介绍茶的起源、饮茶方式的演变、茶的海外传播、各民族茶俗、习茶用具、礼仪等，带领大家了解茶的前生和今世。

一、茶的前生

（一）茶的起源及饮茶方式的演变

据植物学家研究，茶树起源至今已有 6000 万年至 7000 万年的漫长历史。但人们发现和利用茶，大约只有四五千年的历史。在植物分类体系中，茶树属被子植物门、双子叶植物纲、山茶目、山茶科、山茶属、茶种。唐代陆羽的《茶经》记载："茶者，南方之嘉木也。"茶树最早产于滇、贵、川，那里有着茂密的原始森林和肥沃的土壤，气候温暖湿润，特别适合茶树的生长。约 100 万年前地球进入冰川时期，大部分亚热带作物被冻死，而滇、贵、川特有的温湿环境，使这一地区中的许多植物，包括茶树得以幸存下来。

在我国史书上，有关野生大茶树早有记载。1949 年以来在云南境内发现了许多野生大茶树。特别是在云南西双版纳勐海县先后发现古老的野生大茶树，是论证茶树原产于云南最直接、最重要的证据。1996 年在云南省普洱市镇沅县和平村哀牢山上发现两棵前所未见的野生古茶树，定名为千家寨 1 号和千家寨 2 号，其中千家寨 1 号树龄为 2700 年，2 号树龄为 2500 年，已断定是世界上目前最大、最古老的野生古茶树。

中国是世界上最早发现茶树和利用茶树的国家。在中国古代，表示茶的字很多。在"茶"字形成之前，槚、荈、蔎、茗、荼等都用来表示茶。唐代陆羽在撰写《茶经》时，将茶的众多称谓统一改写成"茶"字。从此，茶字的字形、字音和字义沿用至今。

关于茶的起源，陆羽在《茶经》中曰："茶之为饮，发乎神农氏。"这在《史记·三皇本纪》《淮南子·修务训》《本草衍义》等书中均有记载。晋代常璩在《华阳国志》中记载："武王既克殷，以其宗姬封于巴，爵之以子……鱼、盐、铜、铁、丹、漆、茶、蜜……皆纳贡之。"表明在周朝武王伐纣时，巴国就已经将茶与其他珍贵产品纳贡与周武王了。而且那时已有人工栽培的茶园。公元前 200 年左右秦汉年间的《尔雅》中，称茶为"槚"，是茶的最早文字记

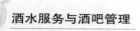

载。汉代司马相如在《凡将篇》中称茶为"荈诧"，将茶列为二十种药物之一，是我国历史上把茶作为药物的最早文字记载。西汉时川人王褒在《僮约》中有"烹茶尽具"以及"武阳买茶"的记载，是在茶经之前，茶学史上最重要的文献，表明了当时茶文化的发展状况。

中国茶从发现到利用，经历了药用、食用、饮用的漫长过程。

药用："神农尝百草，日遇七十二毒，得茶而解之。"——《神农本草经》

食用：茶最初是从咀嚼茶树鲜叶开始的，之后被煮成汤羹饮用。据三国魏人张揖《广雅》记载，古荆巴（现湖北、四川）一带，人们把采摘的茶叶做成饼状，将老叶和米膏搅和一起成茶饼。煮饮时，将茶饼炙烤成深红色，再捣成茶末，并混合葱、姜、橘子等一起煮饮。直到唐代，仍有吃茗粥的习惯。现在云南基诺族仍保留着这种古老的吃茶方式，将采摘的新鲜茶叶揉碎后，连同揉碎的黄果叶、辣椒、大蒜、盐放入碗中搅匀做成"凉拌茶"食用。

饮用：经历煎茶法、点茶法、泡茶法三种形式。

煎茶法源于唐代。煎茶法主要使用当时经蒸压而成的饼茶，用炭火将饼茶炙烤，除去湿气，使茶散出清香，冷却后将茶饼碾成粉末，并用茶罗筛去粗梗碎片，使粉末更加精细。煎茶时先在镂（fù，一种大口锅）中煮水，当水一沸如鱼目时，取少许盐投入沸水之中调和茶味。待水二沸如涌泉连珠之时，先从镂中取出一瓢沸水备用，取水后用竹夹在镂中心搅动，同时投入茶粉。待水三沸如腾波鼓浪时，镂中茶的浮沫渐欲溢出，再将二沸时取出的水浇点茶汤，待水再开，茶之沫饽浮在水面，茶便煎煮好了。

图 5-1 《撵茶图》 南宋/刘松年

到了宋代，中国茶的文化内涵得以拓展，饮茶的技艺日益精致，点茶法成为时尚。点茶法和唐代煎茶法的最大不同之处就是不再将茶末放到锅里去煮，也不添加食盐，保持茶叶的真味。宋代点茶包括将团饼炙、碾、罗，以及候汤、点茶等一整套规范的程序。先将团饼炙烤，再用茶碾将茶磨成粉末状，然后用筛罗分筛出最细腻的茶粉投入茶盏中，用沸水冲点，随即用茶筅快速击打，使茶与水充分交融，直至茶盏中出现大量白色茶沫为止。

泡茶的方法兴于明代，是将散茶置入壶（碗、杯）中，直接用沸水冲泡就成，这种方法一直为人们沿用至今。

（二）中国茶的海外传播

大约在公元五世纪南北朝时期，我国的茶叶就开始陆续输出至东南亚邻国及亚洲其他地区。

中国茶叶向世界的传播，通常有来华学佛的僧侣和遣唐使、经贸、使节及专家身份去国外发展茶叶生产四种方式。

拓展视频 5-1

公元 805、806 年，日本最澄、海空禅师来我国留学，带回茶籽在日本试种；宋代的荣西禅师又从我国引入茶籽种植。

10 世纪时，蒙古商队来华从事贸易时，将中国砖茶从中国经西伯利亚带至中亚。

15 世纪初，葡萄牙商船来中国进行通商贸易，茶叶对西方的贸易开始出现。荷兰人约在公元 1610 年左右将茶叶带至了西欧，1650 年后传至东欧，再传至俄、法等国。1833 年，在沙俄时代从我国引入茶籽试种，1848 年又从我国引入茶籽种植于黑海岸。

图 5-2 英式下午茶

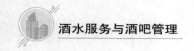

1780 年印度由英属东印度公司引入我国茶籽种植。

17 世纪时传至美洲。

二、茶的今生

当今世界，约 60 个国家或地区种茶，30 个国家或地区稳定地出口茶叶，150 多个国家或地区常年进口茶叶，160 多个国家和地区的居民有喝茶的习惯，全球约 30 亿人每天在饮茶。中国自古就有开门七件事，柴米油盐酱醋茶，茶文化已深深融入中国百姓的日常生活。中国现有茶园面积、茶叶产量和消费总量都列世界第一，出口量稳居世界前三。其中茶园面积占世界茶园总面积的 60% 以上，占茶叶总量 40% 以上。中国茶产业规模已步入 5000 亿时代，人均茶叶消费量超过 1 公斤。

（一）茶与健康

茶叶中含有丰富的茶多酚类物质、咖啡因、蛋白质、维生素、氨基酸、糖类、类脂等有机化合物 450 种以上，钠、钾、铁、铜、磷、氟等 28 种无机营养元素。茶叶是一种富有营养价值与药用价值的、不同于咖啡和可可的饮料，对人体的健康非常有益，被誉为"最理想的饮料"。

茶叶中的成分对人体的药用功效是多种多样的，归纳起来主要有八大保健作用。

1. 提神作用

茶叶的咖啡因能兴奋精神、增进思考、消除疲劳、提高工作效率。

2. 利尿作用

茶叶中的咖啡因和茶碱具有利尿作用。

3. 强心解痉作用

咖啡因具有强心、解痉、松弛平滑肌的功效。

4. 抑制动脉硬化作用

茶叶中的茶多酚和维生素 C 都有活血化瘀、预防动脉硬化的作用。经常饮茶可以降低高血压和冠心病的发病率。

5. 抗菌、抑菌作用

茶中的茶多酚和鞣酸具有收敛、消炎等作用，能预防肠道传染病。

6. 减肥作用

茶中的咖啡因、叶酸、泛酸和芳香类物质等多种化合物能调节脂肪代谢，特别是乌龙茶对蛋白质和脂肪有很好的分解作用。茶多酚和维生素 C 能降低胆固醇和血脂。

7. 防龋齿作用

茶中含有氟，能提高牙齿防酸抗龋能力。

8. 抑制癌细胞

茶叶中的黄酮类物质有抑制细胞突变与癌变的作用。

（二）各民族茶俗

1. 藏族酥油茶

藏族人民的饮茶史已有 1000 多年。藏族人对茶极为重视，认为茶是"吉祥"之物。若至藏民家作客，主人首先敬上的当然也是酥油茶。酥油是将牛奶或羊奶煮沸，经搅拌静置后捞取浮于面上的一层黄油。先将砖茶或沱茶捣碎入锅，注水煮沸半小时后，将茶汁经过滤后倒入圆筒内，放入酥油和盐少许，可以再加入事先炒熟、冲碎的花生仁、桃仁、鸡蛋、牛奶等佐料。上下搅打，使酥油均匀地溶入茶叶中。酥油茶色、香、味俱佳，美味可口。喝茶时要留一半茶于碗中，待主妇添上茶后再喝。要连续喝完三碗茶，才能起身告辞，这样会比较"吉利"。

2. 蒙古族奶茶

图 5-3　蒙古奶茶

以游牧为主的蒙古族人，只有到晚上放牧归来，才能吃一餐晚饭，因而他们平日的饮食习惯是"三茶一饭"。早上、中午只吃茶（饮用用碎砖茶加牛奶烧煮的"奶茶")、乳和乳制品，称为"早茶"和"午茶"。同时也吃些炒米、奶饼、手扒肉一类的点心。晚餐以牛羊肉为主食，为帮助消化，临睡前需再喝一次奶茶。如有客人到蒙古族人家做客，总会受到敬奶茶的款待。客人可根据自己的爱好，在茶中添加盐或糖。炒米要放在奶茶中一起饮用，奶豆腐则可蘸白糖吃。奶茶不可一次喝尽，而要有剩余，可让主人不断地添加，以示礼节。喝完最后一碗奶茶后，客人可施礼道谢，主人则要出帐篷送行。

3. 侗族打油茶

打油茶是侗族人生活中不可缺少的习俗。先将煮好的糯米饭晒干，用油爆成米花，将少量米放进锅里干炒，然后放入茶叶再炒，加入适量的水，煮开后将茶叶滤出放好。将事先准备好的米花、炒花生、猪肝、粉肠等放入碗中，倒入滤好的茶，油茶就做好了。喝茶时，主人只给你一根筷子，如果你不想再喝时，就将这根筷子架到碗上，主人就不会再斟下一碗。贵州的布依族也喜欢喝油茶，制作方法与侗族差异不大。

4. 白族三道茶

三道茶是我国云南白族的一种饮茶方式。三道茶有"一苦、二甜、三回味"的说法。头道茶是以土罐烧烤绿茶泡制而成的"苦茶"，味苦；第二道茶是"甜茶"，在茶汤中加入红糖、乳扇、桂皮等，味道香甜；第三道茶是放入蜂蜜、炒米花、花椒、核桃仁，味道甜、酸、苦、辣。品饮这三道茶，诸味混合，饮后回味无穷。

5. 擂茶

擂茶是一种历史悠久的特色食品，起于汉，盛于明清。一般用大米、花生、芝麻、绿豆、食盐、茶、山苍子、生姜等为原料，用擂钵捣烂成糊状，冲开水和匀，加上炒米，清香可口。擂茶有解毒的功效，既可作食用，又可作药用。赣南、闽西、粤东、湘南、川北及台湾、香港等地的客家人至今仍保留着饮用擂茶的习俗，民间有"无擂茶不成客"的谚语。

（三）茶的分类

以色泽（或制作工艺）分，可以把茶分为绿茶、白茶、黄茶、乌龙茶、红茶和黑茶六大类。绿茶属不发酵的茶，以龙井茶、碧螺春为代表；白茶属轻度发酵的茶，以白牡丹、白毫银针为代表；黄茶属微发酵的茶，以君山银针为代表；乌龙茶属半发酵茶，以武夷岩茶、铁观音，文山包种茶、冻顶乌龙茶为代表；红茶属全发酵的茶，以祁门红茶、荔枝红茶、正山小种为代表；黑茶属后发酵的茶，以六堡茶、普洱茶为代表。

茶按其生长环境分为平地茶和高山茶。高山云雾浓厚多出好茶。高山茶与平地茶相比，条索紧结、肥硕，白毫显露，香气浓且耐冲泡。而平地茶则表现为条索较细瘦，骨身轻，香气低，滋味淡。

（四）常用茶具

通常所说的茶具，是指泡茶、饮茶时的用具。主要包括煮水器、备茶器、泡茶器、饮茶器和辅助器。

1. 煮水器

水是泡茶的关键，要煮一壶好水，与水的质量、煮水器和煮水方式都有关系。目前，常用的煮水器有陶质提梁壶配陶质酒精炉、不锈钢壶配电炉（也称随手泡）、玻璃壶配酒精炉或电磁炉。

2. 备茶器

主要包括茶罐、茶荷、茶则、茶匙、茶漏、茶刀等。

茶罐：用来存放茶叶的小罐。

茶荷：主要用来盛放干茶，做鉴赏茶叶用。

茶则：由茶罐中取茶置入茶壶的用具。

茶匙：将茶叶由茶则拨入茶壶的器具。

茶漏：放于壶口上导茶入壶，防止茶叶散落壶外。

茶刀：取、倒茶叶。

3. 泡茶器

茶壶是主要泡茶器，目前使用较多的是紫砂壶或瓷器茶壶，也有直接用盖碗泡茶的。

紫砂壶制作原料为紫砂泥，原产地在江苏宜兴丁蜀镇，又名宜兴紫砂壶。相传紫砂壶的创始人是明朝的供春。紫砂壶古朴典雅，保温、透气性能好，适宜用来冲泡乌龙茶、黑茶或者普洱茶。紫砂壶是珍贵工艺品，有收藏价值。

图 5-4　一套茶具，其中就有紫砂壶

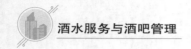
瓷器茶具与中国茶最为匹配，使中国茶传播到全球各地。白瓷以景德镇的白瓷青花瓷器最为著名。青瓷茶具则主要产于浙江、四川等地，浙江龙泉青瓷以青如玉闻名。另外还有产于四川、浙江、福建等地的黑瓷茶具，宋代盛行斗茶，认为黑瓷茶盏用来斗茶最为适宜。

盖碗又称"三才杯"，有导热快、不吸味等优点，通常用白瓷制作而成，分盖、碗、托三部分，盖为"天"，托为"地"，碗为"人"，蕴含"天人合一"的哲学思想。

4. 饮茶器

饮茶器一般用茶杯、茶碗、茶盏，也有人直接用茶壶、盖碗来饮茶。在选择时注意茶具颜色对茶汤色泽的衬托效果，以及茶具材料对茶汤滋味和香气的影响。

5. 辅助器

茶船（茶池、茶洗、壶承）：盛放茶壶的器具，也用于盛接溢水及淋壶茶汤，是养壶的必须器具。

茶盘：托茶壶、茶杯之用，茶盘的质地以紫砂和竹器为多。

奉茶盘：盛放茶杯、茶碗或茶食等，将其奉送至客人面前使用的托盘。

公道杯：主要用来均匀茶汤浓度。

闻香杯：借以保留茶香用来嗅闻鉴别。

杯托：承放茶杯的小托盘，可避免茶汤烫手，也起美观作用。

茶巾：主要用于干壶，可将茶壶、茶海底部残留的水擦干；其次用于抹净桌面水滴。一般为棉、麻材质。

茶夹：用于夹洗茶杯或夹取叶底。

茶针：用于疏通壶嘴。

水盂：用于盛接弃置茶水。

（五）习茶礼仪

区别于日常生活中的泡茶饮茶，习茶具有一套相关规范的礼仪与规范。通过这些规范动作，既可以表现行为艺术的美感，又能提升心灵力量。习茶动作要求含蓄、温文尔雅。习茶者首先要沉静，尽量用微笑、眼神、手势、姿势等示意，不主张用太多的语言。

1. 化妆、发型

外表要和环境统一，避免化妆品的香味干扰茶香的挥发，发型整洁、大方，避免穿过于肥大的衣服。

2. 站姿

两脚跟靠紧，脚尖分开呈 60 度，双眼平视。女士右手在

拓展视频 5-2

上双手交握，男士左手在上双手交握置于小腹部。

3. 鞠躬礼

双手在身前搭好，双眼注视对方，面带微笑，将上身挺直地向前倾斜，腰到位后略作停顿，再慢慢直起上身。

4. 坐姿

正面坐时，端坐椅子中央，双脚并拢，上身挺直，眼睛平视，面部表情自然。双手交握，搭放在双腿上或置于桌沿。

5. 伸掌礼

这是习茶过程中使用频率最高的礼仪动作，表示"请"与"谢谢"。将手斜伸在所敬奉的物品旁边，四指自然并拢，拇指稍微分开，手掌略向内凹，行礼同时点头微笑。

6. 叩手礼

手指叩击桌面，寓意"谢谢"。

7. 寓意礼

表示寓意美好祝福的礼仪动作。

凤凰三点头：用手提水壶冲水，上下提拉三次，寓意为向来宾表示欢迎。

浅斟茶：斟茶时只需七分即可，寓意七分茶三分情，茶满有欺客之嫌。

壶嘴侧置：水壶、茶壶嘴不能正对他人，有请人离开之意。

（六）中国茶道精神

茶道最早起源于中国。唐朝《封氏闻见记》中就有这样的记载："茶道大行，王公朝士无不饮者。"这是现存文献中对茶道的最早记载。说明至少在唐或唐以前，就在世界上首先将茶饮作为一种修身养性之道。

在唐宋年间，人们对饮茶的环境、礼节、操作方式等饮茶仪程都很讲究，茶道要遵循一定的法则。唐代为克服九难，即造、别、器、火、水、炙、末、煮、饮。宋代为三点与三不点品茶，"三点"为新茶、甘泉、洁器为一，天气好为一，风流儒雅、气味相投的佳客为一；反之，是为"三不点"。明代为十三宜与七禁忌。"十三宜"为一无事、二佳客、三独坐、四咏诗、五挥翰、六徜徉、七睡起、八宿醒、九清供、十精舍、十一会心、十二鉴赏、十三文僮；"七禁忌"为一不如法、二恶具、三主客不韵、四冠裳苛礼、五荤肴杂味、六忙冗、七壁间案头多恶趣。

中国的民族性，自然谦和，不重形式。惬意、自然、朴拙，正是中国人饮茶的写照。"顺其自然"及"致中和"，这是中国茶道的真髓。致中和的含义：人的道德和修养达到不偏不倚，不走极端，达到事物发展的最佳境界。

近现代茶人对茶道精神内涵也有不同的诠释。吴觉农先生认为：茶道是

"把茶视为珍贵、高尚的饮料，因茶是一种精神上的享受，是一种艺术，或是一种修身养性的手段"。著名茶学家庄晚芳先生认为：茶道是一种通过饮茶的方式，对人民进行礼法教育、道德修养的一种仪式，将茶道精神概括为"廉、美、和、敬"四个字，即"廉俭育德、美真康乐、和诚处世、敬爱为人。"

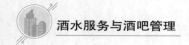

任务二　绿茶品鉴

绿茶是历史最悠久、品种最多、消费量最大的一个茶类。如果把古代人类采集野生茶树芽叶晒干收藏看作是加工绿茶的开始，距今至少有3000多年。真正意义上的绿茶加工，是从公元8世纪发明蒸青制法开始，到12世纪又发明炒青制法，绿茶加工技术已比较成熟，一直沿用至今，并不断地完善。本项目通过介绍绿茶的特点、制作工艺、冲泡技巧等方面，带领大家进一步了解绿茶。

一、认识绿茶

绿茶属于不发酵茶。绿茶的品质特点是"茶清嫩、外形绿、汤水绿、叶底绿"，具有香浓、味醇、形美、耐冲泡等特点。绿茶用嫩芽、嫩叶作原料，不适合久置。常饮绿茶能防癌、降脂和减肥，对吸烟者也可减轻其受到的尼古丁伤害。我国生产绿茶的产地极为广泛，包括河南、贵州、江西、安徽、浙江、江苏、四川、陕西、湖南、湖北、广西、福建等地。

（一）绿茶的制作工艺

绿茶采取茶树的新叶或芽，经杀青、揉捻、干燥等工艺制作，保留了鲜叶的天然物质，含有茶多酚、儿茶素、叶绿素、咖啡因、氨基酸、维生素等营养成分。

1. 杀青

通过高温破坏和钝化鲜叶中的氧化酶活性，抑制鲜叶中的茶多酚等的氧化，蒸发鲜叶部分的水分，使茶叶变软，便于揉捻成形，同时散发青臭味，促进良好香气的形成。

2. 揉捻

通过适度破坏茶叶组织，使茶汁黏附于叶面，冲泡时使茶汁更容易泡出，同时塑造出不同的茶形。

3. 干燥

通过炒干、烘干、晒干等方法，挥发掉茶叶中多余的水汽，破坏茶叶中酶的活性，抑制其氧化，提高茶香，固定茶形。干燥按方法可分为晒青、炒青、蒸青、烘青。

（二）绿茶名品

我国是世界上绿茶产量和出口量最大的国家，全国 18 个产茶省（区）都生产绿茶，每年出口数万吨，占世界茶叶市场绿茶贸易量的 70% 左右。西湖龙井、碧螺春、黄山毛峰、六安瓜片、安吉白茶、都匀毛尖、太平猴魁等都是绿茶中的名品。

1. 西湖龙井

产自浙江省杭州市，是绿茶中最著名的历史名茶，中国十大名茶之一。龙井茶最早可追溯到中国唐代，名始于宋，闻于元，扬于明，盛于清。一级产区包括传统的"狮（峰）、龙（井）、云（栖）、虎（跑）、梅（家坞）"五大核心产区，胡公庙前的十八棵茶树还被封为"御茶"。龙井茶外形扁平挺秀，色泽嫩绿光润，内质清香味醇，泡在杯中，芽叶色绿。具有"色绿、香郁、味醇、形美"四大特点，是清代的贡茶，有提神、生津止渴、降脂和降胆固醇的功效。

图 5-5 西湖龙井

2. 碧螺春

产自江苏省苏州市太湖的洞庭山，中国十大名茶之一。碧螺春始于隋唐，俗名"吓煞人香"，康熙皇帝题名碧螺春。碧螺春纤细多毫，卷曲呈螺，嫩香持久，汤色青黄明亮，因为毫多，泡茶之后会有"毫浑"，滋味鲜醇，回味甘

甜。碧螺春因为茶树和桃、李、杏、梅、柿、橘、白果、石榴等果木交错种植，茶吸果香，花窨茶味，具有花香果味的天然品质，有提神、减脂、抗菌、预防动脉硬化的功效。

3. 黄山毛峰

产于安徽省黄山（徽州）一带，又称徽茶，中国十大名茶之一。黄山产茶的历史可追溯至宋朝嘉祐年间，至明朝隆庆年间，已经很有名气了。黄山毛峰始创于清代光绪年间，由谢裕大茶庄所创制。黄山毛峰外形微卷，其形似雀舌，匀齐壮实，峰毫显露，色如象牙，鱼叶金黄，香气清香高长，汤色清澈明亮，滋味鲜醇回甘。"黄金片"和"象牙色"是黄山毛峰的两大特征。

4. 恩施玉露

产于湖北恩施市南部的芭蕉乡及东郊五峰山，曾称"玉绿"。晚清至民国初期，改炒青为蒸青，蒸青是利用蒸汽量来破坏鲜叶中酶的活性。取茶色泽深绿、茶汤浅绿和茶底青绿"三绿"的特征，改名"玉露"。恩施玉露香鲜爽口，外形紧实、坚挺，色泽苍翠绿润，毫白如玉。

5. 日照绿茶

产自山东省日照市，是世界三大海岸绿茶城市之一（另两个分别为日本静冈和韩国宝城）。日照地处北方，昼夜温差大，茶叶生长缓慢，比南方茶含有更多的维生素、矿物质、茶多酚、生物碱和对人体有利的微量元素。优越的沿海气候条件和优良的环境，孕育了日照绿茶"叶片厚、滋味浓、香气高、耐冲泡"的独特品质，被誉为"江北第一茶"，是中国国家地理标志产品。日照绿茶汤色黄绿明亮，茶香浓郁，茶回味甘醇，茶叶片厚、香气浓、耐冲泡，具有清心明目、杀菌消炎、降血脂、降低胆固醇、预防心血管疾病等功效。

二、绿茶冲泡

绿茶是不发酵茶，较完整地保留了茶叶中的天然营养物质，口感鲜爽。饮用绿茶，通常用透明度好的玻璃杯冲泡，便于欣赏茶色。水温以80~90℃为宜，过烫会导致茶叶中茶多酚类物质氧化，使茶汤变黄，失去香味。茶与水的比例，通常以1：50至1：60为宜，这样冲泡出来的茶汤浓淡适中，口感鲜爽。

（一）泡茶用水

泡茶用水水质以"清、轻、甘、冽、活"为佳，唐代陆羽在《茶经》中指出："其水，用山水上，江水中，井水下。"张大复在《梅花草堂笔谈》中说得更具体："茶情必发于水，八分之茶，遇十分之水，茶亦十分矣；八分之水，试十分之茶，茶只八分耳。"说明泡茶用水的重要性。泡绿茶的水质要好，宜选择中性或微酸性的水，通常选用洁净的优质矿泉水，也可以用经过净化处理的自来水。

（二）冲泡方法

绿茶的品种最丰富，根据形状、紧结程度和鲜叶老嫩程度不同，有上投法、中投法和下投法三种冲泡方法。

1. 上投法

先一次性向茶杯中注满热水，待水温适度时再投放茶叶。此法多适用于细嫩度极好的绿茶，如特级龙井、特级碧螺春、特级信阳毛尖、六安瓜片、黄山毛峰、太平猴魁等。越是嫩度好的茶叶，水温要求越低，有的茶叶可等待至 70℃时再投放。

2. 中投法

向杯中投放茶叶后，先注入三分之一热水，待茶叶吸足水分，舒展后，再注满热水。中投法适用于细嫩但紧实的绿茶，如西湖龙井、竹叶青等。

3. 下投法

先投放茶叶，然后一次性向茶杯注足热水。下投法适用于细嫩度较差的一般绿茶。

（三）冲泡注意事项

1. 茶具

饮用绿茶，通常用透明度好的玻璃杯、瓷杯或茶碗冲泡。

2. 水温

水温要在 80℃左右最为适宜。因为优质绿茶的叶绿素在过高的温度下易被破坏变黄，茶叶中的茶多酚类物质也会在高温下氧化使茶汤变黄，很多芳香物质在高温下也很快挥发散失，使茶汤失去香味。

3. 茶与水的比例

通常茶与水比为 1：50 至 1：60（一克茶叶用水 50~60mL）为宜，这样冲泡出来的茶汤浓淡适中，口感鲜醇。

4. 冲泡

绿茶不宜浸泡太长时间，会增加苦味，也容易将茶中对人体不利的物质泡出来。如果水温高、茶叶嫩、茶量多，则冲泡时间可短些；反之，时间应长些。绿茶第一次冲泡后浸出的营养物质最多，一般冲泡后加盖 3 分钟左右，茶中内含物浸出 55%，饮用口感最好。经三次冲泡后营养成分基本全部浸出，因此绿茶通常冲泡三次。饮茶时，一般杯中茶水剩 1/3 时，就应该继续加水，

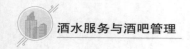

这样能使茶水保持适当的浓度。

（四）玻璃杯冲泡绿茶法（中投法）

1. 备具

准备好泡茶用品，包括玻璃杯、水壶、水盂、茶巾、茶荷、茶道组。

2. 备水

将水煮沸，凉至85℃左右。对嫩度较高的绿茶，如黄山毛峰、西湖龙井，应用80~90℃的开水冲泡，使茶水翠绿明亮，香气纯正、滋味甘醇。

3. 布具

将茶具从茶盘中取出，摆放好。

4. 赏茶

将茶从茶罐中取出置于茶荷中，观赏茶叶的外形、色泽、匀整程度。

5. 温杯

向茶壶内注入少许沸水清洁茶壶和品茗杯，同时可以提高杯温，有利于茶香的散发。

6. 置茶

将3克左右茶叶轻轻拨入玻璃杯中。

7. 浸润泡

向玻璃壶中注水少许，以1/4杯为宜，温润的目的是浸润干茶，使干茶吸水舒展。

8. 摇香

左手托住玻璃杯，右手轻摇，使茶香释放。

9. 冲泡

用"凤凰三点头"的手法注水，让茶与水充分融合。高提水壶，让水直泻而下，接着利用手腕的力量，上下提拉注水，反复三次，让茶叶在水中翻动。"凤凰三点头"不仅是泡茶本身的需要，也是中国传统礼仪的体现。三点头像是对客人鞠躬行礼，是对客人表示敬意，也表达了对茶的敬意。

10. 奉茶

双手奉茶，客来敬茶是中国的传统习俗。

11. 品饮

从色、形、香、味几个方面品鉴绿茶。绿茶大多冲泡三次，以第二泡的色香味最佳。品赏龙井茶，像是观赏一件艺术品，透过玻璃杯，看着碧绿的清汤、娇嫩的茶芽，仿佛让人置身一派浓浓的春色里，生机盎然，心旷神怡。

拓展阅读 5-1

12. 收具

将茶具清洁后收回至茶盘。

 任务三　白茶品鉴

白茶属微发酵茶，是中国茶类中的特殊珍品。因成品茶多为芽头，满披白毫，如银似雪而得名。本项目通过学习白茶的特点、制作工艺、分类及冲泡技巧，进一步了解白茶。

一、认识白茶

白茶的名字最早出现在唐朝陆羽的《茶经》七之事中，其记载："永嘉县东三百里有白茶山。"清嘉庆初年（1796 年）已有白茶生产，当时以闽北采茶为鲜叶。清咸丰、同治年间（1851—1874 年），政和铁山乡人改植大白茶，并于光绪十五年（1889 年）用大白茶制银针试销成功，次年远销国外。白茶主要产于福建的福鼎、政和、松溪、建阳和云南景谷等地。白茶入药，具有解酒醒酒、清热润肺、平肝益血、消炎解毒、降压减脂、消除疲劳等功效，尤其适用于烟酒过度、油腻过多、肝火过旺引起的身体不适、消化功能障碍等，具有独特的保健作用。

（一）白茶的制作工艺

白茶加工时不炒不揉，只将细嫩、叶背满茸毛的茶叶晒干或用文火烘干，而使白色的茸毛完整地保留下来。白茶的制作工艺是最自然的，把采下的新鲜茶叶薄薄地摊放在竹席上置于微弱的阳光下，或置于通风透光效果好的室内，让其自然萎凋。晾晒至七八成干时，再用文火慢慢烘干即可。

（二）白茶分类

白茶因茶树品种和原料要求的不同，分为白毫银针、白牡丹、寿眉、贡眉四种产品

1. 白毫银针

由于鲜叶原料全部是茶芽，白毫银针制成成品茶后，形状似针，白毫密被，色白如银，冲泡后，香气清鲜，滋味醇和，是白茶中的极品。

图 5-6　白毫银针

2. 白牡丹

产自福建省的南平市政和县、松溪县、建阳市和宁德市福鼎市，因绿叶夹银白色毫心，形似花朵，冲泡后绿叶托着嫩芽，宛如蓓蕾初放，故得美名白牡丹。白牡丹是采自大白茶树或水仙种的短小芽叶新梢的一芽一二叶制成的，是白茶中的上品。

3. 寿眉

主产地是福建福鼎，产量占白茶总产量一半以上。寿眉是用采自菜茶（福建茶区对一般灌木茶树之别称）品种的短小芽片和大白茶片叶制成的白茶。成品叶长稍肥嫩，芽叶连枝，叶整紧卷如眉，色泽调和，洁净，无老梗，香气清纯。

4. 贡眉

制作贡眉的原料与寿眉相同，也是采用的低级的大白茶或者菜茶进行加工。不同的是鲜叶的采摘标准为一芽二叶至一芽三叶，采摘时间早于寿眉，比寿眉鲜嫩，所以贡眉是上品，质量要优于寿眉。贡眉品饮时滋味醇爽，香气鲜纯，曾是朝廷贡茶。

二、白茶冲泡

（一）冲泡注意事项

1. 茶具选择

冲泡白毫银针的器皿以玻璃杯为佳，这样可从各个角度欣赏到壶中茶的形和色，以及它们的变化和姿态。

2. 量的控制

白茶淡些好喝，一般 150 毫升的水用 3~5 克的茶叶。

3. 水温

白茶冲泡水温要求 90~100℃（白毫银针 90℃、白牡丹 95℃、贡眉寿眉 100℃）。投放茶叶 5 克左右。

4. 冲泡

注水时要沿壶口缓缓注入，水流要低。

（二）老白茶煮饮法

白毫银针和白牡丹茶芽娇嫩，如果水温太高，容易把茶叶烫伤，就失去了茶叶的原汁原味，适合用温度不太高的水来冲泡。白茶有"一年茶，三年药，七年宝"的说法，正常陈化 3 年以上的寿眉适合煮饮，寿眉叶片大，茶梗粗，内含有益成分多，蜡质层厚，茶梗多，煮出来的茶汤甘醇，柔和而圆润，汤水口感好，有浓郁的枣香，药香，具有养生、保健功效。

1. 备具

准备好泡茶用品，包括煮茶壶（陶壶、玻璃壶、不锈钢壶）、公道杯、品茗杯、水盂、茶巾、茶荷、茶道组等。

2. 备水

准备适量的沸水。煮茶一般用沸水，如果直接把茶叶投放在冷水里，用冷水煮茶会让茶叶不耐煮且茶味过浓。

3. 温器

用沸水冲烫煮茶器和品茗杯等。

4. 洗茶

在煮茶器中投入 5 克左右干茶。倒入适量沸水洗茶，既清除灰尘，又可以滋润干茶，激发茶叶内的活性物质。

5. 煮茶

在煮茶器中加入 400 毫升左右沸水，继续加热，把茶煮开，先大火煮开，然后用小火，沸腾一分钟后关火，用余温加热两分钟即可。

6. 出汤

茶汤变为琥珀色时即可饮用，出汤的时候，不要把茶壶中的茶全部倒干净，要留下一部分茶汤，延续茶汤的整体风格和韵味，保持茶汤的口感，这种做法叫"留根法"。

7. 分茶

将茶汤从公道杯中分茶至品茗杯。

拓展阅读 5-2

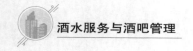

8.品饮

经烹煮的老白茶色泽红亮，滋味醇厚顺滑，能品饮出陈香、毫香、药香、花香、粽香等香气。

任务四　黄茶品鉴

黄茶属轻发酵茶类，品质特点是黄汤黄叶，栗香厚味。让我们通过学习黄茶的特点、制作工艺、分类及冲泡技巧，进一步认识黄茶。

一、认识黄茶

黄茶性凉，富含茶多酚、氨基酸、可溶糖、维生素等丰富营养物质。黄茶有提神醒脑，消除疲劳，消食化滞等功效。我国黄茶主要有湖南君山银针、四川蒙顶黄芽、安徽霍山黄芽、霍山黄大茶、湖北鹿苑茶、广东大叶青等。

（一）黄茶的制作工艺

黄茶的加工工艺近似绿茶，其典型工艺流程是鲜叶杀青、揉捻、闷黄、干燥。在干燥过程的前或后，增加一道"闷黄"的工艺，闷黄是形成黄茶特点的关键，将杀青和揉捻后的茶叶用纸包好，或堆积后以湿布盖之，时间以几十分钟或几个小时不等，促使茶坯在水热作用下进行非酶性的自动氧化，让茶叶呈现黄色。

（二）黄茶分类

黄茶按鲜叶嫩度可分为黄芽茶、黄小茶、黄大茶三类。

1.黄芽茶

原料细嫩、采摘单芽或一芽一叶加工而成。黄茶芽叶细嫩，显毫，香味鲜醇。主要包括湖南岳阳洞庭湖君山的"君山银针"，四川雅安、名山县的雅安黄茶之"蒙顶黄芽"和安徽霍山的"霍山黄芽"。

2.黄小茶

采摘细嫩芽叶加工而成，黄小茶外形芽壮叶肥，毫尖显露，呈金黄色，汤色橙黄，香气清高，味道醇厚，甘甜爽口。主要包括湖南"北港毛尖""沩山毛尖"，湖北"远安鹿苑"和浙江"平阳黄汤"。

图 5-7　君山银针

3. 黄大茶

采摘一芽二三叶甚至一芽四五叶为原料制作而成。黄大茶外形梗壮叶肥，叶片成条，梗叶相连形似鱼钩，梗叶金黄显褐，色泽油润，汤色深黄显褐，叶底黄中显褐，滋味浓厚醇和，具有高嫩的焦香。黄大茶主要包括安徽霍山的"霍山黄大茶"、雅安黄茶和广东的"广东大叶青"。

（三）黄茶名品

1. 君山银针

产于湖南岳阳，是我国黄茶中的珍品，传说君山银针茶的第一颗种子是娥皇、女英于 4000 年前种下的。唐代时，文成公主远嫁西藏就曾选带了君山茶。《红楼梦》曾谈到妙玉用隔年的梅花积雪冲泡的"老君眉"即是君山银针。君山银针外形茁壮挺直，重实匀齐，银毫披露，芽身金黄光亮，内质毫香鲜嫩，被誉为"金镶玉"。汤色杏黄明净，滋味甘醇鲜爽，香气清雅。

2. 蒙顶黄芽

产于四川省雅安市蒙顶山。蒙顶茶栽培始于西汉，距今已有 2000 多年的历史，有"扬子江中水，蒙顶山上茶"的美誉。蒙顶黄芽外形扁直，芽条匀整，色泽嫩黄，芽毫显露，花香幽长，汤色黄亮透碧，滋味鲜醇回甘，叶底嫩黄匀亮。

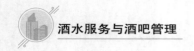

二、黄茶冲泡

黄茶通常用玻璃杯或盖碗冲泡，可以根据个人口味放入适量茶叶，通常茶叶投放量与水的比例是1：50。黄茶不宜用沸水冲泡。黄芽茶比较嫩，用80℃的水冲泡即可，而黄小茶和黄大茶则可以用90℃以上的水来冲泡。

（一）冲泡注意事项

1. 茶具选择

黄茶通常用玻璃杯或盖碗冲泡。

2. 量的控制

可以根据个人口味放入适量茶叶，通常茶叶投放量与水的比例是1：50。

3. 水温

黄茶不宜用沸水冲泡。黄芽茶比较嫩，用80℃的水冲泡即可，而黄小茶和黄大茶则可以用90℃以上的水来冲泡。

4. 冲泡

黄茶第一次冲泡15秒左右出汤，之后每次冲泡时间延长10秒，可冲泡3~5次。

（二）盖碗冲泡黄茶

1. 备具

准备好泡茶用品，包括盖碗、水壶、水盂、茶巾、茶荷、茶道组。

2. 备水

对嫩度较高的黄茶，如蒙顶黄芽、君山银针等，应用85℃的热水冲泡。

3. 温盖洁具

将沸水注入盖碗，双手扶盖碗杯壁转动温烫盖碗，稍倾斜杯盖，将水倒入公道杯温烫，再将公道杯中的水倒入品茗杯中温烫，将品茗杯中的水倒入水盂中。

4. 置茶

将3~5克茶轻轻拨入盖碗中。

5. 浸润泡

倒少量水至盖碗中，以没过茶叶为宜，浸润5秒，将水倒入水盂。

6. 冲泡

将90℃左右的水倒入盖碗至七分满（银针类黄茶水温凉至85℃）。轻盖杯盖，浸泡15秒左右出汤。

7. 出汤

将泡好的茶汤倒入公道杯中。

8. 奉茶

将公道杯中的茶汤斟入品茗杯至七分满。

9. 品饮

左手拇指食指握杯沿，中指托杯底，以"三龙护鼎"姿势执杯，右手护杯，先观汤色，黄茶汤色黄亮，再闻香，品茶要小口用心品饮。黄茶可冲泡 3~5 次。

任务五　乌龙茶品鉴

乌龙茶又称青茶，是半发酵茶，是介于绿茶与红茶之间的一种茶类。它既有绿茶的香浓，又有红茶的甜醇。本项目通过介绍乌龙茶的特点、制作工艺、分类及冲泡技巧，带领大家进一步了解乌龙茶。

一、认识乌龙茶

乌龙茶是用已成熟的两叶一芽做原料，干茶呈深绿色或青褐色，泡出来的茶汤是蜜绿色或蜜黄色。茶性温凉，具有花香果味，从清新的花香、果香到熟果香都有，滋味醇厚，略带微苦回甘。乌龙茶按产地分，有闽北乌龙茶、闽南乌龙茶、广东乌龙茶和台湾乌龙茶。

（一）乌龙茶的制作工艺

1. 萎凋

指晒青和晾青。将鲜叶按不同品种、产地和采摘时间均匀地摊在水筛上，均匀地接受阳光，晒青后再将茶移至晾青架上，边散热，边萎凋。通过萎凋散发部分水分，提高叶子的韧性，便于揉捻成型，同时增强酶的活性，散发部分青草气，有利于香气散发。

2. 做青

将茶叶置于水筛或摇青机中摇动，叶片互相碰撞，擦伤叶缘细胞，发生轻度氧化，叶片边缘呈现红色，形成"绿叶红镶边"的特色，静置发酵使茶叶内含物逐渐氧化和转变，产生丰富的芳香物质。

3. 炒青

主要是抑制鲜叶中酶的活性，控制继续发酵，防止叶子继续红变。同时使叶子柔软，便于揉捻。

4. 揉捻

使叶片揉破变轻，卷转成条，体积缩小，且便于冲泡。同时部分茶汁挤溢附着在叶表面，提高茶味浓度。

5. 干燥

蒸发水分，消除茶叶中的苦涩味，促使滋味醇厚。

（二）乌龙茶名品

1. 铁观音

产于福建省安溪县。铁观音条索肥壮、圆结、紧卷，叶柄宽肥，叶面大多叶背稍卷，形状似蜻蜓头、螺旋体、青蛙腿。干茶色泽油润砂绿明显，香气馥郁持久，冲泡后汤色金黄浓艳似琥珀，有天然馥郁的兰花香，滋味醇厚甘鲜，回甘悠久，俗称"观音韵"，叶底肥厚、软亮，红边鲜明。铁观音茶香高而持久，"七泡有余香"。

2. 大红袍

产于福建省武夷山，中国十大名茶之一。在所有的武夷岩茶中，大红袍具有最高的声誉。大红袍茶树生长在武夷山悬崖，悬崖被命名为"九龙窟"。大红袍条索紧实，呈绿褐色，汤色橙黄、明亮，滋味醇和，有强烈的兰花香，即使经过九次冲泡，花香味仍很持久。

图 5-8　大红袍

3. 凤凰单丛

产于广东潮州地区，产茶史可溯至唐代，清代时凤凰茶渐被人们所认识，并列入全国名茶。条索肥壮匀整，色泽黄褐，油润有光，汤色橙黄明亮，有天然花蜜香，滋味醇厚回甘，叶底肥厚，红边明显。广东乌龙茶最突出的是香气，芬芳馥郁，独树一帜。较为常见的香型有类似栀子花的黄枝香、桂花香、蜜兰香、芝兰香等。

4.冻顶乌龙

产于我国台湾省南投县。据野史相传，是清道光年间的举人林凤池从福建带回武夷乌龙植于冻顶山，台湾的茶业才得以发展，也成就了台湾名茶——冻顶乌龙。冻顶乌龙属于轻度半发酵茶。外形紧结弯曲，呈半球形，色泽墨绿油润，干茶芳香浓郁，冲泡后，汤色略呈黄绿色，花香明显，略带焦糖香，滋味醇厚回甘。

二、乌龙茶冲泡

（一）冲泡注意事项

1.用水

由于乌龙茶包含某些特殊的芳香物质需要在高温的条件下才能完全挥发出来，所以一定要用沸水来冲泡。

2.用量

若茶叶是紧结半球形乌龙，茶叶需占到茶壶容积的 1/3~1/4；若茶叶较松散，则需占到壶的一半。

3.浸泡时间

闽南和台湾的乌龙茶冲泡时第一泡一般是 45 秒左右，再次冲泡是 60 秒左右，之后每次冲泡时间往后稍加数十秒即可。闽北和潮州的乌龙茶出汤速度比较快，第一泡浸泡一般为 15 秒左右。

4.冲泡次数

乌龙茶耐冲泡，有"三泡四泡是精华，七泡有余香"的说法，方法得当可冲泡七次以上。

（二）铁观音紫砂壶冲泡法

1.备具（孔雀开屏）

准备好泡茶用品，包括紫砂壶、闻香杯、品茗杯、公道杯、电水壶、水盂、茶巾、茶荷、茶道组等。

2.备水（火煮山泉）

乌龙茶耐高温冲泡，沸水更容易激发茶香。

3.赏茶（叶嘉酬宾）

将茶从茶罐中取出置于茶荷中，观赏茶叶的外形、色泽、匀整程度。

4. 温壶（孟臣沐淋）

向茶壶内注入沸水，将壶提起，托住壶底轻微摇动，使壶内温度均匀。

5. 温杯（若琛出浴）

将烫壶的水倒入品茗杯，进行温杯。

6. 置茶（乌龙入宫）

将 5 克左右茶叶从茶荷中轻轻拨入紫砂壶。

7. 冲水（高山流水）

用回旋高冲方法向壶中注入沸水。

8. 倒茶（分承玉露）

将第一道茶汤均匀倒入闻香杯中。

9. 二冲水（悬壶高冲）

再次向紫砂壶中冲入沸水，至溢出。

10. 刮沫（春风拂面）

用紫砂壶盖刮去茶沫。

11. 淋壶（重洗仙颜）

用沸水淋壶，以提高紫砂壶表面的温度。

12. 出汤（祥龙行雨）

又称"关公巡城""韩信点兵"，将二泡茶汤循环注入闻香杯，并将剩余茶汤平均注入每个闻香杯，让每一杯茶浓淡均匀。

拓展视频 5-3

13. 奉茶（敬奉香茗）

分"珠联璧合""鲤鱼翻身"两步，将品茗杯翻转扣在闻香杯上，再将品茗杯和闻香杯一起反转，放在茶托上，敬奉给客人。

14. 闻香（喜闻幽香）

拿起闻香杯，用手掌来回搓动闻香杯闻香气。

15. 赏汤（鉴赏汤色）

用"三龙护鼎"指法端起茶杯鉴赏茶汤，铁观音汤色金黄。

拓展阅读 5-3

16. 品茶（细品佳茗）

用"三龙护鼎"指法品饮茶汤，铁观音兰花香味浓郁，入口滋味醇和。

任务六　红茶品鉴

红茶属全发酵茶，茶叶汤色和叶底均为红色，故称红茶。红茶在中国最早种植，也是世界上消费量最大的茶。本项目通过介绍红茶的特点、制作工艺、分类及冲泡技巧，带领大家进一步了解红茶。

一、认识红茶

红茶是用大叶、中叶、小叶鲜茶作为原料经萎凋、揉捻（揉切）、发酵、干燥等工序加工而成。红茶在制造过程中80%多酚类物质氧化形成茶黄素、茶红素、茶褐素等氧化产物。红茶茶性温和，其品质特点是红汤红叶，具有麦芽糖香或焦糖香，滋味浓厚略带涩味，咖啡因与茶碱含量较少。中国祁门红茶、印度大吉岭茶和斯里兰卡的乌沃茶被认为是世界三大高香红茶。正山小种红茶、云南红茶、广东英德、海南红碎茶是中国著名的红茶。红茶按制造方法不同可分为小种红茶、工夫红茶和红碎茶三类。

（一）红茶的制作工艺

1. 萎凋

萎凋目的是使鲜叶散失部分水分，质地变软，有室内加温萎凋和室外日光萎凋等方法，萎凋后叶片失去光泽，呈暗绿色。

2. 揉捻

揉捻是塑造茶叶外形和形成内在品质的重要工序，使茶汁外流，叶卷成条，为红茶发酵创造条件。

3. 发酵

将揉捻好的茶坯装在篮子里，稍加压紧后，盖上温水浸过的布，以提高发酵时的温度和湿度，待叶脉呈红褐色，茶香散发即可上焙烘干。发酵的目的，在于使茶叶中的多酚类物质在酶的促进作用下发生氧化作用，使绿色的茶坯产生红变。

4. 干燥

通过烘焙干燥蒸发水分，提升茶香。

（二）红茶名品

1. 正山小种

正山小种是世界上最早的红茶，亦称红茶鼻祖，核心产区是武夷山市星村镇桐木关，至今已经有 400 多年的历史。茶叶是用松针或松柴熏制而成，有着非常浓烈的香味。因为熏制的原因，茶叶呈灰黑色，茶汤为深琥珀色。正山小种红茶外形条索肥实，色泽乌润，泡水后汤色红浓，香气高长带松烟香，滋味醇厚，带有桂圆汤味。

图 5-9　正山小种

2. 祁红工夫

"祁红"产于安徽省祁门、东至、贵池（今池州市）、石台、黟县，以及江西的浮梁一带。由汉族茶农创制于光绪年间，祁门红茶外形细紧，苗锋良好，色泽乌黑油润，汤色红亮，香气浓郁带糖香，滋味醇和回甘，叶底红匀细软。

二、红茶冲泡

（一）红茶冲泡注意事项

1. 水温

通常用 85℃左右的热水冲泡红茶，泡出来的茶汤清澈，香气醇正，滋味鲜爽，叶底明亮。

2. 浸泡时间

茶叶冲泡时间与茶叶种类、泡茶水温、用茶数量和饮茶习惯等有关。红茶的叶子比较嫩，不宜长时间浸泡，讲究快注水快出汤，注水后，10 秒左右就可以出汤。

3. 饮用方法

红茶饮用方法丰富，可独饮，也可调饮。调饮时，可以根据个人喜好在茶汤中加入糖、牛奶、咖啡、柠檬片、蜂蜜以及各种新鲜水果或果汁。

（二）瓷壶冲泡祁门红茶

1. 备具

准备好瓷质茶壶、公道杯、青花或白瓷茶杯、茶荷、茶巾、茶盘、茶道组、热水壶等。

2. 赏茶

将茶从茶罐中取出置于茶荷中，祁门红茶外形匀整，香气浓郁。

3. 温壶杯

加沸水至瓷壶、公道杯和茶杯中，温烫壶杯，将洗杯水倒入水盂中。

4. 置茶

用茶匙将茶荷中的红茶拨入瓷壶中。

5. 冲泡

悬壶高冲。高冲可以使茶叶在水的冲击之下充分浸润，有利于红茶色、香、味的充分发挥。

6. 出汤

红茶讲究快冲水快出汤。

7. 分茶

将茶汤从公道杯中均匀分至每个茶杯中。

8. 闻香

祁门红茶是世界三大高香茶之一，香气浓郁甜润，蕴含兰花香气。

拓展视频 5-4

9. 观色

祁门红茶汤色红艳，外沿有一道明显"金圈"。

10. 品饮

祁门红茶味道鲜爽、浓郁，回味悠长。

拓展阅读 5-4

任务七　黑茶品鉴

黑茶属后发酵茶，黑茶因成品茶的外观呈黑色，故得名。本项目通过介绍黑茶的特点、制作工艺、分类及冲泡技巧，带领大家进一步了解黑茶。

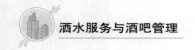

一、认识黑茶

黑茶用大叶种等茶树的粗壮梗叶或鲜叶作为原料制成毛茶，经后发酵制成。茶性温和，耐泡耐煮，可长期存放。黑茶外形黑褐色或青褐色，汤色橙黄或褐色，具有陈香，滋味醇厚回甘。具有降血压、降血糖、降血脂、调理肠胃、消炎、防辐射等独特功效。

黑茶主要供我国边远地区少数民族饮用，又称边销茶。黑茶是压制各种紧压茶的主要原料，各种黑茶制成的紧压茶是藏族、蒙古族和维吾尔族等少数民族日常生活的必需品，有"宁可三日无食，不可一日无茶"之说。黑茶品种丰富，按地域分为湖南黑茶（茯茶、千两茶、黑砖茶、三尖等）、湖北青砖茶、四川藏茶（边茶）、安徽古黟黑茶（安茶）、云南黑茶（普洱熟茶）、广西六堡茶及陕西黑茶（茯茶）。

（一）黑茶的制作工艺

制作黑茶包括杀青、揉捻、渥堆、干燥等工序。黑茶制作工艺的特点是，鲜叶经杀青破坏酶的活性，在干燥前或干燥后有一个渥堆过程，从而使黑茶色泽黑褐、油润，滋味醇和。

1. 杀青

用高温炒鲜叶，炒至叶片变黄绿，略带黏性。

2. 揉捻

采用手工或揉捻机，揉至叶汁流出。

3. 渥堆

将初揉后的茶坯堆高 1 米左右，上面加盖湿布、蓑衣等物，以保温保湿。渥堆过程中要进行一次翻堆，使渥堆发酵均匀。堆积 24 小时左右时，茶坯表面出现水珠，叶色由暗绿变为黄褐。渥堆要在背窗、洁净的地面，避免阳光直射，一般室温在 25℃以上，相对湿度保持在 85% 左右。

4. 压制成型

毛茶分成等级后，将茶称取一定量，装入蒸模，用高温蒸气迅速蒸软茶叶，茶叶变软后用木模或石模压制装茶布袋，使之成型。

5. 干燥

采用日晒自然干燥或烘房干燥方法。

（二）黑茶名品

黑茶可分为紧压茶与散装茶及花卷茶三大类。散装茶主要有天尖、贡尖、生尖，统称为三尖。以天尖最佳，是用一级黑茶压制而成，色泽乌润，滋味浓厚，汤色橙黄，叶底黄褐。紧压茶为砖茶，主要有茯砖、花砖、黑砖、青砖茶，俗称四砖。花卷茶有十两、百两、千两等。

1. 千两茶

千两茶是湖南安化传统名茶，以每卷（支）的茶叶净含量合老秤一千两而得名，因其外表的篾篓包装成花格状，故又名花卷茶。千两茶是采用安化本地产优质黑茶为原料，将经蒸汽变软后的黑茶灌入垫有蓼叶和棕片的长圆筒形的篾篓中，用棍、锤等筑制工具，运用绞、压、踩、滚、锤等技术，经多次反复锤压和束紧，最后形成高 160 厘米左右、直径 0.2 米左右的树状圆柱体，在自然条件下经"日晒夜露"七七四十九日，自然干燥而成。千两茶茶包装原始独特，外形硕大挺拔。千两茶色泽黑润油亮，汤色橙黄明亮，滋味醇厚，味中带蓼叶、竹黄、糯米香味。

2. 茯砖

茯砖旧称"湖茶"，最早是湖南安化县生产，运至陕西省泾阳县压制加工，因在伏天加工故名"茯（伏）砖"。茯砖茶压制要经过原料处理、蒸气沤堆、压制定型、发花干燥、成品包装等工序。茯砖特有的"发花"工序，是砖从砖模退出后，不直接送进烘房烘干，而是缓慢"发金花"（即产生冠突散囊菌），这种金花菌越茂盛，品质就越好，含有更多人体必需的多种氨基酸、维生素和微量元素，消滞去腻，降脂降压，对人体健康的益处就越大。茯砖外形紧结，色泽黑褐油润，金花茂盛，汤色橙红透亮，滋味醇厚悠长，适合高寒地带及高脂饮食地区的人群饮用。

图 5-10　金花茯茶

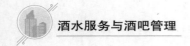

3. 普洱茶

普洱茶是以云南大叶种晒青毛茶为原料，经过后发酵加工成的散茶和紧压茶，原产于云南澜沧江流域中游一带的思茅、版纳、临沧等地，集散于今云南省普洱市，故名"普洱茶"。普洱茶以"陈"为贵，越陈越香，是中国茶叶中极具特色的茶类。普洱茶从发酵不同分为生茶和熟茶两种，成品分为散茶和紧压茶两类。生茶颜色以青绿、墨绿为主，经过时间陈化之后，部分转为黄绿、黄红色。汤色以黄绿、黄红、金黄为主。熟茶颜色以红褐色为主，香气有明显渥堆味，内质汤色红浓明亮，香气独特陈香，滋味醇厚回甘，叶底褐红。常见的普洱茶有饼茶、沱茶、砖茶、金瓜贡茶、香菇紧茶、柱茶、七子饼、小金沱、老茶头等。

拓展阅读 5-5

二、黑茶的冲泡

（一）黑茶冲泡注意事项

1. 用具

通常新茶和散茶用盖碗泡茶，老茶和紧实茶用紫砂壶为宜，紫砂壶吸附性强，可以有效地清除黑茶的异味。

2. 水温

需要用 100℃的沸水冲泡黑茶，粗老的紧压茶需要煎煮才能充分提取其内含物质。

3. 茶水比

黑茶的茶水比在 1∶30 至 1∶50 之间，煮饮黑茶一般以 1∶80 为佳。

4. 润茶

黑茶需要润茶，起到醒茶和去除茶叶表面杂质和灰尘的作用。

（二）紫砂壶冲泡陈年普洱茶

1. 备具

紫砂壶、公道杯、品茗杯、电热壶、滤网、茶道组、茶巾、茶荷、水盂、茶刀等。

2. 赏茶

将普洱茶置于茶荷中，观赏外形，判断其品类和年份。

3. 温壶温杯

将沸水倒入紫砂壶、公道杯和品茗杯温壶、温杯。

4. 置茶

将普洱茶拨入紫砂壶。

5. 润茶

沿着杯壁低斟回旋方式注水，避免茶汤浑浊，润茶时间不宜过长，5~10秒后将茶汤倒掉。

6. 冲泡

陈年普洱茶营养丰富，根据茶的情况确定浸泡时间。一般第一泡浸泡时间大约为 10 秒，第二泡大约 5 秒，而后每泡的时间逐渐增加几秒，前 5 次可以使用定点低斟注水方式冲水，之后采用回旋注水方式或定点高冲手法激发茶叶内质，每次泡出的汤适当"留根"，以保持茶汤的口感和韵味的相对稳定性。

7. 分茶

将茶汤倒入公道杯，保持茶汤浓度均匀，再分别均匀分入品茗杯中。

拓展阅读 5-6

8. 品饮

陈年普洱茶汤色橙红明亮，滋味醇厚，有明显甜香、枣香味。

 思考与练习

参考答案

一、单项选择题

1. 世界上第一部茶书（　　　）。

A.《品茶要录》　　　　　　　　　B.《茶具图赞》

C.《榷茶》　　　　　　　　　　　D.《茶经》

2. 茶叶冲泡程序中，"温润泡"的目的是（　　　）。

A. 抑制香气的溢出

B. 利于香气和滋味的发挥

C. 减少内含物的容出

D. 保持茶壶的色泽

3. 科学地泡好一杯茶的三个基本要素是（　　　）。

A. 茶具、茶叶品种、温壶　　　　B. 置茶、温壶、冲泡

C. 茶具、壶温、浸泡时间　　　　D. 茶叶用量、水温、浸泡时间

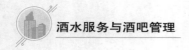

二、判断题

1. 斗茶之风出现在唐代。　　　　　　　　　　　　　　　　（　　）

2. 黄茶按鲜叶老嫩不同，分为黄芽茶、黄小茶、黄大茶三大类。（　　）

3. 冠突曲霉是红茶中含有的有益霉菌。　　　　　　　　　　（　　）

4. 盖碗又称"三才碗"，蕴含"天盖之，地载之，人育之"的道理。

　　　　　　　　　　　　　　　　　　　　　　　　　　（　　）

5. 引发茶叶变质的主要因素有温度、水分、氧气和光线等。　（　　）

三、简述题

1. 茶叶叶片中有哪三种最重要的风味物质？各有什么作用？

2. 六大基础茶类有哪些？在健康保健价值上有什么不同？

3. 如何评判一款茶？

四、案例分析题

在国潮兴起的当下，有着数千年历史的中国茶如何寻求突破，焕发年轻的芳香？请给出你的想法和建议。

6 项目六
咖啡制作与服务

项目导读

　　本项目的教学目的是让学生了解咖啡的基础知识；掌握冲煮咖啡的基本要领，并熟悉各类制作咖啡的用具；掌握半自动咖啡机的使用方法；掌握著名咖啡调制配方、服务技巧及咖啡礼仪。

知识目标：

1. 了解咖啡的起源。

2. 掌握咖啡的植物学知识。

3. 掌握咖啡的三大原种、产区、风味特点及处理方法。

能力目标：

1. 能够掌握意式浓缩咖啡、拿铁咖啡、卡布奇诺等的制作方法。

2. 能够掌握手冲咖啡壶、虹吸壶的操作方法。

素质目标：

具备良好的服务意识、团队协作能力、职业素养、文化素养、沟通能力、创新能力以及学习能力。

思维导图

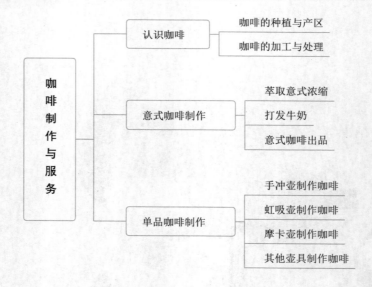

任务一 认识咖啡

关于咖啡的故乡，现在比较一致的观点认为，咖啡起源于非洲东北部的埃塞俄比亚，"咖啡"（Coffee）一词便源自该国一个叫咖法（kaffa）的地区，希腊语中"Kaweh"象征着"力量与热情"。关于咖啡的起源有各种版本的故事和传说，其中知名度最高的就是"牧羊人传说"了。

"牧羊人传说"来自距今约 1500 年的埃塞俄比亚高原。咖法地区一个名为卡尔迪的牧羊人在放羊的过程中发现了羊群中有一些兴奋不安的羊，有时，甚至会站起身与人翩翩起舞。于是好奇的牧羊人卡尔迪仔细观察事情的原委，发现那些羊之所以兴奋是因为吃了一些红色的浆果。于是，卡尔迪自己品尝了这些红色果实后，也变得精力旺盛起来。他将这种能够让人兴奋的果实带了回去，并被越来越多人认识，这种红色果实很快在部落间风靡起来，这就是野生的咖啡果。

关于咖啡的起源，除了牧羊人传说外，还有阿拉伯僧侣说，天使传说等，但是无论在咖啡的故乡还是在国外，流传比较广的还是牧羊人传说，在很多城市的咖啡店中，以牧羊人传说作为装饰的油画和装饰品也比比皆是。

一、咖啡树的种植与产区

（一）咖啡树的种植

咖啡树是多年生植物，长大后每年都会结咖啡果，咖啡果里的种子就是我们所说的咖啡豆。咖啡豆经过脱胶、水洗和干燥之后，成为颜色发绿的咖啡生豆，可进一步用于烘焙，最终用来制作饮品。

1.咖啡树的生长

咖啡树的萌芽从苗圃开始，人们将咖啡种子埋进盆里，经过 6~8 周后开始萌芽。随着不断萌发，逐渐长起来的咖啡茎会将豆粒顶出去，子叶逐渐展开，豆粒慢慢脱落。

人们称这个阶段的植株为"小兵"（little soldiers）。为了呵护这些新萌发出来的嫩芽，"小兵"们会被置于庇荫处 6~12 个月。直到"小兵"长到灌木大小后，才会被移植到土地里，定植生长，一般到 3~4 年后才开始结果。

咖啡树可以活 100 年左右，但咖啡树的产量与后天管理有关。得到较好管护的咖啡树的高产时间可以持续 15~20 年，之后商业价值逐年降低就需要

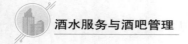

重新进行栽培了。

2.咖啡树的根、茎、叶、花

咖啡树的根系比较浅，主根粗短，须根发达，呈圆锥形分层向下分布。因此，咖啡树对土壤的要求是疏松肥沃、排水良好。我们常见到人们在山坡上种植咖啡树，也是因为山坡良好的排水优势。但咖啡树不耐强光照射，通常需要进行适当遮阴处理，这对咖啡树抵御叶锈病，提高产量和保证风味多有裨益。

咖啡树的茎为直生，茎上生节，人们可以通过节的密度来判断咖啡树的品种。咖啡树从幼苗到结果都需要精心呵护，从咖啡树主干上萌生出的第一分枝决定了咖啡树成年后的树形态势、生长速度、结果多寡等，从第一分枝上生长出的为第二分枝，它是主要的结果枝。

咖啡树的叶子呈椭圆形，浓绿色，舒展对生，叶片边缘呈波纹状。咖啡树嫩叶的颜色也可以判断咖啡树的品种，咖啡树需要浇水施肥、适度光照和适当遮阴处理。

咖啡树为雌雄同花、自花授粉的植物，咖啡树经过三年的生长后才能开花结果。咖啡花为洁白的五瓣花朵，芬芳馥郁。咖啡花的花期取决于干旱程度和海拔高度等因素，我国云南的咖啡树花期一般集中在三、四月，通常持续一周左右的时间，随后慢慢成长为咖啡果。

3.咖啡树的果实及结构

图 6-1　咖啡树与咖啡果

咖啡果（coffee cherry），又称咖啡樱桃，成熟的咖啡果一般为深红色、橘红色或紫红色的果实，为浆果，当然，在南美洲也有粉色的波旁果和黄色的卡杜艾果。咖啡果的最外层称为外果皮，剥去外果皮为咖啡果肉（也称中果皮），为一层甜味的浆状物质，可以食用，但口感欠佳。果肉（中果皮）里面我们称之为"咖啡种子"。

咖啡种子的种壳，也就是咖啡果实的内果皮，又称羊皮纸，质地坚韧。带着种皮的完整咖啡种子又叫"羊皮纸咖啡"，云南称作"带壳豆"。种壳里面是一层薄薄的种皮，通常称之为银皮（Silver Skin）。银皮紧紧裹附着内里的种仁，只有通过烘焙加热才能脱离。包裹着银皮的咖啡豆被称作咖啡生豆，烘焙后剥离了银皮的咖啡豆被称作咖啡熟豆。

4.咖啡的三大原种

咖啡树为茜草科下面的咖啡属植物。咖啡属中能够人工栽培并能生产咖啡豆的原种不足一半，我们所常说的咖啡三大原种通常是指：阿拉比卡种咖啡（Coffea Arabica）、罗布斯塔种咖啡（Coffea Robusta）、利比里亚种咖啡（CoffeaLiberica）。

咖啡的三大原种中，以阿拉比卡种最为著名。于1753年由瑞典植物学家确定，为高档咖啡的代名词。阿拉比卡种咖啡植株通常不高，略显修长的绿色叶子，较小的椭圆形果实，又称作小粒咖啡。阿拉比卡种咖啡拥有出众的风味、迷人的香气和明媚的果酸，尤其是高海拔地区产的咖啡这种特性表现得淋漓尽致，虽然生命力较弱、抵御病虫害能力不强、种植管理成本较高，但巨大的商业价值使其依然种植面积最广。根据国际咖啡组织的统计，全世界消费市场上流通的咖啡约有65%为阿拉比卡种，产量占到了七成左右，而这两个数字还将不断增加。尤其是在海拔800米以上的高地，更是阿拉比卡种咖啡适宜生长的乐园。

罗布斯塔种被称作刚果种（Coffea Canephora）——这一原种的原产地在非洲刚果。较之阿拉比卡种，罗布斯塔种拥有生命力强、抗病虫害能力好、种植管理成本低等优点，风味和香气上却略逊阿拉比卡一筹。罗布斯塔种咖啡树植株高度介于阿拉比卡种和利比里亚种之间，圆形的果实大小也居于前两者之间，因此又被称作中粒咖啡。与阿拉比卡种相比，罗布斯塔种的酸味并不明显，但苦味往往更加突出些，同海拔比较的话，咖啡的油脂也更加丰厚。

原产地在非洲西部利比里亚的利比里亚种（CoffeaLiberica）咖啡树是体形高大的常绿乔木，枝干整体形态向上是最易辨认的特征。由于果实大，利比里亚种也被称作大粒咖啡。这个原种的咖啡树虽然生命力很强，但风味、香气、抗病虫害能力等各方面均不占优，目前种植面积急剧萎缩，商业价值日减，多改作物种保存或科学研究性种植。

由于罗布斯塔种不论是浸出物总量（指的是萃取出的咖啡液容量），还是咖啡因含量，多为阿拉比卡种的两倍甚或至更多，所以大量被用于生产制作速溶咖啡和罐装咖啡。虽然单独饮用罗布斯塔豆制作的咖啡体验"令人生畏"，但很多传统咖啡烘焙商会将大比例的阿拉比卡咖啡和小比例的罗布斯塔咖啡相混合，拼配出来的成品咖啡不仅成本略有下降，产出率提高，还拥有更加丰厚的油脂、更加独特的苦味、更加丰富的咖啡因和单宁酸，酸味也能得到抑制，层次感也比较出众。

（二）产区

世界上大多数的咖啡树都生长在南北纬 25 度之间的地带，这是咖啡树自然生长的地带，而这个生产地带，一般称为"咖啡带"或"咖啡区"。咖啡树生长在气候条件卓越的咖啡带里，那里终年阳光直射，有着丰沛的热量和充足的雨水，年平均气温在 20℃以上。咖啡树最理想的种植条件为：温度介于 15℃~25℃之间的温暖气候，而且整年的降雨量必须达 1500~2000mm，同时它的降雨时间，要与咖啡树的开花周期相配合。咖啡的风味通常取决于土壤、温度、海拔、降水和日照等具体生长条件，所形成多元的产地特色。

咖啡产地决定了咖啡的先天风味，因气候、地理环境或咖啡豆处理方式的不同，造就了咖啡豆不同的咖啡风味。

全世界主要有三大咖啡种植区域，分别为：非洲（Africa Area）、拉丁美洲区（Latin America）与亚洲太平洋地区（Asia/Pacific Area）。

1. 非洲产区

作为咖啡的故乡，非洲咖啡在全球咖啡市场中更具有举足轻重的地位。非洲咖啡普遍的风味特点是浓郁的香气以及迷人的果酸，其中埃塞俄比亚咖啡的橘香和肯尼亚咖啡的莓香让人记忆深刻。非洲咖啡的酸度高，但醇厚度往往略显单薄，甜味也不太突出。非洲地区由于干旱缺水，多采用日晒法处理生豆，豆形常常并不均匀美观，瑕疵率较高。世界上许多最好的非洲咖啡豆来自东部的埃塞俄比亚、肯尼亚和卢旺达，那里的优质阿拉比卡咖啡豆被种植到西非国家，包括塞内加尔和喀麦隆，其中大部分种植罗布斯塔咖啡豆。本产区国家代表：埃塞俄比亚、肯尼亚、卢旺达、乌干达、坦桑尼亚。

2. 中南美洲产区

拓展阅读 6-1

中南美洲的地理位置优越，生长环境优良，大量适合咖啡种植的微型气候带贯穿于数个区域，塑造出咖啡豆均衡、宜人的风味。拉丁美洲的咖啡酸度适中，并带有可可或坚果的均衡风味。此产地的咖啡豆味道生动而温和，精致的风味使它受到人们的高度评价。以风味平衡感极佳著称的巴西咖啡，便时常作为拼配豆清单里的不二选择，与各类型风味豆混搭，添加风味层次的展现与口感。此产区国家代表：危地马拉、哥伦比亚、巴西。

3. 亚洲产区

亚洲太平洋产区包括印尼群岛、东帝汶、南亚和巴布亚新几内亚。庞大的咖啡种植区域横跨各种气候和地形，在亚洲产区可以找到世界上最与众不同的咖啡风味，以具有浓郁芳香，带着草本调性和温和的香料风味，咖啡浑厚的醇度带来强烈的尾韵，耐人寻味。醇厚度比中、南美洲与非洲的咖啡豆要高，但酸味较低，风味略带沉木、药草、香料与泥土味，低沉的闷香高于上扬的酸香味。海岛豆比较清淡温和，有种淡雅调。本产区代表国家有：印度尼西亚、巴布亚新几内亚、中国（云南）、越南。

二、咖啡的加工与处理

咖啡的加工分为鲜果阶段的初加工和烘焙阶段的深加工两个部分。

（一）初加工

咖啡鲜果阶段的加工称为初加工，也称"处理法"，不同的处理法对咖啡的风味以及烘焙均有重要影响。目前，最常见的处理法为干燥法（Dry Pr℃essing）（也称日晒法）和水洗法（Wet Pr℃essIng）两种。咖啡处理最主要目的是获得带壳豆，或叫作羊皮纸咖啡豆（Parchment Coffee Bean）。

1. 水洗法

水洗法又叫作湿加工法，采收后的咖啡鲜果经过浮选、脱皮、发酵、洗豆、干燥、去壳、分级、包装等工序，获得咖啡豆。

第一步，浮选。浮选通常是在流水线式的蓄水槽中完成，成熟的鲜果比较重，会沉在水下，这是将水面上的枝、叶、垃圾、干果、病果等去除。

第二步，脱皮。脱皮指的是利用脱皮机将外果皮、果肉等剥去，以利于接下来去除内果皮表面的果胶。

第三步，发酵。发酵是一个能影响咖啡豆风味、口感的重要环节，需要利用发酵池完成，较多依仗操作者的经验判断，用以去除内果皮表面附着的果胶黏液。

第四步，洗豆。洗豆是为了获得表面干净清洁、毫无粘手感觉的带壳豆，这一道工序需要在发酵之后在洗豆池中迅速展开。有时在洗豆之后还需将洗涤后的带壳豆置于清水中浸泡几个小时。

第五步，干燥。完成洗豆和浸泡操作的带壳豆含水量很高，往往超过50%，通过干燥环节，使咖啡豆表面干燥，且水分含量降低至 11%~13%。干燥咖啡豆可以通过日光晾晒干燥，也可以采用干燥机来人工烘干咖啡豆。根据经验，单纯使用机器干燥很难获得最佳的口感，纵使用机器干燥的咖啡豆也需要适度经历一下太阳光的沐浴。此外，甜蜜处理、室内阴干等特殊工艺在加工环节也比较常见。

第六步，去壳。在销售之前，带壳豆需要进行去壳操作，使用去壳机来去除残留的内果皮（果胶），脱壳后的咖啡豆再用抛光机进行表面抛光处理，杂物和部分银皮会被去除。

第七步，分级。目前很多去壳的抛光机械还带有咖啡生豆的基本筛选功能，能流水线式地将咖啡豆进行分级处理。可以使用风力、振动筛、比重等不同原理的分级专用机器进行该项工序。

第八步，包装。经过分级的咖啡生豆已经成为商品咖啡豆，下一步是使用牢固、干燥、无异味的麻袋进行包装、储存和运输，这期间，避光、通风、防霉、防虫等四点需要重点关注。

2. 干燥法

干燥法，又称"日晒法"，属于干法加工过程，除了第一步浮选与水洗法基本相同外，接下来的工序流程为：日光摊晒、脱皮、去杂、分级、包装。先将采收的咖啡鲜果在日光晒场或晒架上摊晒，往往需要1~2周时间。接着，将干透后（含水量为10%~12%）的咖啡果用脱壳机直接脱去果皮、种皮，拣去杂质，并使用电子选豆机等设备进行分级，然后就可以进行包装、储存和运输了。干燥法作业过程简单、投资低廉、操作便利又不依赖过多的水资源，但更加依赖工人的经验技术（尤其是判断干燥程度）。

今天，除了传统水洗法和干燥法外，咖啡行业中出现了越来越多的处理方式，如改良式的半水洗法、全程不沾水的甜蜜处理法、厌氧处理法等也因风味出众而逐渐流行起来。

（二）深加工（烘焙）

咖啡生豆不能直接食用或饮用，带有诱人香味的咖啡熟豆，是咖啡生豆经过加热烘焙、脱去银皮后的产物。烘焙咖啡豆的过程，是咖啡经历高温焙制，发生一系列物理和化学变化，获得色、香、味，形成风味油脂的过程。

咖啡豆在烘焙加热过程中，不断地进行着复杂的物理及化学变化，大量物质释放出来，又生成大量新物质，香气、味道、油脂、醇度、咖啡因含量等与感官有关的特性不断地发生着变化。因此，可以说，咖啡豆烘焙的过程是一个创造风味的过程，是咖啡制作的核心。

拓展阅读6-2

根据咖啡豆烘焙的不同程度，可以将烘焙度划分为浅烘焙、中烘焙和深烘焙三大类。

表 6-1　烘焙度

编号	程度描述	该深烘焙程度常用叫法	Agtron 值	咖啡豆所处状态描述	咖啡豆表面
R1	极浅烘焙	肉桂式烘焙（Cinnancn）	95	将近或刚开始一爆	干涩
R2	浅烘焙	肉桂式烘焙（Cinnancn）/浅度烘焙（Light）	85	一爆密集期	
R3	较浅烘焙	浅度烘焙（Light）	75	一爆尾期或结束	
R4	偏中烘焙	中度烘焙（Medium）/美式烘焙（American）	65	一爆完全结束后至二爆开始前	
R5	中烘焙	城市烘焙（City）/美式烘焙（American）	55	刚开始二爆	光泽
R6	中深烘焙	全城市烘焙（Full-City）/维也纳式烘焙（Viennese）/浓缩咖啡烘焙（Espresso）	45	二爆密集期	
R7	深烘焙	法式烘焙（French）/深度烘焙（Uark）/浓缩咖啡烘焙（Espresso）/欧式烘焙（European）	35	二爆结束期	出油
R8	重烘焙	意式烘焙（Italian）/重度烘焙（Heavy）	25	二爆结束后	

任务二　意式咖啡制作

意式咖啡泛指一切用意式咖啡机制作出来的咖啡或以意式咖啡为基底，加入水、其他饮品或辅料而制作出来的咖啡饮品。目前的咖啡市场中，意式咖啡因其浓郁的口感、多变的风味以及极高的观赏性而深受消费者喜爱。

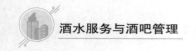
一、萃取意式浓缩

（一）认识意式浓缩咖啡

意式浓缩咖啡（Espresso），是一份用带有足够压力的热水冲过咖啡粉饼制作而成的浓缩饮品（Concentrated Beverage）。它小巧精致，通常容量只有1~2盎司，因为采用了高压冲泡，萃取出的意式浓缩咖啡比其他方法制作出来的咖啡饮品要浓郁得多。

由于高压萃取过程中咖啡粉和水的接触时间只有短短20多秒钟，而且萃取水温在90℃左右，远未达到沸点。一杯单人份分量（30mL）的意式浓缩咖啡中咖啡因含量不高，富含糖、咖啡因、蛋白质、咖啡油脂、胶状物等600多种物质，口感复杂而均衡，香气浓郁，爽滑细腻，余味更是悠长，酸、苦、甜等多味俱全。

（二）意式浓缩咖啡萃取

萃取意式浓缩咖啡的咖啡豆需要有偏深的烘焙程度，这样便于提升风味值，增强均衡感，提高醇厚度，并获得更多咖啡油脂。萃取意式浓缩咖啡使用的咖啡豆可能是某一款特定产区的咖啡豆，也可能是由多个不同产区的咖啡豆混合而成。如果是前者，那么这款咖啡豆在特定烘焙程度下萃取的咖啡一定均衡感好，香醇浓郁，油脂丰富，令人印象深刻。如果是后者，那么通常被称作综合咖啡豆或意式拼配（Espresso Blend）咖啡豆。

意式浓缩咖啡制作的步骤如下：

1.取粉及填压

取粉和填压是为了获得一定量的、厚度和密度一致的咖啡饼，为接下来的高压均衡萃取做准备。

（1）粉量过少（或粉饼过薄），会使得萃取的咖啡液成股哗哗流下，短短数秒便完成了萃取，咖啡的口感又淡又酸，难以下咽。

（2）粉量过多（或粉饼过厚），与上面相反，会使咖啡的口感过浓过苦。

（3）填压力度过轻或者根本不压粉，会使高压推动的热水轻易找到阻力最小的捷径，形成一个萃取通道，而无法形成全局性萃取态势——萃取通道上的咖啡粉被过度萃取，其余大部分咖啡粉却未被萃取，最终咖啡酸涩难喝。

（4）填压力度过重，会导致热水通过时的阻力太大，萃取难以顺利完成，萃取出来的咖啡液滴滴答答的好像眼泪，咖啡的口感又苦又涩，十分难喝。

（5）咖啡手柄中的咖啡粉如果按压得好，应该是非常平整光洁的表面，萃取后磕出来的咖啡渣也应该是一块完整的饼状物。

图6-2 填压咖啡粉

2. 挂手柄

将填压好咖啡粉之后的手柄挂到咖啡机冲煮头，并按下萃取键，开始进行意式浓缩咖啡的萃取。

3. 观察时间、流速及颜色

（1）大部分电控版咖啡机都能够设定萃取时间或萃取水量，实现自动结束萃取过程。手控版咖啡机需要人为观察萃取流速，计算萃取时间。如果萃取出的咖啡液是一道细长而连续的黏稠状带虎斑条纹的棕色水柱，那么25秒左右是理想的单一分量的意式浓缩咖啡萃取时长。如果是14克粉量萃取60ml的双份意式浓缩咖啡，那么时长为22~23秒较为合适。

（2）除了记时以外，专业咖啡师更强调观察萃取出的咖啡液颜色。如果萃取出的液体从带有虎斑条纹的深棕色转变为颜色均匀一致的黄色或淡黄色，即颜色迅速发白，我们称之为黄变（Blonding）。这说明咖啡粉中的精华已经萃取殆尽，杯中物的香气、味道和醇度接下来都会受到削弱，我们要迅速将承接的咖啡杯挪开，结束萃取过程。如果在萃取过程中，突然观察到一条黄色水流混杂直下，那么很有可能是高压推动下的热水从咖啡饼上刺穿了一道裂缝，产生了通道效应（Channeling）导致部分萃取不充分，咖啡渣饼上一定会有空隙等破损现象。

二、打发牛奶

牛奶是丰富咖啡饮品的重要伴侣，而奶沫可以让咖啡的口感更佳。打发奶沫的过程是将干燥的热空气有一定强度地注入牛奶中，并使奶液旋转起来，

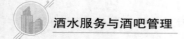

那些注入的气泡会在旋转过程中均匀碰撞，变成大量微气泡（micro-foam），绵密的奶沫因此形成。

打发奶沫的步骤如下：

第一步，准备一只容量大约为 700ml 的不锈钢奶缸，并保持其洁净、干燥、无异味。

第二步，将冷的新鲜牛奶倒入奶缸中（温度低可以给牛奶充足的打发时间），大约倒至奶缸总容量的 1/3 至 2/5。

第三步，空喷蒸汽棒。将蒸汽棒最前端的冷凝水放掉，避免破坏牛奶的口感。

第四步，将蒸汽棒喷嘴前段浸入牛奶中，大约 2cm 为宜。根据打发时蒸汽带动牛奶形成的旋转切割，判断蒸汽喷嘴与奶面以及缸壁之间的角度。

第五步，打开蒸汽开关。如果牛奶表面剧烈翻滚，形成大的泡沫，并发出尖锐的响声，这表明蒸汽喷嘴没入液面太浅，需蒸汽喷嘴往牛奶深处移动些许，直到听到细碎、连续的"嚓嚓嚓"声，我们称之为"切割声"。此时整个缸中的牛奶应该做着大规模的横向、纵向或斜向翻滚，空气在此过程中，密集而又有节奏地被不断注入牛奶中，"打发"与"打绵"的工作兼而实现。

第六步，随着奶面逐渐上升，我们需要不断微调蒸汽喷嘴相对于奶面的位置，始终保持切割态势，直至牛奶体积膨胀一倍左右结束。需要注意的是，我们应该通过握着不锈钢奶缸的手去感受缸中牛奶温度的变化，整个操作结束时牛奶温度不应超过 70℃。

第七步，快速关闭蒸汽喷嘴，并擦拭蒸汽棒。如果打发得好的话，应该是接近一满缸镜面般的奶沫，没有一个大泡泡，我们称之为"镜面奶"。

三、意式咖啡出品

意式浓缩咖啡与不同的搭档调制后可以获取不同的意式咖啡饮品。

（一）拿铁咖啡 Caffè Latte

拿铁咖啡是意式浓缩咖啡与牛奶的混合饮品，是意大利人乃至欧洲人的早餐饮品之一。在拿铁咖啡中，牛奶占了绝大部分的比例，是一杯具有浓厚奶香的饮品。因为牛奶的流动性较好，很多咖啡馆也采用拉花的方式制作拿铁。

出品类型：经典热咖啡（Classic Hot Coffee）

咖啡杯总容量：250mL

1.基本原料

意式浓缩咖啡：30mL

热牛奶（可有少量奶沫）：200mL

2. 制作步骤

（1）萃取意式浓缩咖啡基底液；

（2）将意式浓缩咖啡倒入拿铁咖啡杯；

（3）打发牛奶；

（4）将热牛奶（可含少量奶沫）倒入拿铁杯至九分满。

（二）卡布奇诺（Cappuccino）

卡布奇诺是咖啡、牛奶和奶沫的混合饮品，风靡全球。从理论上讲，卡布奇诺中咖啡、牛奶和奶沫的比例应为1∶1∶1，但实际操作中很难做到。

图6-3 卡布奇诺

出品类型：经典热咖啡（Classic Hot Coffee）

咖啡杯总容量：200mL

1. 基本原料

意式浓缩咖啡：30mL

牛奶：适量

拓展视频6-1

2. 制作步骤

（1）萃取意式浓缩咖啡基底液；

（2）将意式浓缩咖啡倒入咖啡杯；

（3）打发牛奶，使之产生丰富奶沫；

（4）将打发的热牛奶倒入杯中至顶部隆起，突出咖啡杯。

一杯优质的卡布奇诺咖啡对意式浓缩咖啡、牛奶以及制作手法的要求都比较高，达到温度适宜，图案精美，香醇滑腻。

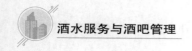

（三）摩卡咖啡（Cafe MCha）

摩卡咖啡的制作与拿铁类似，所不同的是杯中加入了巧克力酱。

出品类型：经典热咖啡（Classic Hot Coffee）

咖啡杯总容量：260mL

1. 基本原料

意式浓缩咖啡：30mL

巧克力酱：30mL

牛奶：200mL

2. 制作步骤

（1）杯中放入约 15mL 的巧克力酱；

（2）萃取意式浓缩咖啡基底液；

（3）将意式浓缩咖啡倒入咖啡杯，并适当搅拌；

（4）打发牛奶，使之产生少量奶沫；

（5）将打发的热牛奶倒入杯中至九分满；

（6）将奶沫铺到杯中；

（7）将剩余巧克力酱做装饰淋到奶沫表面即可。

摩卡咖啡上还可以点缀肉桂粉、可可粉、饼干碎屑或七彩米，不仅口感更加丰富，视觉效果也更加新颖。摩卡咖啡虽然热量较高，但由于独特的风味一直受到咖啡爱好者的喜爱而成为全世界咖啡馆的经典畅销饮品。

（四）康宝蓝（Espresso Con Panna）

康宝蓝也是一款基于意式浓缩咖啡的意式咖啡饮品，只不过出品表面加入了嫩白的鲜奶油。

出品类型：经典热咖啡（Classic Hot Coffee）

咖啡杯总容量：80mL

1. 基本原料

意式浓缩咖啡：30mL

鲜奶油：适量

2. 制作步骤

（1）萃取意式浓缩咖啡基底液；

（2）将意式浓缩咖啡倒入小口径咖啡杯；

（3）打发鲜奶油牛奶；

（4）使用绕圈法封住咖啡杯口。

康宝蓝咖啡将苦涩与甜香合二为一，味道独特而幽美，但因认知度不高，在咖啡店中出品率相对较低。

（五）焦糖玛奇朵（Cammel Macchiato）

"玛奇朵"，在意大利文里是"印记、烙印"的意思，象征着甜蜜的印记。经典玛奇朵是在一小杯意式浓缩咖啡上点缀一大勺绵密奶沫而成。

出品类型：经典热咖啡（Classic Hot Coffee）

咖啡杯总容量：200mL

1. 基本原料

意式浓缩咖啡：30mL

热牛奶：120mL

绵密的奶沫：适量

焦糖酱：20mL

2. 制作步骤

（1）杯中倒入适量焦糖酱（约10mL）；

（2）萃取意式浓缩咖啡基底液；

（3）将意式浓缩咖啡咖啡杯，并适当搅拌；

（4）打发牛奶；

（5）将牛奶倒入杯中；

（6）将打发好的奶沫用勺铺到咖啡杯中至10分满；

（7）将剩余焦糖酱淋在奶沫上并进行装饰。

在很多咖啡馆中，还会再焦糖玛奇朵中添加少许果味糖浆，来增加味道的层次感。

（六）爱尔兰咖啡（Irish coffee）

爱尔兰咖啡是咖啡与烈性酒的结合，其独特的风味和背后优美的爱情故事深得咖啡爱好者的喜爱。

出品类型：经典热咖啡（Classic Hot Coffee）

咖啡杯总容量：260mL

1. 基本原料

黑咖啡：145mL

爱尔兰威士忌：15mL

打发鲜奶油适量

方糖1块

2. 制作步骤

（1）将威士忌导入爱尔兰杯；

（2）杯中放入方糖；

（3）点燃爱尔兰酒，将酒香与方糖香融合散发；

（4）将黑咖啡倒入杯中至上道黑线；

（5）用鲜奶油在咖啡杯上沿绕圈，并逐层向内铺满。

爱尔兰威士忌的甘甜、芬芳与黑咖啡的澄澈气质相融，再辅以焦糖香和鲜奶油点缀，体现了爱情的纯洁高贵、思念的执着与无邪。

（七）皇家咖啡 Royal Coffee

皇家咖啡，据说因法国拿破仑大帝而得名，是咖啡与美酒的完美融合，洋溢着贵族气质。

出品类型：经典热咖啡（Classic Hot Coffee）

咖啡杯总容量：180mL

1. 基本原料

热咖啡：140mL

白兰地：5~7mL

方糖 1 块

2. 制作步骤

（1）将热咖啡倒入咖啡杯至七分满；

（2）将皇家咖啡匙放在杯口，匙上放方糖，并将白兰地淋在方糖上，使方糖浸润，多余的白兰地流入杯中；

（3）点燃方糖；

（4）方糖燃烧过半后，用咖啡匙将其再杯中搅拌。

浸润过白兰地的方糖燃烧着蓝色火焰，四溢的酒香从匙中流入深邃的黑咖啡里，轻呷一口，醇香醉人。

在实际经营过程中，意式咖啡的出品不仅仅限于以上七款，各咖啡馆还可以根据季节、人群喜好以及咖啡师本身对于咖啡的理解创制更多的咖啡饮品。

 任务三　单品咖啡制作

随着人们对咖啡的认知不断加深，越来越多的咖啡爱好者开始追逐咖啡的品质，他们对于咖啡的风味和口感的追求越来越多，对于咖啡的产地和加工过程也有了更多的要求，因此，饮用和制作单品咖啡逐渐成为一种时尚。

一、手冲壶制作咖啡

图 6-4　手冲咖啡

（一）设备介绍

1. 手冲壶

又叫手冲滴滤咖啡壶。滴滤式咖啡萃取法最先于 1908 年，由德国人梅丽塔女士（Mellita）发明。滴滤式萃取法是将研磨的咖啡粉置于滤纸上，滤纸搁在过滤支架（或滤杯）里，在咖啡粉上面加入热水，由于重力作用，萃取过后的咖啡液就会顺着滤杯下方流出来，过程简单流畅，无过多浸泡过程，制作出来的咖啡液澄澈明亮。在此原理基础上，一大批咖啡萃取技术和设备应运而生，手工滴滤冲泡是技术难度较大、咖啡饮品口感可塑性较强的一种咖啡冲泡方法，常有"一壶走天下"之说，所谓的"壶"就是指用来手工冲泡的长嘴壶。

2. 过滤媒介

滤纸是常用的过滤媒介，更加纯正、优雅的过滤媒介是法兰绒滤布，如冲泡得当，口感会更加纯净，层次感更强。法兰绒滤布的保养相对比较麻烦，每次使用后需清洗干净，沥干后装入保鲜袋里，再放入冰箱里妥善保存，下次使用之前，进行适当冲洗。

3. 滤杯

滤杯是手工冲泡的核心。滤杯有玻璃、树脂、陶瓷、金属等几种不同材质可供选择，树脂最便宜，陶瓷保温性能最好。从结构上看，滤杯内壁上凹

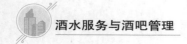

凸的沟槽是人为形成的滤纸与滤杯内壁间的空隙，目的是便于空气流通，提高萃取质量。

传统椭圆形滤杯下方孔洞有单孔、双孔、三孔等类型，称为单孔滤杯、双孔滤杯和三孔滤杯。单孔滤杯（梅丽塔杯）操作难度最大，需要冲泡者对水流和时间有着更加精确的把握。日本 HARIO 的 V60 系列滤杯为圆锥形，下方是一个直径相对较大的圆孔，杯壁则有着螺旋形凹槽纹路，增加了咖啡粉层的厚度，便于使用绕圈法注水，提高了第一次注水焖蒸的萃取均衡性，使咖啡粉能够均匀浸润。此外，通透性使得水流与气流的通道都更加顺畅，咖啡的口感更佳，平衡而富有层次。

（二）操作步骤

拓展视频 6-2

1. 放置分享壶和滤杯，折叠滤纸，并将所有器具放置在电子秤上；

2. 用适量的热水打湿滤纸，这样既可以使滤纸平顺地黏合在滤杯上，可以清洗滤纸可能存在的荧光剂和纸浆味，同时还可以给下面的分享壶进行温杯预热；

3. 将适量研磨好的咖啡粉倒入滤纸中，用手拍滤杯至咖啡粉平整；

4. 焖蒸，手持壶，慢慢均匀地从中心处用顺时针绕圈法，一层一层细密地浇淋，直至将咖啡粉全部浸湿，粉水接触即开始计时；

5. 静置 30 秒钟左右，此时，淋湿后的咖啡粉犹如膨松起来的山丘（这是咖啡豆新鲜的明证），但此时并无大量咖啡液从下方流出；

6. 焖蒸结束后，再次持壶注水，还是顺时针绕圈法，从里（中心点）往外一圈一圈细密连贯地浇淋，到了外圈后（注意不要淋到最外侧的滤纸）再顺时针从外往里淋浇至中心点，直至达到所预计需要的水量；

7. 等到萃取过程结束，将滤杯连同滤纸等撤开，就可以直接享用咖啡了。

手冲咖啡的可操作性很强，考验咖啡师对咖啡的理解，需要不断调整分水比、水温、萃取时间和操作方法等不同的参数来达到不同的饮用风味。

二、虹吸壶制作咖啡

（一）设备介绍

虹吸壶又叫赛风壶，初见于 20 世纪初，20 世纪七八十年代开始流行，制作咖啡的过程赏心悦目、趣味盎然，出品风味出众、个性卓越，是最受欢迎的家用、店用咖啡制作器具之一。

一台虹吸壶分作上下两个独立的部件，上壶是一个玻璃漏斗，下壶是一个玻璃球体。加热体可为卤素灯（光波炉）或者酒精灯。卤素灯泡将电能高效转化为红外线热能释放出来，热量供应非常稳定，也比普通酒精灯效率更高。

（二）使用步骤

图 6-5　虹吸壶咖啡

1. 在下壶中倒入适量冷水；

2. 保持下壶干燥，点燃酒精灯并加热下壶；

3. 将干净无异味的滤布放入上壶（漏斗底部），将滤布下部的挂钩钩住上壶的底部；

4. 调整好滤布，静置一旁待用；

5. 当下壶水温达到 65~70℃时，出现嗤嗤的轻微响声时，插上上壶；

6. 空气受热膨胀，下壶中的水被挤压并顺着上壶玻璃导管上升，待完全进入上壶时，加入咖啡粉；

7. 用木质搅棒在上壶中轻轻搅拌数下，让咖啡粉全部充分打湿浸润；

8. 30 秒钟后，进行第一次十字搅拌法——轻柔十字拨动，共计 3 个回合后停止；

9. 10 秒钟后，撤走火源，用搅拌棒轻柔搅拌数圈；

10. 受重力影响，咖啡液回流到下壶中。如需加快萃取速度，可以用湿冷的毛巾裹住下壶，加速下壶降温速度，咖啡液回流得会更快，并产生丰富的泡沫（咖啡豆新鲜的特征之一）；

11. 撤去上壶，就可以品尝下壶中的咖啡了，下壶同时可

拓展视频 6-3

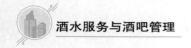

以作为分享壶使用。

三、摩卡壶制作咖啡

（一）设备介绍

摩卡壶是在明火（如炉灶）上冲煮黑咖啡的传统器具。其制作咖啡的原理如下：加热下壶，下壶中盛装的清水逐渐升温，与此同时，下壶密闭空间中的空气受热开始膨胀，热水受到膨胀空气的挤压后通过中间滤器中的咖啡粉，适度萃取后被挤压至上壶中，上壶为独立盛器，煮好的咖啡液会被留在其间。制作完成后，直接将上壶中的咖啡液通过出水口倾倒在杯中饮用即可。

由于摩卡壶封闭空间里能够产生 1~3 个大气压来萃取咖啡，其制作出来的咖啡会有一定的质感、醇厚度和比较丰富的风味，更接近专业意式咖啡机萃取出来的意式浓缩咖啡，是可以与虹吸壶相提并论的最重要家用咖啡机。

摩卡壶使用后的清洁保养非常重要，不能使用坚硬的钢丝球和一般洗涤剂，其上下两部分之间的衔接处，尤其是密封胶圈需重点进行保养。

（二）操作步骤

1. 将洁净的凉水注入下壶中，水位不要超过排气孔（安全阀的下缘）。将适量研磨好的咖啡粉放入底座中的过滤器内，并将周围的残粉清理干净；

2. 将过滤纸用水冲淋后轻轻贴在咖啡粉中，周边贴好，拧上上壶，旋紧；

3. 点燃瓦斯炉开始加热。

4. 水加热后会被膨胀的空气挤压，通过咖啡粉进行萃取后直接流入有孔洞的上壶里，而且咖啡液不会再回流至最下方。

5. 待到需要的萃取时间后停止加热，上壶中的咖啡便制作完成。

四、其他壶具制作咖啡

（一）法式压滤壶

法式压滤壶是最简单实用的咖啡制作器具，与国内的"冲茶器"类似。法压壶造型操作虽简单，但制作出来的咖啡无论质感、层次感还是醇度都达到了较高水准。

法压壶大小规格不一，从较小的 350mL 至较大的 1000mL 不等，按照习惯，500mL 以下常被用来制作 2 人份咖啡，500~600mL 为最常见的 3~4 人份，700mL 以上的适合 5~8 人品尝。

使用步骤如下：

1. 准备好法压壶，并倒入适量研磨好的咖啡粉；

2. 将适量热水冲入壶中，浸湿全部咖啡粉，并搅拌数次；

3. 盖上盖子，将压杆往下放，使滤网恰好与水平面接触，注意保温的前提下静置 3 分钟；

4. 匀速平缓向下压，直至将滤网压到底，使咖啡液与咖啡渣分离；

5. 将咖啡液盛入杯中品尝。

使用法压壶制作咖啡时建议使用粗度偏中研磨的咖啡粉，避免咖啡渣通过金属滤网进入咖啡液而破坏口感，而且如粉较细，咖啡液表面增大的张力也会阻碍平缓向下压。

（二）爱乐压

爱乐压是由美国 AIRPOBIE 公司于 2006 年推出的一种使用简便的全新咖啡制作器具，融合了压滤萃取（如法压壶）、滴滤萃取（如滴滤壶）和加压萃取（如意式浓缩咖啡机）三者的某些长处，萃取出来的咖啡具有纯净度高（借助滤纸过滤）、浓郁度适中（并不依靠重力作用，而是施加了适度压力）、无焦苦味（摩卡壶萃取经常容易出现）、操作简便（90 秒钟内可以从容完成）等优点，因此多年来在全世界颇受好评。可以说，爱乐压是目前较好的早餐咖啡（美式黑咖啡）、办公室咖啡制作器具，也可以取代其他壶具制作美味的单品咖啡。

爱乐压在操作过程中可以有正向推压和反向推压两种方法：

操作方法一（正向）：

1. 将滤纸装入爱乐压滤盖，并用热水浸润；

2. 将滤盖装上爱乐压滤筒，拧紧并置于杯上；

3. 将适量研磨好的咖啡粉添加到爱乐压的滤筒中；

4. 往其中注入适量热水，搅拌数下，并将压筒安在其上避免温度下降和香气逸散；

5. 静置 30 秒钟后，取下压筒再搅拌 10 余下；

6. 将压筒安在其上，缓缓压下压筒，即可得到咖啡液。

操作方法二（反向）：

1. 将爱乐压的压筒装入预热过的滤筒中，将其倒转放置；

2. 将适量研磨好的咖啡粉添加到滤筒中；

3. 往其中注入适量热水；

4. 搅拌数下并静置等待 30 秒钟；

5. 将装好滤纸并用水湿润过的滤盖盖上滤筒，拧紧；

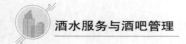

6. 用承装咖啡液的容器扣在上端，再翻过来；

7. 缓缓压下压筒即可得到咖啡液，从注水到最后结束可以在 1 分钟内完成。

（三）冰滴咖啡壶

冰滴咖啡是一种非常独特的而且广受好评的咖啡制作方法，据称最早为荷兰人发明，需要使用专门的冰滴咖啡壶。由于咖啡中的酸性脂肪在冷水中的溶解效率不高，因此品尝冰滴咖啡时口感中的酸味会明显减弱。再加上低温萃取下咖啡因含量较低，低温也能够有效减少香气挥发，这对于保存咖啡香气有很大帮助。一个普通构造的冰滴咖啡壶，分作上壶、中壶和下壶三个基本单元，其中上壶放置冰水混合物，中壶为咖啡粉杯。

操作步骤：

1. 关闭上壶下端的水量控制阀，将纯净的冷水或冰水混合物注入上壶；

2. 将干净的下壶放置在中壶下，由其来承接萃取好的咖啡液；

3. 在咖啡粉杯底下平整垫上一张滤纸，将适量研磨好的咖啡粉放置其中，轻轻拍几下使咖啡粉平整，再将一张滤纸平放其上；

4. 打开上壶下端的水量控制阀，调节水滴落的速度，一般为 40~50 滴 / 分钟的速度。

5. 等到上壶中的水用完，就可以将下壶取下来享用咖啡了。

如果希望冰滴咖啡呈现出最佳风味，可以将萃取好的冰滴咖啡装瓶放置冰箱里冷藏储存，第 3~7 天咖啡的风味均处于最佳状态，最长饮用期可达半个月。

除前述所介绍的单品咖啡制作器具之外，还有诸如比利时宫廷壶、电动滴滤咖啡机、越南咖啡滴滤壶、瑞士金等不同的咖啡器具，制作者在理解咖啡萃取的原理之后，可以根据自己的喜好和需要加以选择。

 思考与练习

参考答案

一、不定项选择题

1. 罗布斯塔的咖啡因含量是阿拉比卡的（　　　）倍。

A. 2 　　　　　　　　　　　　　　B. 3

C. 4 　　　　　　　　　　　　　　D. 5

2. 咖啡起源于哪个国家？（　　　）

A. 古巴 　　　　　　　　　　　　B. 巴西

C. 埃塞俄比亚　　　　　　　　D. 海地

3. 常见的采收咖啡鲜果的方法有（　　　）。

A. 人工采摘　　　　　　　　　B. 机械采摘

C. 摇落法　　　　　　　　　　D. 搓枝法

二、判断题

1. 咖啡浆果从外到内的结构依次为外果皮、果肉、内果皮、银皮、咖啡生豆。　　　　　　　　　　　　　　　　　　　　　　　　　　　（　　　）

2. 水洗法处理的咖啡纯净度低于日晒法。　　　　　　　　　　（　　　）

三、简答题

1. 咖啡产区有哪几个？请列举出每个产区的代表性咖啡生产国。

2. 什么是咖啡的处理法？不同处理法的咖啡在风味上有何差别？

3. 请指出拿铁咖啡和卡布奇诺有何差别？

四、案例分析题

2022 年 5 月，瑞幸咖啡公布了截至 2022 年 3 月 31 日的三个月未经审计的财务业绩。数据显示，2022 年第一季度，瑞幸总净收入增长 89.5%，达到 24.046 亿元（人民币）。瑞幸已经成为中国门店最多的咖啡连锁。

请查阅资料分析，瑞幸近两年的爆款产品门类有哪些？你认为瑞幸成功崛起背后的原因有哪些？

五、实训题

请以小组为单位，制作一份创意咖啡，并阐述创意来源和制作过程。

7 项目七
酒吧运营管理

项目导读

　　本章通过对酒吧的介绍，了解酒吧的常用设施设备和酒吧的日常服务规范，掌握酒吧管理、酒单设计、酒水营销及酒会策划相关知识，使学生具备鸡尾酒会策划并组织实施的能力。

知识目标:

1.了解酒吧的起源、发展及分类等。

2.了解酒会的类型、工作流程及策划程序。

3.了解酒吧常用设备、杯具、服务用具等。

4.掌握酒水成本的核算和控制方法。

5.了解酒会的类型、工作流程及策划程序。

能力目标:

1.能够进行酒吧的日常服务工作。

2.能够设计酒水单。

3.掌握酒吧的各种设备使用方法。

4.能够进行简单鸡尾酒会的策划与组织。

5.能够进行酒吧成本核算与控制。

素质目标:

具备良好的服务意识、团队协作能力、职业素养、文化素养、沟通能力、动手操作能力、创新能力以及学习能力。

思维导图

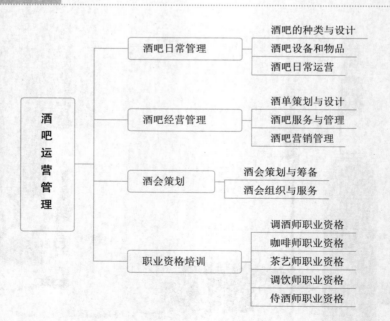

任务一 酒吧日常管理

"酒吧"一词来自英文的"Bar"，原意是指一种出售酒的长条柜台，最初出现在路边小店、小客栈、小餐馆中，既为客人提供基本的食物及住宿也提供客人额外的休闲消费。随着人们消费水平不断提高，由于酿酒业的发展及酒的独特魅力，这种"Bar"便从客栈、餐馆中分离出来，成为专门销售酒水、供人休闲的地方，它既可以附属经营也可以独立经营。

一、酒吧的种类与设计

酒吧又分为 Bar、Club 和 Pub。Bar 就是酒吧的来源，多以高品质的威士忌、精酿啤酒和鸡尾酒为主题。Club 源于英国也叫夜店，有舞池适合派对。Pub 从英国传统酒吧演变过来，意思是公众聚会的场所，有吃有喝有玩配套娱乐设施，相当于国内的音乐餐吧。

从现代酒吧企业经营的角度来看，酒吧的概念应为：直接或间接为宾客提供酒水和饮料，以营利为目的，有计划经营的餐饮场所和经济实体。

（一）酒吧的种类

酒店的酒吧根据其在酒店里的具体位置及形式和作用，有立式酒吧、服务酒吧、鸡尾酒廊、宴会酒吧以及主题酒吧等。

1. 立式酒吧

即最为常见的吧台酒吧，也叫英式酒吧，是最典型、最有代表性的酒吧设施。"立式"并非指宾客必须站立饮酒，也不是因服务员或调酒员皆站立服务而得名，它实际上只是一种传统的习惯称呼而已。在这种酒吧里，宾客或是坐在高凳上靠着吧台，或在酒吧里的桌椅、沙发上享受饮料服务，而调酒员则是站在吧台里边，面对宾客进行操作，调酒师从准备材料到酒水的调制和服务的全过程都在客人的注视下进行。立式酒吧不但要装饰高雅、美观、格调别致，而且在酒水摆设和酒杯摆设中要创造气氛，吸引客人的消费欲望。立式酒吧服务员，在一般情况下单独进行工作，因此，他不仅要负责酒类和饮料的调制、服务及收款等工作，还必须掌握整个酒吧的营业情况。

2. 服务酒吧

服务酒吧常见于酒店中、西餐厅及较大型的社会餐馆的后台区域中，调酒师不需要直接与客人打交道，只需要按照酒水单供应即可。我国诸多酒店

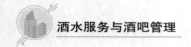
餐厅中的酒柜实际上也是服务酒吧。服务酒吧的服务员一般与餐厅服务员合用。西餐中的服务酒吧要求较高，应具备数量多、品种齐的餐酒（葡萄酒），因红白葡萄酒的存放温度和方法不同，还需要配备餐酒库和酒柜。

3. 鸡尾酒廊

较大型的酒店中通常设有鸡尾酒廊，通常设于酒店门厅附近，这种酒吧最主要的体现形式就是大堂酒吧。鸡尾酒廊一般比立式酒吧宽敞，常有钢琴、竖琴或者小乐队为宾客演奏，有的鸡尾酒廊还有小舞池，以供宾客随兴起舞。鸡尾酒廊还设有高级的桌椅、沙发，环境较立式酒吧幽雅舒适，气氛较立式酒吧安静，节奏也较缓慢，宾客一般会逗留较长时间。

4. 宴会酒吧

宴会酒吧是酒店、餐厅等为宴会业务专门设立的酒吧设施，按照宴会形式的不同而做出相应的摆设，其吧台可以是活动结构即能够随时拆卸移动，也可以是永久安装在宴会场所。

5. 主题酒吧

现在比较流行的"氧吧""网吧""雪茄吧"等均可称为主题酒吧。这类酒吧的特点是突出主题，来此消费的客人大部分是来享受酒吧提供的特色服务，酒水往往排在次要的位置。

6. 多功能酒吧

多功能酒吧大多设置于综合娱乐场所，它不仅能为客人提供用餐酒水服务，还能为跳舞、练歌（卡拉OK）、健身等不同需要的客人提供种类齐备、风格迥异的酒水及其他服务。这一类酒吧综合了主题酒吧、服务酒吧的基本特点和服务职能。

7. 外卖酒吧

外卖酒吧是宴会酒吧的一种特殊形式，在外卖的情况下设置。例如有的公司开酒会时，场地设在公司内，外卖酒吧的工作人员需将酒水的各种应用器具准备好送到公司指定的场地内摆设，并根据场地条件和主题和主办方要求设计搭建吧台，提供酒水服务，多为私人定制酒水。

（二）酒吧的空间布局

根据酒吧所处建筑的结构，结合酒吧定位，一个功能齐全的酒吧一般包括吧台区、主题活动区、娱乐互动区、座位区、包厢、音响室、洗手间、储藏间、备餐间、厨房等。

酒吧比一般就餐环境的文化氛围更浓烈一些，是人们休闲、交流的场所。一个较大的酒吧空间可利用天花板的升降、地坪的高差，以及围栏、立柱、隔断等进行多元的空间分割。还可利用灯饰结合天棚的落差来划分空间，这种空间的组织手法使整体空间具有开放性，显得视野开阔，又能在人们心理上形成区域性的环境氛围。由于酒店规模不同和星级不同，酒吧的组织结构可根据实际需要而制定或改变。酒吧的结构一般由以下几个部分组成。

1. 吧台

吧台是酒吧向客人提供酒水及其他服务的工作区域，是酒吧的核心部分。通常由吧台（前吧）、吧柜（后吧）以及操作台（中心吧）组成。吧台大小以及组成形状，也因具体条件的不同而有所不同。吧台是酒吧空间的一道亮丽风景，吧台的选材可以有石材、木材等，并与不锈钢、镀金等材料搭配构成，形成风格各异的吧台风貌。

2. 主题活动区

主题活动区是酒吧必备的活动空间。根据酒吧的主题设计出具有一定功能的区域，突出个性化的品位和文化特色。

3. 音控室

音控室是酒吧灯光音响的控制中心。音控室不仅为酒吧座位区或包厢的客人提供音乐服务，而且对酒吧进行音量调节和灯光控制，通过灯光控制来营造酒吧气氛，以满足客人听觉和视觉上的需要。音控室一般设在舞台一侧，也有根据酒吧空间条件设在吧台外的。

4. 舞台

舞台是一般酒吧不可缺少的空间，是为客人提供演奏、演唱和跳舞的区域。根据酒吧功能的不同，舞台的面积可大可小。

5. 座位和包厢

座位区是客人的休息区，也是客人聊天、交谈的主要场所。因酒吧的不同，座位区的布置也各不相同。一般来说，酒吧为要求私密性的宾客准备各种包厢，大小不一，配备沙发、音响、电视机和卡拉 OK 设备等。

6. 娱乐活动区

酒吧吸引客人的主要因素之一，是具有时尚气息，娱乐活动区主要体现酒吧的时尚经营特色。选择何种娱乐项目，规模多大，档次高低，都要符合酒吧的经营目标。常见的酒吧娱乐活动有台球、飞镖、保龄球、电子游戏等。

7. 卫生间

卫生间是酒吧不可缺少的设施，卫生间设施档次的高低及卫生情况在一定程度上反映了酒吧的档次。卫生间的设施和通风状况要符合卫生防疫部门的要求。

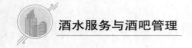

（三）吧台与工作台设计

1. 吧台的位置选择

吧台是酒吧的核心，吧台的位置选择要因地制宜，一般情况要注意以下几点：

（1）要位置显著

即顾客在刚进入时，便能看到吧台的位置，感觉到吧台的存在，因为吧台应该是整个酒吧的中心、酒吧的总标志，顾客应尽快地知道他们所享受的饮品及服务是从哪儿发出的。所以，一般来说，吧台应该在显著的位置，如进门处、正对门处等。

（2）要方便服务顾客

吧台设置对酒吧中任何一个角度坐着的顾客来说都能得到快捷的服务，同时也便于服务人员的服务活动。尽量使一定的空间既要多容纳顾客，又要使顾客并不感到拥挤和杂乱无章，同时还要满足目标顾客对环境的特殊要求。

图 7-1　酒吧空间

（3）要合理地布置空间

可以在入口的右侧，较吸引人的地方设置吧台，而在左侧的空间设置半封闭式的火车座，同时应注意，吧台设置处要留有一个不定期的空间以利于服务，这一点往往被一些酒吧所忽视，以至于使服务人员与顾客争抢空间，并存在着服务时由于拥挤将酒水洒落的危险。

2. 酒吧结构

因酒吧的空间形式、面积大小等各有不同，吧台的结构也要因地制宜，所以设计者必须了解吧台的结构。

吧台的结构主要有三种基本形式，其中最为常见的是两端封闭的直线形吧台。

（1）直线形吧台

直线形吧台的长度没有固定尺寸，一般认为，一个服务人员能有效控制的吧台最长是 3 米。如果吧台太长，服务人员就要增加。

（2）"U"形吧台

这种吧台一般安排三个或更多的操作点，两端抵住墙壁，在"U"形吧台的中间可以设置一个岛形储藏室用来存放用品和放置冰箱。

（3）环形吧台或中空的方形吧台

环形吧台或中空方形吧台的中部应设计一个"中岛"供陈列酒类和储存物品用。这种吧台的好处是能够充分展示酒类，也能为顾客提供较大的空间，但它使服务难度增大。若只有一个服务人员，那么他必须照看四个区域，这样就会导致服务区域不能在有效的控制之中。

3.吧台设计注意事项

吧台可以设计成半圆、椭圆、波浪形等，但无论其形状如何，为了操作方便及视觉的美观，在设计时应注意以下几点：

（1）酒吧是由前吧、操作台（中心吧）及后吧三部分组成。吧台高度为 1~1.2 米，实际高度应根据调酒师的身高而定。

（2）吧台下方的操作台，高度一般为 76 厘米，以方便调酒师操作而定，一般其高度应在调酒师手腕处，这样调酒师的操作比较省力。操作台通常包括下列设备：三格洗涤槽（具有初洗、刷洗、消毒功能）、自动洗杯机、制冰机、扎啤机等。

（3）后吧台高度通常为 1.75 米以上，但顶部不可高于调酒师伸手可及下，下层一般为 1.10 米左右，或与吧台（前吧台）等高。后吧实际上起着贮藏、陈列的作用，后吧上层的橱柜通常陈列酒具、酒杯及各种酒瓶，一般多为配制混合饮料的各种烈酒，下层橱柜存放红葡萄酒及其他酒吧用品。安装在下层的冷藏柜则冷藏白葡萄酒、啤酒以及各种饮料。

（4）前吧台至后吧台的距离，即服务人员的工作走道，一般为 1 米左右，而且不可以有其他设备向走道突出。顶部应装有吸塑板或橡皮板板棚，以保证酒吧服务人员的安全。走道的地面应铺设塑料或木头条架，或铺设橡胶垫板，以减轻服务人员因长时间站立而产生的疲劳。

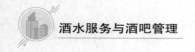
二、酒吧设备和物品

（一）酒吧常用设备

1. 果汁机

果汁机一般由盛水果的玻璃缸和装有电动机的底座两部分构成。当使用果汁机时，应使底座和玻璃缸确实套好，然后将水果等材料切成小块放入玻璃缸中，再将盖子确实盖好。开动开关时，应先以低速旋转，过 2~3 秒钟后再改用高速。

2. 洗涤槽

洗涤槽专供调酒工作人员用。

3. 冰杯柜

酒吧里的鸡尾酒、冷冻饮料、冰淇淋等都需要用冰杯服务，冰杯柜的温度应控制在 4~6℃使杯子离开冰杯柜时即挂有一层雾霜。

4. 洗杯槽

洗杯槽一般为三格或四格，放置在两个服务区中心，或便于调酒师操作的地方，三格的功用：一是清洗，二是冲洗，三是消毒清洗。

5. 沥水槽

沥水槽便于洗过的杯子沥干水分。玻璃杯倒扣在沥水槽上让杯里的水顺槽沟流入池内。

6. 生啤酒设备

生啤酒设备是由啤酒柜、柜内的啤酒罐、二氧化碳罐和柜上的啤酒喷头以及连接喷头和啤酒罐的输酒管组成。根据酒吧条件，生啤酒设备可放在吧台（前吧）下面，也可放在后吧。输酒管越短越好。如果吧台的区域小，生啤酒柜可放在相邻的储存室内，用管线把喷头引到吧台内。生啤酒设备操作简单，只需要按压开关就会流出啤酒，最初几杯啤酒泡沫较多是正常现象。

7. 酒架

酒架用来陈放常用酒瓶，一般用于烈性酒如威士忌、白兰地、琴酒、伏特加等。吧台操作要求常用酒放在便于取到的位置，其他酒陈放在吧台柜里。

8. 制冰机

每个酒吧都少不了制冰机。在选购制冰机时应事先确定所需要冰块的种类。因为每个制冰机只能制成某一形状或型号的冰块，如方冰块有大有小，另外还有菱形冰块。选择制冰机需要考虑四个因素：所用的杯的大小；杯中所需要的冰块数量；预计每天饮料卖出的杯数上限；冰块的大小。

9. 擦杯抛光机

根据吧台体量和翻台率选择不同头数的机器型号。此机器在开放式酒吧操作卫生、安全，避免了在客人面前使用净布擦拭。更具观赏性的同时提高了工作效率。

10. 存酒器 / 抽真空器

针对葡萄酒进行良好保存，减少变质损坏率。可根据酒吧运营情况选择，存酒器、存酒柜、抽真空器或者抽真空酒塞等工具。

11. 储存设备

储存设备是酒吧不可缺少的设施。按要求一般设在后吧台区域，包含酒瓶陈列柜台，主要是陈放一些烈性名贵酒，既能陈放又能展示，以此来增加酒吧的气氛，吸引客人前来消费。另外，还有冷藏柜用于存放必须冷藏的酒品和饮料，如苏打水、葡萄酒、香槟酒、水果以及需要冷藏的食品，鸡蛋、奶及其他易变质的食品等。另外还要有干储存柜，大多数用品如火柴、毛巾、餐巾、装饰签、吸管等都要在干储藏柜中存放。

（二）调酒工具

1. 雪克杯（hand shaker）

雪克杯又称摇酒杯，不锈钢制品。将饮料和冰块放入摇酒杯后，便可摇混。不锈钢酒杯形状要符合标准，常见的有 250mL、350mL、530mL 三种型号。

2. 量杯（jigger）

量杯是调制鸡尾酒和其他混合饮料时，用来量取各种液体的工具。最常使用的是两头呈漏斗形的不锈钢量杯，一头大一头小。最常用的量杯组合的型号有：1/2 盎司和 3/4 盎司、3/4 盎司和 1 盎司、1.5 盎司和 3/4 盎司等。量杯的选用与服务饮料的用杯容量有关。使用不锈钢量杯时，应把酒倒满至量杯的边沿。

3. 酒嘴（purer）

酒嘴安装在酒瓶口上，用来控制倒出的酒量。在酒吧中，每个打开的烈性酒都要安装酒嘴。酒嘴由不锈钢或塑料制成，分为慢速、中速、快速三种型号。塑料酒嘴不宜带颜色，因为它常用来调配各种不同颜色和种类的酒。使用不锈钢酒嘴时要把软木塞塞进瓶颈中。

4. 调酒杯（mixing glass）

调酒杯是一种厚玻璃器皿，用来盛冰块及各种饮料。典型的调酒杯容量为 16~17 盎司。调酒杯每用一次都必须冲洗干净，并要保持一定温度，以免破碎。

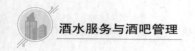

5. 滤冰器（strainer）

过滤器能使冰块和水果等酱状物不至于倒进饮用杯中。

6. 调酒匙（mixed scoop）

调酒匙为不锈钢制品，匙浅、柄长、顶部有一很小的圆珠；调酒匙长10~11英寸，用来搅拌饮用杯、调酒杯或摇酒杯里的饮料。

7. 调酒棒（swizzle stick）

长饮类鸡尾酒的装饰品，兼有实用功能，可以供客人自行搅拌饮品。

8. 冰勺（ice scoop）

不锈钢的冰勺容量6~8盎司，用来从冰箱中舀出各种标准大小的冰块。

9. 冰夹（ice tongs）

冰夹是用来取冰的不锈钢工具。

10. 冰铲（ice scraper）

铲取冰块使用的工具，一般在制冰机中都会有所配备。

11. 水果挤压器（fruit squeezer）

水果挤压器是用来挤榨柠檬等果汁的工具。

12. 漏斗（funnel）

漏斗是用来把酒和饮料从大容器（如酒桶、酒瓶）倒入方便适用的新容器（如酒瓶）中的一种常用的转移工具。

13. 冰桶（ice barrel）

冰桶是装冰的容器。冰桶的底部加有底垫装置，可以吸附溶水。冰桶分为金属制、玻璃制、木制、塑料制及陶制等多种。另外，还有一种取冰用的冰夹可以与冰桶配合成一组使用。选购时必须注意容量、隔热等问题。

14. 碎冰机（ice crusher）

碎冰机是可以迅速绞出碎冰的小型机器。

15. 冰锥（ice pick）

冰锥是将冰块敲出适当的大小，以供稀释、调制鸡尾酒或纯酒加冰块时使用的一种工具。

16. 宾治盆（punch bowl）

制作宾治酒的容器，一般为玻璃制品。调料瓶是用来盛装调料用的小瓶子。

17. 水壶（water kettle）

水壶是冲淡威士忌或白兰地时用的装水容器。

18. 砧板（chopping block）

酒吧常用砧板为方形塑料板或木制板。

19. 酒吧刀（bar knife）

酒吧刀一般是不锈钢刀。

20. 装饰叉（bar forks）

装饰叉是长约 19 英寸、有两个叉齿的不锈钢制品。用它可以把洋葱和橄榄放进比较窄的瓶中。

21. 削皮刀（zester）

削皮刀是专门用来削水果皮的特殊刀具。

22. 打蛋器（egg beater）

用来把鸡蛋打散。

23. 碾棒（ground rods）

一种木制工具，圆形的一端用来碾碎冰块，略大呈平底形的一端用来捣碎柠檬等。

24. 启瓶罐器（container unit）

启瓶罐器一般为不锈钢制品，不易生锈，又容易擦干净。

25. 螺旋开酒器（Corkscrew）

螺旋开酒器用来开启葡萄酒酒瓶上的软木塞，一般为不锈钢制品。

26. 服务托盘（service trays）

服务托盘是圆形的，一般有 10 英寸和 14 英寸两种型号的防滑托盘。

（三）酒杯

酒吧用杯非常讲究，不仅型号要与饮料的品种相配，材质和形状也有很高的要求。酒吧常用酒杯大多是玻璃杯和水晶玻璃杯，要求无杂色、无刻花、杯体厚重，无色透明，酒杯相碰能发出金属般清脆的响声。酒杯在形状上也有非常严格的要求，不同的酒用不同形状的杯来展示酒品的风格和情调。不同饮品用杯大小容量不同，这是由酒品的分量、特征及装饰要求来决定的。合理选择酒杯的质地、容量及形状，不仅展现出典雅和美观，而且能增加饮酒的氛围。

1. 按酒杯的高地形状分类

（1）平底无脚杯

平底无脚杯的杯底平而厚，没有杯脚，其形状有直筒形、由下至上呈喇叭展开形和曲线展开形。杯子大小、形状根据饮料的种类而定。常用的有老式杯、海柏杯、柯林杯、冷饮杯。

（2）矮脚杯

矮脚杯的杯体和杯脚间有矮短的柄，其柄有一定的形状。传统的矮脚杯有白兰地杯和各种样式的啤酒杯。现在，一般矮脚杯可用来服务于各种酒类。

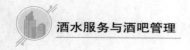
（3）高脚杯

高脚杯由杯体、脚和柄组成，有各种形状。按照形状和大小的不同，酒杯分别用于不同饮料的装盛。

2. 按酒杯的用途分类

（1）香槟酒杯（champagne glass）

目前常见的是浅碟形玛格丽特杯和郁金香香槟杯，容量为 5~6 盎司。

（2）葡萄酒杯（wine glass）

葡萄酒杯是目前最普遍使用的杯子，杯的容量为 5~12 盎司。红葡萄酒酒杯容量比白葡萄酒酒杯容量大。葡萄酒酒杯根据不同的葡萄品种使用不同的杯子。

（3）水杯（water glass）

水杯的形状类似葡萄酒杯，容量为 10~16 盎司。

（4）鸡尾酒杯（coc ktail glass）

鸡尾酒杯有三角形和梯形两种。杯口宽、杯身浅，容量为 3~4 盎司。

（5）酸酒杯（sour glass）

酸酒杯杯口窄小，体壁为圆筒形，容量为 5 盎司左右，专门用来盛酸酒类饮料。

（6）雪利酒杯（sherry glass）

雪利酒杯的杯口宽，杯壁呈 "U" 字形，容量为 2~3 盎司，专门用来饮用雪利酒和波特酒。

（7）大白兰地杯（brandy glass）

大白兰地杯形如灯泡，杯口小，容量为 5~8 盎司，能使白兰地酒的芳香保留在杯中。

（8）利口酒杯（liqueurglass）

利口酒杯的杯脚短、杯口窄，容量为 1~2 盎司，专用于餐后饮用利口甜酒。

（9）海波杯（high ballglass）

海波杯是圆筒形的直身玻璃杯，容量为 6 盎司左右，专门用来盛混合饮料。

（10）柯林杯（collinsglass）

柯林杯的形状同海波杯，容量为 8~10 盎司。

（11）库勒杯（coolerglass）

库勒杯形状同海波杯，容量为 14~16 盎司，也就是常说的冷饮杯。

（12）老式杯（old fashioned glass）

老式杯底平而厚、圆筒形。有些杯口略宽于杯底，容量为 6~8 盎司。

（13）带柄的啤酒杯（mug）

带柄的啤酒杯容量从 16~32 盎司不等，也称为生啤酒杯。

（四）酒吧用品

1. 鸡尾酒纸巾（coc ktail napkin）

鸡尾酒纸巾是垫在饮料杯下面供客人用的。

2. 吸管（straw）

吸管用于高杯饮料的服务中。

3. 装饰签（tooth picks）

装饰签用来串上樱桃等点缀酒品。

4. 杯垫（coaster）

为了防止酒杯滑动而置于酒杯下面的圆形或其他形状的小垫子。一般酒水品牌还用它来做广告宣传。

三、酒吧日常运营

（一）酒吧的组织结构

酒吧实行三级组织结构体系。无论酒吧隶属于餐饮部领导，还是独立成一个部门，制定合理的组织结构是很重要的，它可以使每个岗位的工作人员明确自己的岗位职责，并顺利开展工作。

中小型饭店酒吧的组织结构有两种，一种是将调酒和服务两个部门分开，但由酒吧主管领导；一种是将吧台内外服务融合在一起，这样的好处是便于管理。

大型的饭店，特别是以酒吧为主要经营的饭店的组织结构一般设置酒水总监、首席侍酒师、调酒师总监跟餐厅总监同级别。从而达到酒水的创新性和各项成本的管控，达成利润最大化。

酒吧的人员构成通常由饭店中酒吧的数量决定，在一般情况下，每个服务酒吧配备调酒师和实习生，主酒吧配备领班，调酒师，实习生。酒廊可根据座位数来配备人员，通常 10~15 个座位配 1 人。以上配备为实行两班制的酒吧需要的人数，采用一班制时人数可减少。

酒吧人员控制根据两项原则：一是酒吧的工作时间，二是营业情况。酒吧是饭店餐饮部一个重要的分支部门，在一些中小型饭店，酒吧直接隶属于餐饮部领导，在一些大型饭店，则专门设立酒水部，负责酒水的供给和服务工作。作为一个服务的整体，酒吧的工作人员可以分为两部分：一部分是负责酒水供应及调制的调酒师，另一部分是专门对客服务的酒吧服务员。

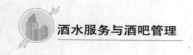

（二）酒吧营业前准备

营业前工作准备俗称为"开吧"。主要有酒吧内的清洁工作、领货、酒水补充、酒吧摆设和调酒准备工作等。

1. 清洁工作

（1）酒吧台与工作台的清洁

酒吧台通常是大理石或硬木制成的，表面光滑。由于每天客人喝酒水时会弄脏或倒翻少量的酒水在其光滑表面而形成点块状污迹，在隔了一个晚上后会硬结。清洁时应先用湿毛巾擦，然后用清洁剂喷在表面继续擦抹，至污迹完全消失为止。清洁后要在酒吧台表面喷上蜡光剂以保护光滑面。工作台是不锈钢材料，表面可直接用清洁剂或肥皂粉擦洗，清洁后用干毛巾擦干即可。

（2）冰箱清洁

冰箱内常由于堆放罐装饮料和食物使底部形成油滑的尘积块，网隔层也会由于果汁和食物的翻倒沾上滴状物和点点污痕。因此间隔三天左右必须对冰箱彻底清洁一次，从底部、壁到网隔层。先用湿布蘸清洁剂擦洗干净污迹，再用清水抹干净。

（3）地面清洁

酒吧柜台内地面多用大理石或瓷砖铺砌，每日要多次用拖把擦洗地面。

（4）酒瓶与罐装饮料表面清洁

瓶装酒在散卖或调酒时，瓶上残留下的酒液会使酒瓶变得黏滑。特别是餐后甜酒，由于酒中含糖多，残留的酒液会在瓶口结成硬颗料。瓶装或罐装的汽水啤酒饮料则由于仓储和长途运输，表面积满灰尘。因此要用湿毛巾每日将瓶装酒及罐装饮料的表面擦干净以符合食品卫生标准。

（5）酒杯、工具清洁

酒杯与工具的清洁与消毒要按照规程做，即使是没有使用过的酒杯每天也要重新消毒。

2. 领货

（1）酒水

每天将酒吧所须领用的酒水（参照酒吧存货标准）数量填写酒水领货单（如表 7-1 所示），送酒吧经理签名，拿到食品仓库交保管员领货，此项工作要特别注意在领酒水时清点数量以及核对名称，以免造成误差。领货后要在领货单上"收货人"一栏上签名以便核实查对。

表 7-1　酒水领料单

领料部门：　　　年　　月　　日　　　　　　　　　　　　　　　金额单位：元

品名	规格	单位	单价	申请数		实发数		备注
				数量	金额	数量	金额	

（2）酒杯和瓷器

酒杯和瓷器容易损坏，领用和补充是日常要做的工作。需要领用酒杯和瓷器时，要按用量规格填写领货单，再拿到管事部仓库交保管员发货，领回酒吧后要先清洗消毒才能使用。

（3）日常用品

日常用品主要是酒水供应单、领货单、调拨单、笔、记录本、棉织品等。一般每星期领用一至两次。领用时须填好领料单交酒吧经理签名。

3. 补充酒水

将领回来的酒水分类放好，需要冷藏的如啤酒、果汁等放进冷柜内。补充酒水一定要遵循先进先出的原则，即先领用的酒水先销售使用，先存放进冷柜中的酒水先卖给客人。以免因酒水存放过期而造成浪费。

4. 酒水记录

酒吧为便于进行成本核算以及防止失窃，要设立一本酒水记录簿（如表7-2所示）。上面清楚地记录酒吧每日的存货、领用酒水、售出数量、结存的具体数字。调酒员取出酒水记录簿，就可一目了然地知道酒吧各种酒水的数量。值班的酒吧工作人员要准确清点数目，记录在案。

表 7-2　酒水记录簿

日期：　　　　　　　　　　　　　　　　　　　　　经手人：

项目	规格	存货	领用	售出	结存	签名
可乐	罐					
雪碧	罐					

续表

项目	规格	存货	领用	售出	结存	签名
苏打	罐					
橙汁	罐					
菠萝汁	罐					
柠檬汁	瓶					
汤力水	瓶					
金酒	瓶					
威士忌	瓶					
白兰地	瓶					
……						

5. 酒吧摆设

酒吧摆设主要指瓶装酒的摆设和酒杯的摆设。摆设要有几个原则，就是美观大方，有吸引力、方便工作和专业性强。酒吧的气氛和吸引力往往集中在瓶装酒和酒杯的摆设上。

6. 调酒准备

（1）取放冰块

用桶从制冰机中取出冰块放进工作台上的冰块池中，把冰块放满；没有冰块池的可用保温冰桶装满冰块盖上盖子放在工作台上。

（2）备料

配料放在工作台前面，以备调制时取用；鲜牛奶、淡奶、菠萝汁、番茄汁等，存放在冰箱中；橙汁、柠檬汁要先稀释后倒入瓶中备用（存放在冰箱中）。

（3）装饰物

橙角预先切好与樱桃穿在一起排放在碟子里备用，面上封保鲜纸。从瓶中取出少量咸橄榄放在杯中备用，取出红樱桃，用清水冲洗后放入杯中备用。柠檬片、柠檬角也要切好排放在碟子里用保鲜纸封好备用。

（4）酒杯

用餐巾垫底，将酒杯排放在工作台上，量杯、酒吧匙、冰夹要浸泡在干净水中。杯垫、吸管、调酒棒和鸡尾酒签也放在工作台前（吸管、调酒棒和鸡尾酒签可用杯子盛放）。

（5）更换棉织品

酒吧使用的棉织品有两种：餐巾和毛巾。毛巾是用来清洁台面的，要打湿用；餐巾（镜布、口布）主要用于擦杯，要干用，不能弄湿。棉织品使用一次要清洗一次。

7. 设备检查

在营业前要仔细检查各类电器，如灯光、空调、音响、冰箱、制冰机、咖啡机等；所有家具、酒吧台、椅、墙纸及装修有无损坏。如有任何不符合标准要求的地方，要马上填写工程维修单，交酒吧经理签名后送工程部，由工程部派人维修。

拓展视频 7-1

8. 准备单据表格

检查所使用的单据表格是否齐全够用，特别是酒水供应单与调拨单一定要准备好，以免影响营业。

（三）酒吧营业中流程

1. 点单

客人点酒水时，要耐心、细致、主动、热情。如果一张台上有若干客人，务必对每位客人点的酒水做出记号，以便正确地将客人点的酒水送上。

现在部分酒吧采用桌面二维码点单，既符合现代年轻人操作习惯，又高效，图文结合更加直观。通过电脑系统吧台、厨房和服务均可收到订单进行制作。

2. 开单

调酒员或服务员开单。调酒员或服务员在填写酒水供应单时要重复客人所点的酒水名称、数目、避免出差错。酒水供应单填写时要清楚地写上日期、经手人、酒水品种、数量、客人台号及客人所提的特别要求。填好后交收款员，录入电脑系统，通知调酒员工作。

3. 调酒

调酒员凭经收款员确认的酒水供应单配制酒水，配制好酒水后按服务标准送给客人。

4. 结账服务

客人要求结账时，调酒员或服务员要立即有所反应，不能让客人久等。调酒员或服务员首先要仔细检查一遍账单，核对酒水数量、品种有无错漏，核对无误后将账单拿给客人。客人认可后，采取现金、信用卡、二维码扫码支付等形式结账，结账后将账单的副本和零钱交给客人。

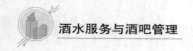

5. 寄存酒水服务

为了方便客人，提供个性化服务，在竞争激烈的环境中赢得客户，为客人提供酒水寄存服务，以洋酒和做促销活动未使用完毕的啤酒为主。

要提供寄存卡，将客人酒水储存到酒水寄存处，填写时间、客人姓名、电话、酒水所剩余酒量及服务生的姓名，一式两联提供一联给到客人供下次领取。一般寄存酒水不超过一个月。超过时长酒吧可自行处理。

6. 酒杯的清洗与补充

在营业中要及时将客人使用过的空杯送清洗间进行清洗消毒。清洗消毒后的酒杯要马上取回酒吧备用。

7. 清理台面处理垃圾

调酒员或服务员要注意经常清理台面，注意保持卫生。

（四）酒吧营业收尾工作

收尾工作包括清理酒吧、完成每日工作报告、清点酒水、检查火灾隐患、关闭电器开关等。

1. 清理酒吧

客人全部离开后，才能动手清理酒吧。把脏酒杯全部收起送清洗间。把所有陈列的酒水小心取下放入柜中，散卖和调酒用过的酒要用湿毛巾把瓶口擦干净再放入柜中。水果原料要放回冰箱中保存并用保鲜膜封好。凡是开了罐的汽水、啤酒和其他易拉罐饮料（果汁除外）要全部处理掉，不能放到第二天再用。酒吧台、工作台用湿毛巾擦抹，水池用清洁精洗，单据表格夹好后放入柜中。最后清理垃圾桶。

2. 每日工作报告

要求详细记录并核对当日营业额、客人人数、平均消费、特别事件和客人投诉等。每日工作报告主要供经营者掌握各酒吧的营业详细状况和服务情况。

3. 清点酒水

把当天所销售出的酒水按供应单数目及酒吧现存酒水的准确数字填写到酒水记录簿上。

4. 检查工作

全部清理、清点工作完成后要把整个酒吧检查一遍，特别是掉落在地毯上的烟头。除冰箱外，所有的电器开关都要关闭。包括照明设施、咖啡机、咖啡炉、生啤酒机、电动搅拌机、空调和音响。

最后留意把所有的门窗锁好，再将当日的供应单与工作报告、酒水调拨单送到酒吧经理处。

（五）酒吧数字化运营管理

随着酒店数字化运营方式的普及，信息技术嫁接于传统服务模式中，实现数字化、精细化运营，酒吧的服务流程更加简单方便。特别是酒吧主要受众群里以年轻人为主。更习惯和沉浸于快速高效便捷的预定点单结账方式。

1.顾客点单结账

在新的消费模式下，顾客可以根据实际需求通过二维码、小程序等选择合适的点餐途径进行多次点单、结账。避免传统模式下，顾客每次都要前往收银台或者呼叫服务员，影响消费者的体验感，也降低了点单率。数字化点单模式不仅可以缓解服务员的工作压力，提高工作效率，节省大量的人工成本，同时也能有效避免因客户长时间等待而造成客户流失。

2.客户维系引流

维护好顾客关系是现代企业竞争的经营之道，顾客通过二维码扫描等方式成为酒吧的粉丝会员、微信好友，酒吧管理者通过简单的操作和较低的成本就能够精准地进行广告投放，增加线上曝光，提升品牌形象，有效地为产品引流。

3.精准服务

通过大数据算法分析，了解客户的个性化需求，提供个性化解决方案，化解复杂环境的不确定性，优化资源配置效率，加强服务核心竞争优势。

4.高效管理

信息化管理系统可以覆盖会员管理、库存管理、订单管理、员工管理、财务报表等日常管理场景，管理者可以从手机端、电脑端可视化、直观的数据面板，一目了然地看到各项经营管理数据，做到用数据决策，从经验主义到数据驱动，让经营管理更高效。

任务二　酒吧经营管理

一、酒单策划与设计

（一）酒单的含义与作用

酒单是酒吧为客人提供酒水产品和酒水价格的一览表，酒单上印有酒水的名称、价格和介绍。酒单是顾客购买酒水产品的主要依据，是酒吧销售酒水的宣传工具。因此，酒单在酒吧和餐厅经营中起着至关重要的作用。同时，酒单是酒吧或餐厅服务员、调酒师与顾客沟通的媒介，顾客通过酒单了解酒

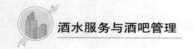

水产品、酒水特色及酒水价格。调酒师与服务员通过酒单与客人沟通，及时了解客人的需要，从而促进酒水销售。不仅如此，酒单与酒吧的经营成本、经营设施、调酒师以及餐厅和酒吧的设计与布局都有着密切的关系，所以，酒单是酒吧经营的关键和基础，是酒吧的管理工具之一。

（二）酒单的种类

各种类型的酒吧和餐厅由于经营方式的不同，所提供的酒水也存在差异，因此酒单的种类也不同。下面介绍几种常见的酒单类型。

1. 酒吧酒单

酒吧是提供酒水服务的专门场所，因而酒水的品种比较齐全。规模大、档次高的酒吧，品牌酒水的品种多一些，小型酒吧供应的酒水档次低，品种也比较少。

2. 葡萄酒酒廊酒单

葡萄酒酒廊是专门经营葡萄酒的场所，其酒单上列有种类较齐全的各种葡萄酒。酒单所列内容或以产地分类，或以葡萄酒特征分类。类似的还有咖啡厅、啤酒吧（坊）、茶吧（室、楼）等，酒单上只列各种品牌的专门酒水。

3. 娱乐厅酒单

娱乐厅酒单即独立舞厅、KTV 歌厅、迪厅等娱乐场所的酒单。这些娱乐场所所供应的酒水要针对顾客娱乐活动的特点，主要供应一些低酒精或无酒精的碳酸饮料、矿泉水、果汁等软饮料以及一些餐前、餐后的混合酒。

4. 餐厅酒单

餐厅酒单要根据餐厅经营方式和类型的不同，反映客人所用酒水的顺序以及与所点菜品的搭配。有些餐厅将酒单印在菜单上，有些餐厅则单独开列。酒水在酒单上的位置对酒水的销售影响很大。

5. 客房小酒吧酒单

高星级酒店的客房中配备迷你酒吧，为住客提供解渴、消遣或招待访客，客人不用出房门就可享用自己喜欢的酒水。客房小酒吧酒单提供的酒品有三类：

（1）软饮料。软饮料需要冰镇，一般放在小冰箱里。通常包括苏打水、汤力水、矿泉水、果汁、可口可乐、雪碧等。

（2）烈性洋酒。烈性洋酒通常包括威士忌、白兰地、朗姆酒、伏特加、金酒等。这类酒容量一般较少，便于销售。

（3）食品。为方便客人，酒单上还列有一些食品，如腰果、开心果、炸土豆片、巧克力等。这些食品可放在冰箱里，也可放在冰箱上方的架子上。

（三）酒单设计的原则

不同的客人需要饮用不同的酒水，因此，要有针对性地设计多种类型的酒单。酒单的设计原则包括。

1. 针对国内外客人的设计

酒单设计要看酒单主要针对的是国外客人，还是国内客人，因为国内外客人的饮酒习惯差别很大。以接待国内容人为主的酒吧、餐厅，如果盲目模仿国外的酒吧，尽管在酒单上列出人头马、X.O 等酒，仍然会出现无人问津、长期积压的现象。

2. 针对顾客群体差异的设计

研究目标顾客群体的年龄、性别结构等。儿童喜爱喝软饮料、果汁，年轻人喜欢喝啤酒等低度酒，年纪大的人则喜欢喝烈性酒，男性喜欢含酒精饮料，女性喜欢软饮料、低度酒、香槟酒和雪利酒等。

3. 针对顾客消费水平的设计

研究目标顾客群体的消费水平。针对消费水平较低的客人，设计酒单时，应选择一些价格适中的酒水。高档次的酒吧，或餐厅如果酒单中缺乏名贵酒水，会让客人失望。

4. 针对顾客口味变化和时尚的设计

密切注意顾客饮酒口味的变化和时尚。人们的饮酒口味并不是一成不变的，喜欢追新求异的年轻人是时代潮流的引导者，同时也引领饮酒新潮流。高度数中国白酒的消耗量逐渐减少，白、红葡萄酒的需求量在提高。因此，酒单品种要根据目标顾客口味的变化进行调整，使酒单始终能反映时代气息。

5. 要考虑产品的供应情况

凡列入酒单的饮品、水果、小食品，酒吧必须保证供应，这是相当重要的经营原则。如果酒吧酒单的内容丰富多彩，但因为经常缺货不能满足客人的需要，会导致客人的失望和不满，影响酒吧经营管理方面的可信度。

6. 要考虑调酒师的技术水平及酒吧设施

调酒师的技术水平及酒吧设施在相当程度上限制了酒单的种类和规格。如果酒吧没有适当的厨房排烟设施，却在酒单上列出油炸类食品，当客人需要而制作时，会使酒吧内油烟弥漫而影响客人消费及服务工作的正常进行；如果调酒师在水果拼盘方面技术较差，而酒单上却列出造型复杂的水果拼盘，这只会在客人面前暴露酒吧的缺点并引起客人的不满。

（四）酒单的设计步骤

酒单在酒吧经营中起着非常重要的作用，酒吧经营者在设计酒单时应遵循以下要求：

1. 明确酒吧经营策略和经营特色。

2. 明确市场需求、顾客饮酒习惯及对酒水价格的接受能力。

3. 明确酒水的采购途径、费用、品种和价格。

4. 明确酒水的品名、特点、级别、产地、年限和制作工艺。

5. 明确酒水的成本、销售价格及酒吧合理的利润。

6. 认真考虑酒单的印制，选择优质的纸张。

7. 制定反馈意见表，做好后期的销售记录，不断更新酒单，使其更符合顾客的需要和酒吧的经营发展方向。

（五）酒单设计的内容

酒单设计的内容包括酒水品种、酒水名称、酒水价格、销售单位（以杯、瓶、盎司为单位）、酒品介绍等。目前，有很多酒店在各种酒吧中会选择使用同一种酒单，以利于管理和节省开支。

1. 酒水品种

酒单中的各种酒水应按照它们的特点进行分类，然后再按类别排列各种酒品。一般情况下将酒水分为开胃酒、佐餐酒、烈性酒、鸡尾酒、利口酒和软饮料等类别，然后在每一类酒水中再补充适当数量有特色的酒水。每个类别列出来的品种不能过多，太多会影响客人的选择，也会使酒单失去特色。

2. 酒水名称

酒水名称是酒单的中心内容，酒水名称直接影响顾客对酒水的选择。酒水名称要真实，尤其是保证鸡尾酒名称的真实性。外文名称也很重要，酒单上的外文名称及翻译后的中文名称都是酒单上的重要内容，不能出错，否则会降低酒单的营销效果。

3. 酒水价格

酒单上应该明确注明酒水的价格。如果在酒吧的服务中加收服务费，必须在酒单上加以注明。若有价格变动应立即更新酒单，否则酒单就失去了推销工具的功能，还会在结账的时候引起纠纷。

4. 销售单位

销售单位是指酒单上在价格后面注明的计量单位，如瓶、杯、盎司等。销售单位是酒单上不可缺少的内容之一。在传统的酒单上，顾客和酒吧工作人员按惯例明确，凡是在价格后不注明销售单位的都以杯为单位。

5. 酒品介绍

酒品介绍是酒单上对某种酒水产品的解释或介绍。酒品介绍以简练的词语帮助顾客认识酒水产品的主要原料、特色及用途，使顾客可以在短时间内完成对酒水产品的选择，从而提高服务效率，避免出现由于顾客对某些酒水不熟悉而不敢问津。

6. 葡萄酒名称代码

一些餐厅和酒吧在葡萄酒酒单上注有编号。通常在葡萄酒酒单上葡萄酒名称的左边有数字，这些数字是酒吧管理人员为方便顾客选择葡萄酒而设计的代码。由于葡萄酒来自许多国家，其名称很难识别和阅读，以代码代替葡萄酒名称方便顾客和服务员，可以增加葡萄酒的销量。

（六）酒单装帧设计

装帧设计是酒单设计的最后一个环节，它是将之前所做的酒水品种和酒品介绍等内容具体体现在各种材料的实体上。在具体进行酒单的装帧时，要合理运用下述几项技巧，这些技巧对酒吧日常酒单的设计也同样适用。

1. 酒单的色彩

色彩搭配，需根据成本和经营者所希望产生的效果来决定。通常酒单的色彩还需要和酒吧或者餐厅的装饰相协调。

2. 酒单的材料

一般来说，酒单的印制从耐久性和美观性方面考虑，应使用重磅的铜版纸或特种纸。纸张要求厚，具有防水、防污的特点。纸张可以用不同的方法折叠成不同形状，除了可切割成最常见的正方形或长方形外，还可以特别设计成各种特殊的形状，让酒单设计更富有趣味性和艺术性。

3. 酒单的尺寸

酒单的尺寸是酒单设计的重要内容之一，酒单的尺寸太大，客人使用不方便；尺寸太小，又会造成文字太小或文字过密，妨碍客人的阅读，从而影响酒水的销售。比较理想的酒单尺寸约为 20cm×12cm。

4. 酒品的排列

许多酒单酒品的排列方法都是根据客人眼光集中点的推销效应而定的，将重点推销的酒水排列在酒单的第一页或最后一页，以吸引客人的注意力。

5. 酒单的字体

酒单的字体应方便客人阅读，并给客人留下深刻印象。酒单上各类酒品一般用中英文对照标明名称，以阿拉伯数字排列编导和标明价格。字体要印刷端正，使客人在酒吧的光线下容易看清。各类酒品的标题字体应与其他字体有所区别，一般为大写英文字母，而且要采用较深色或彩色字体，既美观又突出。

6. 酒单的更换

酒单的品名、数量、价格等需要更新时，严禁随意涂去原来的项目或价格换成新的项目或价格。如随意涂改，不仅会破坏酒单的整体美感，还会给客人

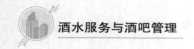

造成错觉，认为酒吧在经营管理上不稳定、太随意，从而影响酒吧的信誉。

7. 酒单的广告和推销效果

酒单是酒吧与客人间进行沟通的工具，具有广告宣传的作用。酒单扉页上除印制精美的色彩及图案外，还应配以词语优美的小诗或特殊的祝福语，给客人以文化感受，拉近与客人的距离。同时，酒单上也应印有酒吧的简介、地址、电话号码、服务内容、营业时间、业务联系人等，以增加客人对酒吧的了解，便于信息传递，招徕更多的客人。

二、酒吧服务与管理

（一）酒吧服务人员素质要求

1. 端庄的仪表仪容、得体的礼貌待客

仪表仪容是一个人精神面貌的外在体现，包括姿态、表情、衣着及修饰等方面的内容，它与一个人的道德修养、文化水平、审美情趣和文明程度有着密切的关系。良好的仪容仪表不仅体现了服务人员的修养和内在品德，同时也体现了酒店的企业形象。酒吧服务人员要时时、事事、处处保持端庄大方的仪容仪表，表现出彬彬有礼的服务态度，让客人真正体会到"宾至如归"的亲切感。

2. 主动热情的服务态度

良好的服务态度是取得宾客信任与好感的基础，它可以使双方一开始接触就建立起友善的关系。只有具有热情、友好、亲切的服务态度，才能向宾客提供主动、周到、细致的服务。因此，我们说良好的服务态度是提高酒吧服务质量的基础，是"宾客至上"服务理念的具体体现。主动热情的服务要做到时刻保持微笑，对顾客的需求保持敏感，把握服务时机，平等待客，坚持"客人总是对的"服务理念，注重细节服务。

3. 熟练的服务技能

客人到酒吧是来享受服务的，娴熟的服务技能，恰到好处的服务技巧，使服务变得赏心悦目，提升了服务的价值和品位。每一位工作人员都要经常进行培训，掌握过硬的服务技能，不断提高服务质量。

4. 快捷的服务效率

随着人们生活节奏的加快，对服务速度的要求也越来越高。长时间的等待会造成客人极大不满。采用高科技服务手段，如电子点单等方法可以有效地提高服务效率。服务效率的高低成为衡量酒吧管理水平、服务质量的重要标志。

5. 清洁卫生

清洁卫生工作是酒吧服务质量管理的重要内容。它包括各岗位的环境卫生，服务人员的个人卫生等。搞好清洁卫生工作首先要制定严格的卫生标准，并落实到岗位、个人；其次要指定规范的卫生工作程序并加强监督检查，使卫生工作做到制度化、标准化。

6. 不断创新的服务

创新对一个企业来讲意味着生命力，意味着发展和成功。随着人们经济生活水平的日益提高和价值观念的变化，对服务的要求也越来越高。服务创新是各种各样的，它包括服务设施设备的创新，也包括服务方式、方法的创新。酒品的开发是创新，服务的模式改造也是创新。创新的目的不在于彻底改变原有的一切服务形式，而在于冲破想当然的条条框框，最终提高顾客满意度。

（二）酒水的生产管理

酒吧管理人员必须清楚饮料配制过程中各种成分用量和比例的控制，并确定每杯酒水容量标准，实行标准化管理。标准化管理包括配方、用量、载杯、酒牌、操作程序和成本的标准化。

1. 配方的标准化

标准化配方应该是用多次试验并经顾客与专家品尝评价后以文字方法记录下来的配方表，一旦确定，便不能随意更改。建立标准化配方的目的是使每种酒水都有统一的标准，顾客们要求酒吧提供的饮料在口味、酒精含量和调制方法上要有一致性。调酒师有一定的权限对配方做一些小的调整以满足不同顾客的需求，但这种调整不应太大。

标准化配方不仅包括酒水的用量，而且包括所有其他成分的用量，冰的形状和大小以及调制鸡尾酒的方法和服务方法说明。从控制成本的角度说，标准配方是极为有用的。它是成本控制的基础，可以有效地避免浪费。

2. 用量的标准化

酒水用量控制包括确定酒水用量及提供量酒工具两方面。

（1）确定酒水用量

须根据酒吧的特点确定烈性酒、辅料等成分的用量标准。

（2）提供量酒工具

应为酒吧服务员提供量酒工具。如量杯，倒酒器和饮料自动分配系统，以使调酒员精确地测量酒水用量。

3. 酒牌的标准化

酒吧使用标准牌号的酒，是控制存货和向顾客提供质量稳定的饮料的最

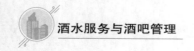

好方法之一。标准配方的制定是用来满足顾客的要求和产生利润的重要方法，但若无标准牌号，也就没有标准配方。

4. 载杯的标准化

除了控制调配每杯饮料所需的烈酒的用量之外，还需控制每杯饮料的容量。在服务时使用标准化酒杯可简化容量控制工作，应确定每杯饮料的容量，并为酒吧服务员提供适当的酒杯。

5. 操作程序的标准化

实施标准操作程序可以保证酒吧服务与产品质量的一致性。

6. 每杯酒水成本的标准化

确定标准配方和每杯标准容量之后，就可以计算任何一杯酒水的标准成本了。

（1）纯酒的标准成本

每瓶酒实际所斟杯数＝瓶酒容量／每杯纯酒标准容量－允许溢出量

每杯纯酒的成本＝瓶酒成本（购进价）／杯数

（2）混合饮料的标准成本

混合饮料通常需要使用几种成分的酒水，因此，每杯混合饮料的成本一般高于纯酒。只有了解每杯混合饮料的标准成本之后，才能确定合理的售价。混合饮料的标准成本是标准配方中每一种成分的标准成本之和。

7. 每杯酒水售价的标准化

确定并列出每杯标准容量饮料的标准成本之后，需要列出各种饮料的每杯售价，酒吧应保存一份完整的价目表。

（三）酒吧的成本管理

酒水成本的控制不仅仅是酒吧管理人员的职责，酒水从采购到服务，整个流通过程中所有的工作人员都有责任和义务确保其成本的节约。酒水流通过程包括以下主要环节，即酒水的采购，验收，贮藏，发放，酒水的配制和酒水的销售服务等。在这些环节中，每进行一步都必须采取严格的管理措施，杜绝任何不利于成本控制的现象发生。

1. 酒水的采购管理

酒水的控制是从采购开始的。作为一名合格的酒水采购人员，必须具有丰富的餐饮业经营经验，掌握各种酒品知识，具有较强的市场采购技巧，了解市场行情，熟悉各种采购规格等。

酒水采购管理的主要目的是：保证酒水产品生产所需的各种配料的适当存货，保证各种配料的质量符合使用要求，保证各种配料按合理的价格进货。酒水采购控制的关键是确定标准和程序，诸如确定采购时间、品种、数量、价格和地点等内容。

　　采购计划的制订十分重要，它不仅关系到酒吧的经营，还影响到酒吧采购资金的使用。

　　（1）采购流程。一般酒水的申购工作是由仓库保管员根据库房的酒水贮存情况，开出酒水、饮料申购单，由采购部酒水采购员根据酒水采购规格外出采购。

　　（2）采购方法。好的采购方法多种多样，并非千篇一律，这主要取决于实际情况，需要先制订出合理的采购方案，经过批准后执行。

　　（3）采购数量控制。决定采购数量和最大库存数量，对于酒水成本控制来说至关重要。如果采购酒水的种类过多，可能就会使货物大量积压，从而降低了资金的流动性，影响其周转。酒类存货是有一定数量限制的，最好在库时间不超过一个月，即库存酒水的资产账目，其价值与一个月使用的酒水价值相等。另外，采购数量的确定还应考虑酒水饮料的保质期和库房的容量，新鲜的果汁饮料宜少进、勤进，库房容量小的饭店，不宜将某一两个品种的酒水数量进得太多。

　　2. 酒水的验收管理

　　把好酒水的验收关是酒水管理和控制工作中的重要一环。货物运到后，常会出现数量、品种、质量、价格上的出入，为了防止这类情况发生，杜绝采购人员的营私舞弊，管理者应另派人员进行验收控制。验收员的主要任务如下：

　　（1）核对到货数量是否与订单、发货票上的数量一致；

　　（2）核对发货票上的价格与订购单上的价格是否一致；

　　（3）检查酒水质量。

　　验收之后，验收员应在每张发货票上盖上验收章，并签名。然后，立即将酒水送到贮藏室。另外，验收员还应根据发货票填写验收日报表，以便在进货日记账中入账。

　　3. 酒水的贮存管理

　　由于酒水的来源较少，价值较高，因此酒品的贮藏管理不能仅仅局限于防止数量的损耗，还应根据各种酒类的特性分别妥善贮藏，贮存得当的话能提高与改善酒本身的价值。因为酒类极容易被空气与细菌侵入，所以买进的酒务必得到妥善的存放，否则可能变质。有条件的企业可建立酒窖，以达到妥善贮存的目的。

　　在每次进货或发料时做好记录，完整反映存货增减的情况。这种记录被称作永续盘存记录，它是酒水存货控制体系中一个不可缺少的部分，企业可

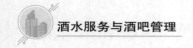

使用卡片或用永续盘存表，也可使用装订成册的永续盘存记录簿，现在大部分企业使用信息化盘存系统。

4. 酒水的发放管理

酒水发放管理的目的是及时补充营业酒吧的恒量贮藏，保证酒吧的正常营业和运转。酒品的发放必须以酒吧填写的申请单位依据，申请单一式三份，由各酒吧分别填写，由酒吧经理或主管签字后方可生效。

（1）严格执行酒水领发程序

由酒吧服务人员填写饮料领料单，酒吧经理根据领料单核对酒吧空瓶数和牌号，如果两者相符，应在"审批人"一行上签名，表示同意领料。酒吧服务人员将空瓶和领料单送到贮藏室，酒水管理员根据空瓶核对领料单上的数据，并逐瓶替换空瓶。

随着数字化系统的应用，酒水领用使用管理软件进行，由酒水管理员线上申请，部门经理、成本经理线上审批，提高工作效率，也更有利于后期跟踪产品的销量统计等。

（2）酒瓶标记

在发料之前，酒瓶上应做好标记对于单一酒吧而言，可在瓶酒存入贮藏室时做好标记，而对于拥有许多酒吧的饭店而言，酒瓶标记是在发料时才做，每个酒吧可采用不同的标记。

（3）酒吧标准存货

为了便于了解每天应领用多少材料，每个酒吧应备有一份标准存货表。假设某种牌号的苏格兰威士忌酒的标准存货为4瓶，那么，酒吧在开业前就应有4瓶这种威士忌酒。规定酒吧标准存货数量，可保证酒吧各种材料存货数量固定不变，便于控制供应量。

有的酒吧主要销售瓶装酒，就应采用其他控制程序。这样的酒吧应保存一定数量的销路最广的酒水，这样酒吧服务员就不必在顾客每次点酒之后去酒窖领酒。服务员从酒吧取酒，送给顾客后，便很难回收空酒瓶换新酒，使第二天酒吧存货恢复标准数量。因此，许多酒吧对瓶装酒销售采取了一些其他控制措施，例如，要求酒吧服务员每售出一瓶酒，就在瓶酒销售记录单上做好记录。

（四）酒吧的卫生和安全管理

卫生和安全管理是酒吧服务管理的重要环节，关系到顾客的健康和企业声誉。

1. 预防酒水污染

酒水是人们直接饮用的饮品，必须卫生，富有营养，没有细菌污染，在香、味、形等方面俱佳。此外，在酒水制作中禁止加入不符合安全规定的添加剂、色素、防腐剂和甜味剂等。酒吧应采购新鲜的酒水和食品，做好采购运输管理，防尘并冷藏。调酒师制作酒水前应认真清洗载杯、水果等，并按规定对工具、设备进行消毒。

2. 个人卫生管理

酒吧应根据国家卫生法规，雇佣身体健康的职工负责酒水的制作和服务。酒吧应保障工作人员的身体健康，创造良好的工作条件。按照国家和地方的卫生法规，每年组织工作人员体检，重点检查是否存在肠道传染病、肝炎、肺结核、渗出性皮炎等疾病。

3. 环境卫生管理

环境卫生管理是酒吧服务管理中不可忽视的内容。餐厅或酒吧环境卫生管理包括对地面、墙壁、天花板、门窗、灯具及各种装饰品的卫生清洁。酒吧应保持地面清洁，每天清扫大理石地面并定期打蜡抛光，或清扫并用油墩布擦木地板，定期上蜡并磨光。每月清洁灯饰和通风口一次。每天营业结束后认真清洁台面、桌椅等家具设施，整理和擦拭各种酒柜和冷藏箱。

4. 设备卫生管理

酒吧要重视设备的卫生管理。设备应选择易于清洁，易于拆卸和组装。设备材料必须坚固，不吸水、光滑、防锈、防断裂，不含有毒物质。设备使用完毕应彻底清洁。杯具使用后，要清洗消毒，用干净布巾擦干水渍，保持杯子透明光亮。杯口应朝下摆放，排列整齐。存放杯子时，切忌重压或碰撞以防止破裂，如发现有损伤和裂口的酒杯，应立刻淘汰以保证顾客的安全。水果刀、甜点叉等金属器应认真清洗并擦干。

5. 酒吧安全管理

安全事故通常由工作中的疏忽大意造成，特别是在繁忙的营业时间。酒吧的门口应当保持干净整洁，安放防滑防尘垫。通道和服务区应有足够的照明设备。运送热咖啡和热茶时，注意周围人群的移动。吧台的所有电器设备都应安装地线，不要将电线放置地上，所有电器的设备开关应安装在工作人员易于操作的位置上。员工接触电器设备前，要保证自己站在干燥的地方，手是干燥的。酒吧要严防火灾的发生，除了要有具体的措施外，还应培训工作人员，使他们了解火灾发生的原因及熟练掌握防火措施。此外，营业场所应有保安措施保护顾客的财物，防止顾客的钱物丢失，对醉酒者应有应急处理措施。

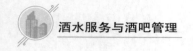

三、酒吧营销管理

（一）酒水促销

促销对于提升酒水销量、提升品牌形象都具有非常重要的作用，因而促销是酒吧经营重要的营销方式之一。促销活动要体现形式多样性、针对性、刺激性的原则。

1. 节日促销

利用圣诞节、元旦、情人节、愚人节、母亲节等节日举办相关主题的促销活动。尤其是情人节和圣诞节是酒吧重要的促销节日。

2. 赠品促销

赠品可分为两种，一种是赠酒，一种是赠礼品。赠酒是酒吧最常用的一种方式，如买一送一活动。

3. 人员促销

由酒类企业向酒吧派促销员进行现场促销，如向消费者推介、组织抽奖或其他形式的促销活动等。

4. 幸运奖促销

在酒吧现场举行投标积分、掷骰子、门票抽奖、刮刮卡等形式产生幸运奖，奖励相应的礼品，目的是刺激消费者消费激情，提升品牌记忆力。

5. 价格促销

价格促销主要是降价促销，为了提高竞争优势，一些酒水品牌采用降低供货价格，针对酒吧促销，提高酒吧进货的积极性；为了提高购买率，还可针对消费者进行降价促销。

此外，还可以进行丰富多样的品牌营销。酒水消费者具有较强的品牌意识，对品牌有较高的忠诚度和偏好性，因此加强消费终端的品牌营销非常重要。

（1）POP 投放。常见的 POP 主要有展架、吊旗、招贴画、灯箱、微型啤酒桶等，POP 是效果最明显的品牌终端传播形式。

（2）产品展示。产品展示的品牌传播效果更加直观，分吧台展示、展示柜展示等。吧台是消费者注意率较高的地方，要把产品摆放在醒目的位置，高度不能低于人眼的平视点；对一些超大型酒吧，可以通过展示柜展示产品，有的酒吧有统一的产品冷藏柜，具有较强的展示效果，产品一定要摆放整齐，灯光明亮，让瓶酒色彩鲜明的包装和晶莹剔透的酒体充分展现出来。

（3）工艺品展示。可制作造型、功能奇特的工艺品放在吧台的醒目位置进行品牌展示，吸引消费者驻足观看，就会起到较好的品牌传播效果。

（二）酒水销售技巧

1.销售人员素质要求

（1）自信。自信是销售人员最重要的素质之一，销售人员要充分相信自己，包括相信自己的工作能力、相信企业、相信产品，并能将这种自信充分传染给顾客。这种自信来源于自身综合素质和对企业、对产品的充分了解。

（2）爱岗、敬业。销售人员要热爱自己从事的工作，要克服销售过程中的心理障碍。

（3）诚恳、诚实。销售人员必须诚实、诚恳，不弄虚作假，不能为追求一时的销售效果，做虚假说明或不真实承诺，要让顾客感觉到关心和帮助。

（4）热情、主动。销售工作就是要主动让顾客接受促销的产品，不能是被动、等待。

（5）积极进取。销售工作是一项挑战性强的工作。销售人员必须有强烈的进取精神，把顾客的质疑当作挑战，把自己推销的产品被顾客所接受当作快乐和成功。

（6）勤于思考，善于总结。销售是一门艺术，也是一门科学，有很多规律可循。销售人员要善于思考，仔细总结每次成功的促销，从中吸取经验和教训。

2.销售步骤

（1）问候在座的客人，面带微笑；

（2）用适当的方法打开话题；

（3）向客人介绍公司的系列酒水；

（4）仔细倾听客人的意见，耐心地解答客人的疑问；

（5）如果客人选用公司产品，要向其表示感谢，并及时把酒送上；

（6）在倒酒时要将酒瓶标签面对客人，注意手指不要遮挡住标签；

（7）在倒酒时.瓶口适当离开杯口，以保持客人杯口的清洁；

（8）注意适时给客人跟酒（注意观察已点酒剩下不多时，主动询问是否加酒）；

（9）保持酒瓶外观的清洁，注意及时擦拭干净；

（10）注意所售酒是否与客人所需要酒的度数、档次相符；

（11）客人离开时，应向他们道谢并礼貌地道别；

（12）促销结束时，应收拾并整理好相关促销宣传册和促销品；

（13）促销结束时准确地清点酒的销售数量，如果有其他竞争酒也要了解其销售量；

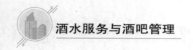

（14）确认下次促销时间，确保在下次促销时有充足的酒供应。

3. 促销工作要点

（1）不能被动接受顾客的要求，还应主动提供建设性的意见；

（2）熟记客人姓名和爱好；

（3）熟悉酒的种类特点；

（4）对酒的描述要生动；

（5）不可强迫客人多消费，在任何场合顾客的满意比销量更加重要；

（6）注意语言艺术，要彬彬有礼，大方得体；

（7）注意"主随客便"，对不同的客人应做不同的推销；

（8）找准主宾进行推销；

（三）酒水销售控制

加强酒水的销售控制，对有效地控制成本，提高酒吧经济效益有十分重要的意义。酒水的销售控制是很多酒吧的薄弱环节，因为，一方面，管理人员缺乏应有的专业知识；另一方面，酒水销售的成本相对较低，利润较高，少量的流失或管理的疏漏不容易引起管理者足够的重视。

在酒吧的经营过程中，常见的酒水销售形式有三种，即零杯销售、整瓶销售和配制销售。这三种销售形式各有特点，管理和控制的方法也各不相同。

1. 零杯销量

零杯销售是酒吧经营中常见的一种销售形式，销售量较大，它主要用于一些烈性酒，如白兰地、威士忌等的销售，葡萄酒偶尔也会采用零杯销售的方式销售。销售时机一般在餐前或餐后，尤其是餐后，客人用完餐，喝杯白兰地或餐后甜酒，既可以消磨时间、相聚闲聊，又可以帮助食物消化。

零杯销售的控制首先必须计算每瓶酒的销售份额，然后统计出每一段时期的总销售数，采用还原控制法进行酒水的成本控制。

由于各酒吧采用的标准计量不同，各种酒的容量不同，在计算酒水销售份额时首先必须确定酒水销售标准计量。目前酒吧常用的计量有每份 30 ml、45mL 和 60mL 三种，同一酒店的酒吧在确定标准计量时必须统一。标准计量确定以后，便可以计算出每瓶酒的销售份额。以人头马 V.S.O.P 为例，每瓶的容量为 700 mL，每份计量设定为 1 盎司（约 30mL），计算方法如下：

$$销售份额 = \frac{每瓶酒容量 - 溢损量}{每份计量} = \frac{700-30}{30} = 22.3（份）$$

计算公式中溢损量是指酒水存放过程中的自然蒸发损耗和服务过程中的滴漏损耗，根据国际惯例，这部分损耗一般在每瓶酒 1 盎司左右视为正常。

根据计算结果可以得出每瓶人头马 V.S.O. P 可销售 22 份，核算时可以分别算出每份或每瓶酒的理论成本，并将之与实际成本进行比较，从而发现问题并及时纠正销售过程中的差错。

零杯销售的关键在于日常控制，日常控制一般通过酒吧酒水盘存表（见表 7-3）来完成，每个班次的当班调酒员必须按表中的要求对照酒水的实际盘存情况认真填写。

表 7-3　酒吧酒水盘存表

酒吧						日期						
编号						品名						
早班						晚班						备注
基数	领进	调进	调出	售出	实际盘存	基数	领进	调进	调出	售出	实际盘存	

早班制表：　　　　　　　　　　　　　　　　　　　　晚班制表：

盘存表的填写方法是：调酒员每天上班时按照表中品名逐项盘存，填写存货基数，营业结束前统计当班销售情况，填写售出数，再检查有无内部调拨，若有则填上相应的数字，最后，用"基数＋调进数＋领进数－调出数－售出数＝实际盘存数"的方法计算出实际盘存数填入表中，并将此数据与酒吧存货数进行核对，以确保账物相符。酒水领货按惯例一般每天一次，此项可根据酒店实际情况列入相应的班次。管理人员必须经常不定期地检查盘存表中的数量是否与实际盘存量相符，如有出入应及时检查，及时纠正，堵塞漏洞，减少损失。

2. 整瓶销售

整瓶销售是指酒水以瓶为单位对外销售，这种销售形式在一些规模大的酒店、营业状况比较好的酒吧较为多见。整瓶销售可以通过整瓶酒水销售日报表（见表 7-4）来进行严格控制。即每天将按整瓶销售的酒水品种和数量填入日报表中，由主管核对订单后签字，提交财务部。

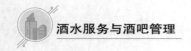

表7-4　整瓶酒水销售日报表

酒吧：　　　　　　　　　　　　班次：　　　　　　　　日期：

编号	品种	规格	数量	售价	成本

调酒师：　　　　　　　　　　　　　　　　　　　　主管：

3. 混合销售

混合销售通常又称为配制销售或调制销售，主要指混合饮料和鸡尾酒的销售。鸡尾酒和混合饮料在酒水销售中所占比例较大，涉及的酒水品种也较多，因此，销售控制的难度也较大。

酒水混合销售的控制比较复杂，有效的手段是建立标准配方，标准配方的内容一般包括酒名、各种调酒材料及用量、成本、载杯和装饰物等。建立标准配方的目的是使每一种混合饮料都有统一的质量，同时确定各种调配材料的标准用量，以利于成本核算。标准配方是成本控制的基础，不但可以有效地避免浪费，还可以有效地指导调酒员进行酒水的调制。酒吧管理人员则可以依据鸡尾酒的配方采用还原控制法实施酒水成本的控制，其控制方法是先根据鸡尾酒的配方计算出某一酒品在某段时期的使用数量，然后再按标准计量还原成整瓶数。

计算方法是：

酒水消耗量=配方中该酒水用量×实际销量

以"干马提尼"酒为例，其配方是金酒2盎司，干味美思0.5盎司。假设某一时期共销售"干马提尼"150份，那么，根据配方可算出金酒的实际用量为：

2盎司×150份=300盎司

每瓶金酒的标准份额为25盎司，则实际耗用的整瓶金酒数为：

300盎司/25盎司=12瓶

因此，混合销售完全可以将调制的酒水分解还原成各种酒水的整瓶耗用量来核算成本。

在日常管理中，为了准确计算每种酒水的销售数量，混合销售可以采用鸡尾酒销售日报表（见表7-5）进行控制。每天将销售的鸡尾酒或混合饮料登记在日报表中，并将使用的各类酒品数量按照还原法记录在酒吧酒水盘点表上，管理人员把两表中酒品的用量相核对，并与实际贮存数进行比较，检查是否有差错。

表7-5 鸡尾酒销售日报表

酒吧：　　　　　　　　班次：　　　　　　　　日期：

品种	数量	单位	金额
备注			

调酒师：　　　　　　　　　　　　　主管：

 ## 任务三 酒会策划

鸡尾酒会是酒会的一种，是由西方上流社会社交活动中的聚会演变而来的。鸡尾酒会形式简单实用，气氛热烈轻松，适用于不同的场合，并可以在任何时间举行。

一、酒会策划与筹备

（一）酒会的类型

1. 根据酒会主题来分

酒会一般都有较明确的主题，如婚礼酒会，开业酒会，招待酒会，庆祝庆典酒会，产品介绍，签字仪式，乔迁，祝寿等酒会。这种分类对组织者很有意义，对于服务部门来说，应针对各种不同的主题，配以不同的装饰、酒水、食物等。

2. 根据组织形式来分

根据组织形式来划分，酒会有两大类，一类是专门酒会，一类是正规宴会前的酒会。专门酒会单独举行，包括签到、组织者和来宾致辞等，歌舞表演、时装表演等。

专门酒会可分为自助餐酒会和小食酒会。自助餐酒会一般在午餐或晚餐时候举行，而小食酒会则在下午茶的时候举行。宴会前的酒会酒水比较简单，只作为宴会前召集顾客，不使等候的顾客受冷落的一种形式；也有把这种酒会作为宴会组织者致辞的机会；还有的是为了给顾客提供一个自由交流、联络感情的场所。

3. 根据收费方式来分

从服务行业来看，比较重要的是以收费方式来分类，涉及酒会的安排，组织和费用的计算。根据收费方式，酒会可分为定时消费酒会，计量消费酒会，现付消费酒会。

（1）定时消费酒会又称包时酒会，其特点是时间通常有1小时，1.5小时，2小时等几种。酒会的时间确定后，客人只能在固定的时间内参加酒会并享用酒水，时间一到，将不再供应酒水。例如，有一个定时酒会是17：00~18：00，人数为250人，酒吧提供一小时饮用的酒水，即在17：00前不供应酒水，17：00开始供应，任何人随意饮用，但到18：00就不再供应任何酒水了。

（2）计量消费酒会是根据酒会中客人所饮用的酒水数量进行结算的酒会。这种酒会的形式既不受时间的限制，也不限定酒水品种，只根据客人需求而定。在酒会中，酒水实际用量多少就计算多少，酒会结束后按酒水消耗量结算，所以称为计量消费。

（3）定额消费酒会是指顾客的消费额已固定，酒吧按照客人的人数和消费额来安排酒水的品种和数量，这种形式的酒会经常与自助餐联系在一起。顾客在预订酒会时，酒吧按照客人确认的消费额合理地安排酒水的品种、品牌和数量，然后确定酒水与食品各占的比例，食物由厨师长负责，酒水部分由酒吧负责。这种酒会需经过周密的计算，因为消费金额已经确定，既要满足客人对品牌和数量的需求，又要控制好酒水成本。

（4）现付消费酒会多使用在表演晚会中，组织者只负责顾客的入场券和表演节目。顾客喜欢什么饮料，则由自己决定，但必须自己结账。对这种酒会，酒吧只预备一般牌子的酒水，顾客光临的主要目的是观看演出，而不是饮用酒水。这种酒会在许多大饭店中经常举行，如时装表演、演唱会、舞台表演等。

除此之外，还有外卖式酒会。由于有的客人希望在自己公司或者家里举行酒会，以显示自己的身份和排场，酒吧就要按照收费的标准准备酒水、器皿和酒吧工具，运到客人指定的地方。

（二）酒会的策划筹备

酒会筹划总的来说，需要准备的方面主要有地点、装饰布置、音乐、灯光、食品和酒的种类，是自助式还是分桌式，是否有表演，主持人的挑选，对服装的要求等。

1. 酒会形式

要确定酒会的形式，一般而言，酒会的形式可以有自助晚餐，酒会及舞会、精彩演出、抽奖活动等。自助餐提供各种酒类、饮料、果汁、食品、酒水应包括鸡尾酒、啤酒、葡萄酒、香槟酒、白兰地酒、威士忌酒、白酒等。酒会还可以提供舞会，供顾客交际。

2. 场地选择

一场成功的酒会选择场地是关键，既然是酒会，当然要区别于传统的宴会，目前大部分的宴会与酒会都选择在各大会议厅举办，个别酒会选择在户外举办。

3. 现场布置

鸡尾酒会的现场布置要与主办单位要求，酒会等级规格相适应，厅堂酒台，餐台，主宾席区或主台摆放整齐，整体布局协调。大型酒会根据主办单位要求设签到台，演说台，麦克风，摄影机，设备的位置摆放合理。整个厅堂环境气氛轻松活泼，体现酒会的特色与等级规格。

4. 酒会亮点准备

酒会除了备有丰富的美食，还可以准备花式调酒等精彩演出、幸运抽奖活动、大型户外烟花会演等。

5. 物料准备

根据酒会需要，要准备鲜花、彩带、舞台背景、签到用品、顾客纪念品、奖品、迎宾提示牌等。此外还要设计请柬。

6. 人员邀请

发出邀请函，邀请对象除被邀请人外，还应包括其伴侣。邀请函要做到设计精美，同时文字内容应详细地介绍酒会的内容与特色。

7. 酒会工作人员的安排

酒会人员的安排要根据整个酒会的规模、出席酒会的人数来确定。

8. 酒水、器具准备

根据宴请通知单的具体要求，摆放吧台、桌椅、准备所需各种设备，如立式麦克风、横幅等。

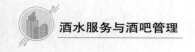

二、酒会组织与服务

（一）酒会的准备工作

1. 人员安排。根据酒会形式，规模和人数，安排适当的人手，根据酒会时间确定工作人员上班工作的时间。

2. 准备酒水。酒会前一天按照酒会来宾书、消费额来准备酒水的品种和数量。可按照每人每小时 3.5 杯饮料计算。

3. 准备酒杯。酒杯数量要准备充足，多用果汁杯，高球杯，柯林杯，啤酒杯四种，其他杯用量少，只准备少量即可。酒杯要在酒会前 1 小时全部洗干净，放入杯筛中，运到酒会现场。可按照酒会人数的 3.5 倍准备各种杯具。

4. 酒吧设置。按照宴会编排表的布置平面图设置酒吧，酒吧设置的方式也有很多种，注重美观和方便工作是酒吧设置的两个重点。酒吧要在酒会开始前 30 分钟设置完毕，并反复仔细检查。酒吧摆设时使用宴会酒水销售表，要在表上将酒会中所使用的酒水品种，数量一一列出，调酒师可对照销售表选取酒水，检查摆设好的酒吧。

5. 调果汁和水果宾治。一般可按每人 2 杯计算调制数量，酒会开始前半小时根据人数调好，拿到酒会场地。

6. 提前将饮料入杯。大型酒会提前 20 分钟，中型酒会提前 10 分钟。

7. 提前就位。各岗位人员在酒会开始前 20 分钟各就各位，必须整齐地穿好制服，站在各自的工作岗位上，尤其是大，中型酒会，由于酒吧的摆设多，如果调酒师不按照编排位置到达岗位，场面将会很难控制。

（二）酒会的工作程序

1. 酒会开始时的操作。所有酒会在开始前 10 分钟是最拥挤的。第一轮的饮料，要按照酒会的人数，在 10 分钟内全部准备完毕，并及时将饮料送到客人手中。

2. 酒会开始高峰过后放置第二轮酒杯。

3. 倒第二轮酒水，酒杯放置完毕即可斟上酒水。

4. 到清洗间取杯。两轮酒水斟完后，需要不断地到洗杯处将洗干净的酒杯拿到会场补充，既要注意酒杯的清洁，又要使酒杯得到源源不断地供应。

5. 补充酒水。在酒会进行过程中，调酒师要经常观察和留意酒水的消耗量，在有的酒水将近用完的时候要分派人员到酒吧调制水果宾治和其他饮料，以保证供应。

6. 及时处理特殊事件。

7. 酒会高潮。酒会高潮是指饮用酒水比较多的时刻，也就是酒吧供应最繁忙的时间。通常是酒会开始 10 分钟和酒会结束前 10 分钟，还有在宣读完祝酒词的时候。如果是自助餐酒会，在用餐前和用餐完毕时也是高潮，这些时间要求调酒师动作快，出品多，尽可能在短时间内将酒水送到顾客手中。

8. 清点酒水用量。在酒会结束前 10 分钟，要对照宴会酒水销售表清点酒水，确认酒会所有酒水的实际用量，做到在酒会结束时能立即统计出数字，交给收款员开单结账。

（三）酒会的收尾工作

1. 酒会结束时，服务人员应热情礼貌地欢送宾客，并欢迎宾客再次光临，清洗用具，清扫场地。

2. 如有宾客自带酒水，应马上清点，并请宾客过目。

3. 填写酒水销售报表。酒会一结束，所有酒吧设置的酒水用量应立即清点清楚，并由调酒师开好消耗单，交到收款员处结账。

4. 收吧工作。顾客结账后，调酒师要清理会场，将所有剩下的饮料运回仓库。剩余的果汁和水果宾治要立即放入冰箱存放或调拨到其他酒吧使用。酒杯要全部送到洗杯机处清洗，洗完后再装箱，清点数量。记录消耗数字，其他完好的装箱后退回管事部。

5. 完成酒会销售表。酒会结束后，调酒师需做一份（一式两联）酒会销售表，将酒会名称、时间、参加人数、酒水用量等填写好，并亲笔签名。第一联送交成本会计计算成本，第二联交酒吧经理保存。

拓展阅读 7-1

任务四　职业资格培训

职业资格是对从事某一职业所必备的学识、技术和能力的基本要求。根据《中华人民共和国劳动法》，由人力资源和社会保障部不定期颁布的国家职业技能标准，作为职业资格等级认定的依据。

一、调酒师职业资格

调酒师是指在酒吧或餐厅等场所，根据传统配方或宾客的要求，专职从事配制并销售饮料的人员。

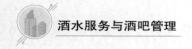

（一）职业基本要求

本职业共设五个等级，分别为：初级（国家职业资格五级）、中级（国家资格四级）、高级（国家职业资格三级）、技师（国家职业资格二级）、高级技师（国家职业资格一级）。

1. 职业道德

（1）忠于职守，礼貌待人。

（2）清洁卫生，保证安全。

（3）团结协作，顾全大局。

（4）爱岗敬业，遵守纪律。

（5）钻研业务，精益求精。

2. 基础知识

（1）饮料基础知识方面应掌握饮料概述、饮料的分类、酒的分类、酒类酿造的基本原理。

（2）食品营养卫生知识方面应掌握食品卫生基础知识、饮食业卫生制度，营养基础知识、饮食搭配。

（3）酒吧英语方面掌握酒吧常用服务英语、酒吧常用专业英语、鸡尾酒酒谱、酒与原料的英文词汇、酒吧设备设施、调酒用具的英文词汇。

（4）酒吧基础知识方面掌握酒吧的定义与分类、酒吧的结构与吧台设计、酒吧组织结构与人员管理、酒吧设备知识、酒吧服务与调酒工具。

（5）相关法律、法规知识方面应掌握《中华人民共和国劳动法》《中华人民共和国食品安全法》《中华人民共和国价格法》《中华人民共和国消防法》《中华人民共和国消费者权益保护法》《公共场所卫生管理条例》相关知识。

（二）职业能力要求

初级、中级、高级、技师和高级技师的技能要求依次递进，高级别涵盖低级别的要求。

1. 初级调酒师

（1）个人仪容仪表整理。能按照酒吧职业要求进行着装，能根据酒吧职业特点进行岗前理容；

（2）酒吧工作环境检查。能检查酒吧通风、消防系统，能检查酒吧音响系统，能检查酒吧制冷设备，能检查酒吧上、下水设备，能检查、调整照明系统；

（3）饮料补充。能完成饮料的领取，能在提货时检查饮料的质量；

（4）开吧饮料检查。能识别饮料的中英文名称，并判断其类别，能目测检查酒吧库存饮料质量，能根据酒吧常量标准检查开吧饮料库存数量；

（5）酒吧环境清洁。能清洁酒吧内部陈设、地面，能清洁酒吧外部公共区域；

（6）酒吧用具清洁。能检查调酒用具是否完好，能检查调酒用具的卫生状况，能进行调酒用具的清洗和消毒；

（7）调酒辅料及装饰物准备。能制作糖浆等调酒辅料，能制作鸡尾酒装饰物，能按要求对调酒辅料进行储存；

（8）调酒用具准备。能识别酒吧常用调酒用具和杯具，能根据需要备齐调酒用具和杯具；

（9）软饮料服务。能调配软饮料，能根据不同软饮料的特点进行对客服务；

（10）混合酒精饮料调制。能制作10款混合酒精饮料，每款在3分钟内完成。

2. 中级调酒师

（1）本地流行饮料调制。能调查、搜集本地特色饮食、特色饮料，能调制10款本地流行饮料；

（2）国际流行鸡尾酒调制。能使用调、摇、兑、搅等方法调制36款国际流行鸡尾酒，能对饮料进行色彩搭配，能根据调酒配方进行装饰；

（3）宾客服务。能按照酒吧服务程序迎宾待客，能根据操作规程为宾客点酒、上酒；

（4）饮料服务。能根据单品饮料的习惯饮用方式进行服务，能根据混合饮料的习惯饮用方式和类别进行服务；

（5）饮料盘点。能记录酒吧饮料的使用状况及库存，能根据酒吧营业需要进行饮料补充；

（6）物品盘点。能记录酒吧物品的使用状况及库存，能进行酒吧物品补充。

3. 高级调酒师

（1）特色鸡尾酒创作。能设计创新鸡尾酒，能制作创新鸡尾酒，能介绍创新鸡尾酒的寓意；

（2）特色饮料创作。能设计时尚饮料，能制作时尚饮料，能介绍时尚饮料的寓意；

（3）员工培训。能对酒吧员工进行酒吧规章制度的培训，能对酒吧员工进行酒吧职业规范的培训，能对酒吧员工进行酒吧服务流程的培训，能对酒吧员工进行基础饮料知识及调制方法的培训，能编制酒吧员工考核方案，能对酒吧员工进行工作评定；

（4）酒吧表格设计。能设计酒吧盘点表，能设计酒吧采购单，能设计酒吧转账单（内部调拨单），能设计酒吧日销售记录表，能设计酒吧瓶装酒销售记录表；

（5）饮料成本核算。能计算酒吧饮料成本率，能分析酒吧日营业状况。

4.调酒师技师

（1）酒吧品牌营销。能根据特定主题的要求进行酒吧的布局设计，能根据布局设计、装饰酒吧；

（2）饮料营销。能根据特定主题的要求设计、制作饮料，能编制饮料推广方案；

（3）酒单设计。能撰写市场调查报告，能按品种对饮料进行分类，能根据饮料成本率及销售情况计算饮料价格，能标注饮料的中英文名称及价格；

（4）葡萄酒侍奉。能识别葡萄酒酒标，能向宾客推荐葡萄酒，能按照不同葡萄酒的服务要求为客人侍酒，能设计葡萄酒酒窖，能根据葡萄酒的特点设计葡萄酒的储存方案；

（5）酒吧管理。能编制饮料的采购方案，能对所需的饮料进行品评，能根据饮料的特点对饮料进行验收、分类储藏、配发，能制定饮料度量标准，能制定饮料标准配方，能制定酒吧杯具标准。

5.调酒师高级技师

（1）酒吧筹备。能撰写酒吧策划书，能设计酒吧娱乐项目，能编制饮料采购预算，能编制物品采购预算；

（2）酒会策划与准备。能记录客户预订的相关信息，能向客户确认酒会的目的、主题，并为其提供专业性建议，能预估酒会成本并报价，能制定、确认酒会流程单，能确定用餐标准、形式，能制定菜单、酒单并交客户确定，能布置酒会会场；

（3）酒会实施。能根据酒会策划方案编制酒会工作清单、确定人员分工，能按照酒会流程单提出员工督导工作建议，能制定酒会应急预案，能将客户资料、酒会执行情况等信息进行整理备案；

（4）葡萄酒品鉴与营销能为客人提供专业待酒（葡萄酒）服务，能使用专业的方法引导客人鉴赏葡萄酒，能根据经营需要采购、销售葡萄酒，能运用葡萄酒与食品的搭配法则，指导客人选择、饮用葡萄酒。

（三）职业考核要求

1.申报条件

初级调酒师应为具备以下条件之一者：经本职业初级正规培训达规定标准学时数，并取得结业证书；在本职业连续见习工作2年以上；本职业学徒期满。

中级调酒师应为具备以下条件之一者：取得本职业初级职业资格证书后，连续从事本职业工作 3 年以上，经本职业中级正规培训达规定标准学时数，并取得结业证书；取得本职业初级职业资格证书后，连续从事本职业 5 年以上；连续从事本职业工作 7 年以上；取得经人力资源和社会保障行政部门审核认定的、以中级技能为培养目标的中等以上职业学校本职业（专业）毕业证书。

高级调酒师应为具备以下条件之一者：取得本职业中级职业资格证书后，连续从事本职业工作 4 年以上，经本职业高级正规培训达到规定标准学时数，并取得结业证书；取得本职业中级职业资格证书后，连续从事本职业工作 6 年以上；取得高级技工学校或经人力资源和社会保障行政部门审核认定的、以高级技能为培养目标的高等职业学校本职业（专业）毕业证书；取得本职业中级职业资格证书的大专以上本专业或相关专业毕业生，连续从事本职业工作 2 年以上。

调酒师技师应为具备以下条件之一者：取得本职业高级职业资格证书后，连续从事本职业工作 5 年以上，经本职业技师正规培训达规定标准学时数，并取得结业证书；取得本职业高级职业资格证书后，连续从事本职业 7 年以上；取得本职业高级职业资格证书的高级技工学校本职业（专业）毕业生和大专以上本专业或相关专业的毕业生，连续从事本职业工作 2 年以上。

调酒师高级技师应具备以下条件之一者：取得本职业技师职业资格证书后，连续从事本职业工作 3 年以上，经本职业高级技师正规培训达规定标准学时数，并取得结业证书；取得本职业技师职业资格证书后，连续从事本职业工作 5 年以上。

2. 鉴定方式

分为理论知识考试和技能操作考核。理论知识考试采取闭卷笔试等方式，技能操作考核采取现场实际操作、模拟操作和口试等方式。理论知识考试和技能操作考核均实行百分制，成绩皆达 60 分及以上者为合格。技师、高级技师还需进行综合评审。

3. 鉴定时间

理论知识考试时间不少于 90 分钟；技能操作考核时间：初级不少于 15 分钟，中级不少于 20 分钟，高级不少于 30 分钟，技师、高级技师不少于 50 分钟；综合评审时间不少于 20 分钟。

4. 鉴定场所设备

理论知识考试在标准教室进行；技能操作考核在备有调酒必备的原料、装饰物，必要的调酒和酒吧服务工具以及冷藏、冷冻设备的场所进行。

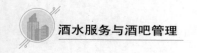

二、咖啡师职业资格

咖啡师是指从事咖啡饮品调配、制作、服务、研究和推广工作的人员。据统计，与全球平均2%的增速相比，中国的咖啡消费正以每年15%的惊人速度增长，预计到2025年，中国将成长为1万亿元的巨型咖啡消费大国。随着中国咖啡消费市场的日益庞大和消费者的不断成熟，未来10年我国的咖啡产业将会有巨大发展。咖啡师这一职业未来也将会有很大发展空间，对其进行规范和考核，对于促进就业和保障咖啡市场良性发展具有重要意义。

（一）职业基本要求

咖啡师的主要工作包括对咖啡豆的品质进行鉴别，根据不同咖啡的风味调性进行拼配；使用不同的咖啡机或器具制作咖啡出品；为顾客提供咖啡以及传播咖啡文化等。

1. 职业道德

（1）热爱专业，忠于职守。

（2）遵纪守法，文明经营。

（3）礼貌待客，热情服务。

（4）真诚守信，一丝不苟。

（5）钻研业务，精益求精。

2. 基本知识

（1）掌握咖啡的起源与传播，了解咖啡的历史、中外咖啡文化。

（2）掌握咖啡树的生长地带，咖啡树的机构与种植，咖啡的成分。

（3）掌握咖啡的采摘与加工，咖啡生豆的保管与运输，咖啡豆的焙炒与研磨，咖啡的包装与存放。

（4）掌握影响咖啡品质的因素，咖啡对人体的影响。

（5）掌握安全生产基本知识，熟悉相关法律、法规包括《中华人民共和国劳动法》《中华人民共和国食品卫生法》《中华人民共和国消费者权益保障法》《公共场所卫生管理条例》相关知识。

（二）职业能力要求

根据咖啡师的工作特点，咖啡师的资格认证可分为以下四个层次：初级咖啡师、中级咖啡师、高级咖啡师和技师。咖啡师初级、中级、高级和技师的能力要求依次递进，高级别涵盖低级别的要求。

1. 初级咖啡师

（1）服务接待

能迎送客人，能为客人端送咖啡，能为客人提供席间服务；

（2）咖啡销售

能在菜单范围内介绍咖啡，能在菜单范围内销售咖啡，能为客人提供结账服务；

（3）营业前准备

能对工作台面进行清洁、整理，能对器具设备进行工作前准备，能准备各种咖啡制作辅料；

（4）咖啡选取

能按客人要求在菜单范围内选取咖啡，能判断咖啡的新鲜度；

（5）咖啡研磨

能使用咖啡研磨机研磨咖啡豆，能根据不同咖啡制作方法研磨相应颗粒度的咖啡；

（6）咖啡冲泡

能使用压力咖啡机制作咖啡，能使用过滤式咖啡机制作咖啡，能使用虹吸壶制作咖啡，能使用摩卡壶制作咖啡，能使用压渗壶制作咖啡，能使用土耳其壶制作咖啡，能使用预制定量咖啡器具制作咖啡；

（7）咖啡设备、器具的保养和结束日营业

能对工作区域进行日常清洁，能清洗、消毒、擦拭咖啡杯具，能清洁、整理咖啡器具和设备，能维护咖啡研磨机，能按照结束营业工作表完成工作。

2. 中级咖啡师

（1）服务接待

能使用基本服务英语为客人服务；

（2）咖啡销售

能根据客人的要求推荐咖啡制品；

（3）咖啡的选取

能区分阿拉比卡（ARABICA）咖啡和罗布斯塔（ROBUSTA）咖啡，能区分经过干法加工、湿法加工处理的咖啡，能区分中国咖啡、巴西咖啡和哥伦比亚咖啡；

（4）焙炒咖啡的研磨

能调整咖啡研磨机的研磨颗粒度，能调整咖啡研磨机的出粉量；

（5）咖啡用水的选择

能使用各种水处理装置净化、软化水质；

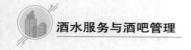

（6）咖啡的冲泡

能调节压力式咖啡机工作参数，能调节过滤式咖啡机工作参数，能根据咖啡的特性，选择器具、设备及制作方法；

（7）花式咖啡制作

能使用蒸汽、搅拌、手动等方式将牛奶制出奶沫，能根据咖啡谱制作卡布奇诺等 8 种花式咖啡；

（8）咖啡设备、器具的保养和结束日营业

能制定《工作区域清洁流程》，能制定《器具、设备保养流程》，能填写每日工作日志，能核对营业记录，能对物料进行盘点。

3. 高级咖啡师

（1）咖啡选购

能根据咖啡的品质和价格提出采购方案，能控制咖啡的合理库存量；

（2）咖啡出品

能制定饮料单中的咖啡出品标准，能判断制作的咖啡是否符合出品标准；

（3）咖啡设备故障判断

能判断咖啡设备断电、断水、不出咖啡等常见故障的原因；

（4）咖啡饮品开发

能制作创新咖啡，能根据新品咖啡制定咖啡饮料单；

（5）策划与经营

能收集市场要求信息，能建立客户档案，能根据活动主题提出营业环境布置方案，能计算咖啡饮品的成本与毛利；

（6）培训与管理

能编写培训讲义，能培训初级、中级咖啡师，能进行新知识、新技术的培训，能对工作团队进行餐饮服务培训，能根据职业要求制定服务流程。

4. 咖啡师技师

（1）咖啡的烘焙

能区分生咖啡豆的品质，能根据焙炒度的要求制定烘焙时间和烘焙温度，能维护咖啡烘焙设备；

（2）咖啡的拼配

能辨识埃塞俄比亚·摩卡、印度尼西亚·曼特宁、肯尼亚等主要产地的咖啡豆，能根据口感要求选择需要的咖啡种类，能根据口感要求确定拼配比例；

（3）培训与管理

能编制培训计划，能培训高级咖啡师，能对工作团队中的人员进行分工，带领团队实现工作目标；

（4）开店指导与经营管理

能制订开店方案，能进行市场预评及分析，能进行店内成本核算，能制订营销方案。

（三）职业考核要求

1. 申报条件

申请咖啡师职业资格认证的人员应满足以下条件：

（1）专门从事咖啡制作和服务的人员；

（2）从事咖啡甄别、鉴赏及研究的人员；

（3）从事咖啡贸易和咖啡文化推广的人员；

（4）从事与咖啡行业相关的其他人员；

（5）咖啡师技能培训学校的教学管理人员；

（6）准备从事咖啡相关工作的大中专院校学生等。

初级须具备以下条件之一者：经本职业初级正规培训达规定标准学时数，并取得结业证书；在本职业连续见习工作2年以上；本职业学徒期满。

中级须具备以下条件之一者：取得本职业初级职业资格证书后，连续从事本职业工作3年以上，经本职业中级正规培训达规定标准学时数，并取得结业证书；取得本职业初级职业资格证书后，连续从事本职业工作5年以上；连续从事本职业工作5年以上；取得经劳动和社会保障行政部门审核认定的、以中级技能为培养目标的中等以上职业学校本职业（专业）毕业证书。

高级须具备以下条件之一者：取得本职业中级职业资格证书后，连续从事本职业工作4年以上，经本职业高级正规培训达规定标准学时数，并取得结业证书；取得本职业中级职业资格证书后，连续从事本职业工作6年以上；取得高级技工学校或经劳动和社会保障行政部门审核认定的、以高级技能为培养目标的高等职业学校本职业（专业）毕业证书；取得本职业中级职业资格证书的大专以上本专业或相关专业毕业生，连续从事本职业工作2年以上。

技师须具备以下条件之一者：取得本职业高级职业资格证书后，连续从事本职业工作5年以上，经本职业技师正规培训达规定标准学时数，并取得毕结业证书；取得本职业高级职业资格证书后，连续从事本职业工作7年以上；取得本职业高级职业资格证书的高级技工学校本职业（专业）毕业生和大专以上本专业或相关专业的毕业生，连续从事本职业工作2年以上。

2. 考试流程

咖啡师职业资格认证需经过报名资格审查后，经具有认证资质的机构组织现场考试的方式组织，现场考试内容包括理论知识测试和现场技能操作测

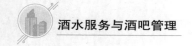

试两部分。

3. 考核内容

理论测试部分应考核申请者对咖啡的历史与传播、咖啡文化与贸易、咖啡植物学知识以及咖啡制作与服务等内容的掌握情况。

现场技能测试部分应该考核被测试者的职业素养、卫生习惯、出品速度、出品质量以及服务意识等内容。

4. 场地要求

认证场地需具有能够组织大规模理论测验的场所，并拥有能够同时容纳两个工位以上的咖啡机、磨豆机、水质处理设备等相关硬件要求，满足保密、安全等考场条件。

三、茶艺师职业资格

茶艺师是茶叶行业中具有茶叶专业知识和茶艺表演，服务，管理技能等综合素质的专职技术人员。随着经济的发展和大众生活水平的提高，人们更重视健康与保健，作为绿色饮品的茶和修身养性的茶文化将为越来越多的人接受和喜爱。同时，大众对于文化消费要求也会随之加剧与提升，社会对茶艺表演的认知度和需求量也将逐年增加。茶艺师的地位和需求量也将得到大幅度提高。茶艺师是新兴的职业，是一个具有广阔前景的职业。

（一）职业基本要求

茶艺师要求具有良好的语言表达能力，一定的人际交往能力，较好的形体、知觉能力与动作协调能力，较敏锐的色觉、嗅觉和味觉。茶艺师共设五个等级，分别为：五级／初级工、四级／中级工、三级／高级工、二级／技师、一级／高级技师。茶艺师职业基本要求如下：

1. 职业道德

茶艺师要热爱本专业，忠于职守；遵纪守法，文明经营；礼貌待客，热情服务；真诚守信，一丝不苟；钻研业务，精益求精。

2. 基础知识

（1）掌握茶文化基本知识。包括中国用茶的源流、饮茶方法的演变、中国茶文化的精神、中国饮茶习俗、茶与非物质文化遗产、茶的对外传播及影响、外国饮茶风俗等知识。

（2）掌握茶叶知识。包括茶树的基本知识、茶叶种类、茶叶加工工艺及特点、中国名茶及其产地、茶叶品质鉴别知识、茶叶储存方法、茶叶产销概况等知识。

（3）掌握茶具知识。包括茶具的历史演变、茶具的种类及产地、瓷器茶具、紫砂茶具和其他茶具知识。

（4）掌握品茗用水知识。包括品茶与用水的关系、品茗用水的分类、品茗用水的选择等知识。

（5）掌握茶艺基本知识。包括品饮要义、冲泡技巧和茶点选配等茶艺基本知识。

（6）掌握科学饮茶的相关知识。包括茶叶的主要成分、茶与健康的关系、科学饮茶常识等知识。

（7）掌握食品与茶叶营养卫生知识。包括食品与茶叶卫生基础知识、饮食业食品卫生制度等知识。

（8）掌握法律法规知识。包括《中华人民共和国劳动法》相关知识、《中华人民共和国劳动合同法》相关知识、《中华人民共和国食品卫生法》相关知识、《中华人民共和国消费者权益保障法》相关知识、《公共场所卫生管理条例》相关知识等。

（二）职业能力要求

对五级／初级工、四级／中级工、三级／高级工、二级／技师、一级／高级技师的技能要求和相关知识要求依次递进，高级别涵盖低级别的要求。

1. 五级／初级工

（1）接待准备

能做到个人仪容仪表整洁大方；能够正确使用礼貌服务用语；能够主动、热情地接待客人。掌握仪容、仪表、仪态常识；语言应用基本常识。

能够做好营业环境准备；能够做好营业用具准备。掌握环境卫生要求常识；茶具用品洗涤、消毒方法；掌握营业用具使用方法。

（2）茶艺服务

能够识别主要茶叶品类并根据泡茶要求准备茶叶品种；能够完成泡茶用具的准备；能够完成泡茶用水的准备；能够完成冲泡用茶相关用品的准备。掌握茶叶分类、品种、名称知识；掌握茶具的种类和使用方法知识；掌握泡茶用水的知识；掌握茶叶、茶具和水质鉴定知识。

能够在茶叶冲泡时选择合适的水质、水量、水温和冲泡器具；能够正确演示绿茶、红茶、乌龙茶、白茶、黑茶和花茶的冲泡；能使用玻璃杯、盖碗、紫砂壶冲泡茶叶；能够介绍茶叶的品饮方法。掌握茶艺器具应用知识；掌握不同茶艺演示要求及注意事项。

（3）茶间服务

能够根据顾客状况和季节的不同推荐相应的茶饮。能够揣摩顾客的心理，

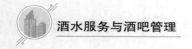

适时推介茶饮；能够熟练完成茶叶、茶具的包装；能够完成茶艺馆的结账工作；能够指导顾客进行茶叶储藏和保管；能够指导顾客进行茶具的养护。掌握沟通艺术；掌握茶叶、茶具包装知识；掌握结账基本程序知识；掌握茶具养护知识。

2. 四级／中级工

（1）接待准备

能保持良好的仪容仪表；能有效地与顾客沟通；能够根据顾客特点，进行针对性的接待服务。掌握接待礼仪的基本知识；掌握不同地区、民族、宗教信仰、性别、年龄宾客服务的基本知识。

（2）茶艺服务

能够识别主要茶叶品种的品级；能够识别常用茶具的质量；能够正确配置茶艺、茶具和布置表演台。掌握茶叶质量分级知识；掌握茶具质量知识；掌握茶具配备基本知识。能够根据茶艺要素的要求冲泡六大基础茶类；能根据不同茶叶选择泡茶用水；能制作调饮红茶；能展示生活茶艺。掌握茶艺冲泡要素；掌握泡茶用水水质要求；掌握调饮红茶制作方法；掌握不同类型生活茶艺知识。

（3）茶间服务

能够根据茶叶类型、季节合理搭配茶点并予以推介；根据茶叶对人体健康的作用推荐相应茶叶；能根据茶叶的特点科学保存茶叶、能销售名优茶和茶品；掌握茶点搭配方法；掌握科学饮茶知识、茶叶储藏保管知识；掌握茶品销售知识。

3. 三级／高级工

（1）接待准备

能根据不同国家的礼仪接待外宾；能使用英语与外宾交流沟通；能按要求接待特殊宾客。掌握涉外礼仪知识；接待英语基本知识；特殊客人接待知识。

能够鉴别茶叶品质；鉴别常用茶器款式及品质。掌握茶叶品评方法；掌握常见茶具款式及特点等知识。

（2）茶艺服务

能根据需要进行茶席设计；根据主题选择茶器、服饰、音乐、茶艺展示内容等；能演示少数民族茶艺；掌握茶席设计知识；掌握少数民族茶艺知识。

（3）茶间服务

能使用评茶专业术语，向宾客通俗地介绍茶叶的色、香、味、形；能向宾客介绍选购不同茶具及茶具的养护知识；根据市场、季节等要求，设计实施茶品营销活动。掌握茶叶感官评审基本知识、茶具选购知识；掌握茶馆营销知识。

4. 二级 / 技师

（1）茶艺馆创意

能对茶艺馆选址、定位、整体布局提出建议；能根据茶艺馆的布局、风格对茶艺馆进行区域分割和布置。掌握茶艺馆选址、定位、整体布局及区域划分基本知识。

（2）茶事活动

能进行仿古茶艺展示；能进行日本茶道、韩国茶礼、英式下午茶等外国茶艺演示；能用一门外语进行茶艺解说；能策划组织各类中、小型茶会。掌握仿古茶艺、主要外国茶艺基本知识；掌握茶艺专用外语知识；掌握茶会设计、组织知识。

（3）业务管理

能制定茶艺馆的服务流程和服务规范；能对茶艺师的工作进行检查指导和培训；策划实施茶艺演示活动；对茶艺馆进行质量检查。掌握茶艺馆服务流程和管理知识；掌握茶艺馆庆典、促销活动设计知识；掌握茶艺培训计划的编制和教学组织知识；掌握茶艺演示队的组建训练知识。

5. 一级 / 高级技师

（1）茶饮服务

能根据宾客的需求提供不同茶饮；能对传统茶饮进行创新；能品评茶叶品质和等级；能配制适合宾客健康状况的茶饮。掌握茶饮创新基本原理；掌握茶叶审评知识；掌握茶与健康的基本知识。

（2）茶事创作

能根据需要编创不同类型、不同主题的茶艺演示；能根据茶艺演示需要进行舞台和服饰搭配；能策划、设计不同类型的茶会。掌握茶艺演示编创知识；掌握茶艺美学知识与实际运用；掌握茶艺编创写作与茶艺解说知识；掌握茶会策划、设计知识；掌握茶会组织与执行知识。

（3）业务管理

能制订并实施茶艺馆经营管理计划；能制订并落实茶艺馆营销计划；能创意策划茶艺馆文创茶品；能策划与茶艺馆衔接的其他茶事活动；能策划组织茶艺馆全员培训；能撰写茶业调研报告与专题论文。掌握茶艺馆经营管理、营销知识；文创产品基本知识；掌握茶艺馆全员培训知识；掌握茶艺培训讲义编写要求知识；掌握茶业调研报告与专题论文写作知识。

（三）职业考核要求

1. 申报条件

申报五级 / 初级工：累计从事本职业或相关职业工作 1 年（含）以上。本

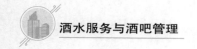

职业或相关职业学徒期满。具备以上条件之一者可申报。

四级／中级工：取得本职业或相关职业五级／初级工职业资格证书（技能等级证书），累计从事本职业或相关职业工作4年（含）以上。累计从事本职业或相关职业工作6年（含）以上。取得技工学校本专业或相关专业毕业证书（含尚未取得毕业证书的在校应届毕业生）；或取得经评估论证、以中级技能为培养目标的中等及以上职业院校本专业或相关专业毕业证书（含尚未取得毕业证书的在校应届毕业生）。具备以上条件之一者可申报。

三级／高级工：取得本职业或相关职业四级／中级工职业资格证书（技能等级证书）后，累计从事本职业或相关职业工作5年（含）以上。取得本职业或相关职业四级／中级工职业资格证书（技能等级证书）并具有高级技工学校、技师学院毕业证书（含尚未取得毕业证书的在校应届毕业生）；或取得本职业或相关职业四级／中级工职业资格证书（技能等级证书），并具有经评估论证、以高级技能为培养目标的高等职业院校本专业或相关专业毕业证书（含尚未取得毕业证书的在校应届毕业生）。具有大专及以上本专业或相关专业毕业证书，并取得本职业或相关职业四级／中级工职业资格证书（技能等级证书）后，累计从事本职业或相关职业工作2年（含）以上。具备以上条件之一者可申报。

二级／技师：取得本职业或相关职业三级／高级工职业资格证书（技能等级证书）后，累计从事本职业或相关职业工作4年（含）以上。取得本职业或相关职业三级／高级工职业资格证书（技能等级证书）的高级技工学校本专业、技师学院毕业生，累计从事本职业或相关职业工作3年（含）以上；或取得本职业预备技师证书的技师学院毕业生，累计从事本职业或相关职业工作2年（含）以上。具备以上条件之一者可申报。

一级／高级技师：取得本职业或相关职业二级／技师职业资格证书（技能等级证书）后，累计从事本职业或相关职业工作4年（含）以上。具备以上条件者可申报。

2. 鉴定方式

分为理论知识考试和技能操作考核。理论知识考试以笔试、机考为主，主要考核从业人员从事本职业应掌握的基本要求和相关知识要求；技能考核主要采用现场操作、模拟操作等方式进行，主要考核从业人员从事本职业应具备的技能水平；综合评审主要针对技师和高级技师，主要采取审阅申报材料、答辩等方式进行全面评审和审查。

理论知识考试、技能考核和综合评审均实行百分制，成绩皆达60分（含）以上者为合格。

3. 鉴定时间

理论知识考试时间为 90 分钟；技能考核时间：五级 / 初级工、四级 / 中级工、三级 / 高级工不少于 20 分钟，二级 / 技师、一级 / 高级技师不少于 30 分钟；综合评审时间不少于 20 分钟。

4. 鉴定场所设备

理论知识考试在标准教室内进行；技能考核在具备品茗台且采光及通风条件良好的品茗室或教室、会议室进行，室内应有泡茶（饮茶）主要用具、茶叶、普响和投影仪等相关辅助用品。

四、调饮师职业资格

2021 年 3 月，调饮师入选人社部、国家市场监督管理总局、国家统计局联合发布的新职业信息名单。调饮师作为新职业认证，相关部门将其定义为"对茶叶、水果、奶及其制品等原辅料通过色彩搭配、造型和营养成分配比等完成口味多元化调制饮品的人员"。调饮师终于有了"身份证"，既是因为新茶饮是基于传统茶文化的创新业态，为消费市场提供了新鲜的选择，还因为这个市场在微信小程序、取茶柜等数字化工具的加持下保持着高速增长，目前已达数百亿规模。

（一）职业基本要求

（1）语言能力。应具有娴熟地介绍产品和礼貌用语的表达能力，对待特殊人员有正确沟通能力。

（2）接待能力。应具备独立工作能力、组织协调能力、人际交往能力和应急问题处理能力。

（3）实操能力。应熟悉不同物料，掌握多样配方。手指、手臂灵活，动作协调，能在规定的时间内调制完成符合要求的饮品。熟悉设备、器具及规范使用和维护。

（4）基本知识。应具备原材料选购、门店服务、物品管理等知识。

（5）基本素质。应心胸开阔、善解人意、耐心细致，具有良好的观察能力、自我心理平衡能力、承受能力和遇事冷静处事能力。

（二）职业能力要求

（1）工作准备。包括：原料准备、设备准备、人员准备。

（2）仪容仪表。应仪表端庄，服装整洁、大方、得体，表情自然，态度和蔼诚恳，富有亲和力，言行有度。

（3）吧台区。熟悉吧台区的接单、贴杯、出杯等工序。

（4）制备区。进行饮品制作，保证出品饮品的质量。包括：设备预热、使用、调杯（调配）、加冰加热、加奶等。

（5）保持吧台环境整洁。

（6）按需准备各种物料，操作吧台内各种设备和器具，能独立完成操作。

（7）了解原材料的特性，掌控饮品成本。

（8）能调制不同风味的饮品。

（9）能主动收集客户对饮品的反馈意见，及时改进。

（10）能与其他部门沟通配合。

（11）能开发创新，提升职业技能。

五、侍酒师职业资格

侍酒师是一个历史悠久的职业，最早可以追溯到 16 世纪。到了 19 世纪末，欧洲出现了现代餐厅概念，而当代侍酒师也应运而生，他们需要保障酒水有良好的库存，并为顾客提供酒水服务。随着经济的快速增长，侍酒师在各个优质餐厅（尤其是在法国）变得越来越重要，他们销售葡萄酒，并为企业创造高额收入。而那些资金雄厚的顶级高级餐饮机构开始出现侍酒师团队，他们工作高效，并监管着大量的葡萄酒，侍酒师的职业在欧洲逐渐被确立下来，直至普及到世界各地。目前侍酒师已成为世界范围内认可度极高的职业类型，是酒店餐饮利润源的重要组成部分，在欧美国家较为普及，并且拥有较高的职业地位。在我国，随着经济的快速发展，侍酒师这一职业也已经成为我国葡萄酒行业及中高端酒店餐饮机构的新宠，发展前景极其光明。

（一）侍酒师概念

"Sommelier" 这个词汇从英语词典上看，意思是指"负责饭店酒水业务的服务人员"，从法语词典上看，专指在饭店、餐厅、咖啡馆以及上流家庭里负责葡萄酒饮料的侍者。单词本身由法语"Sommier"演变而来，这一单词可能来自一个古老的法语单词"Saumemalier"，拉丁语的起源是"Saugmarius"，"Sagma"指的是驮鞍。随着时间的推移，演变为今天的"Sommelier"侍酒师，女性侍酒师被称为"Sommeliere"。

（二）侍酒师职责

侍酒师的工作范畴极其广泛，是一个提供酒水及餐饮服务的综合性职业，职业酒店侍酒师是负责酒店或餐厅整个葡萄酒项目管理的工作人员，其工作职责主要包括以下内容：

1. 销售与推荐；

2. 顾客的接待与服务；

3. 为顾客提供餐酒搭配的建议；

4. 其他个性化顾问与咨询服务；

5. 为厨师提供菜品改进与提升的合理化建议；

6. 使用专业道具，提供综合性酒水服务；

7. 葡萄酒品鉴与评价；

8. 与 F&B（餐饮服务部门）一起设计合理、科学的酒单；

9. 酒水的采购与洽谈；

10. 与供应商合作，确保葡萄酒购买的可靠性和稳定性；

11. 葡萄酒储藏与酒窖维护；

12. 期酒管理与销售顾问；

13. 与财务部合作控制酒水成本；

14. 员工培训与团队建设；

15. 积极设计 F&B 促销与市场营销方案；

16. 宴会与品酒会的组织与策划；

17. 销售报告制作与数据分析；

18. 管理与协调等。

 思考与练习

参考答案

一、多项选择题

1. 酒吧结构主要的基本形式为哪些（　　　　）

A. 直线形吧台　　　　　　　　　B. 中空方形吧台

C. 主题活动吧台　　　　　　　　D. "U" 形吧台

E. 环形吧台

2. 高星级酒店的客房小酒吧菜单酒品都有哪些（　　　　）

A. 坚果　　　　　　　　　　　　B. 矿泉水

C. 软饮　　　　　　　　　　　　D. 果汁

E. 小瓶装伏特加

3. 酒吧的概念分为几类（　　　　）

A. Bar　　　　　　　　　　　　B. Hospitality

C. Pub　　　　　　　　　　　　D. Club

E. Cocktail bar

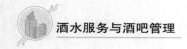

二、判断题

1. 吧台的位置适合选择酒吧的深处，方便服务员的工作。　　　（　　）

2. 酒吧内的清洁工作通常是月度性完成。　　　（　　）

3. 零杯在销售控制中的计算方式如下是否正确。　　　（　　）

$$销售份额 = \frac{每瓶酒容量 - 溢损量}{每份计量}$$

4. 冰勺的英文是 Ice Scraper。　　　（　　）

5. 在酒水生产管理中的标准配方仅包含酒水的用量标准。　　　（　　）

三、简述题

1. 一场成功的酒会准备工作应包含哪些内容？请进行相应解释。

2. 简述 Sommelier 的概念并阐述其中 6 项职责。

3. 酒店的酒吧根据在其酒店的具体位置及形式作用，主要分为哪些种类？

4. 在酒水的生产管理中，每杯酒水成本中的标准化纯酒是如何计算的？

四、案例分析题

小王具备调酒师职业资格认证书，现在在一家五星级酒店大堂吧工作，近期酒店因为经营功能的升级，需要将大堂吧进行小范围翻新改造成晚间具有酒吧功能的场所。酒店需要小王协助经理进行酒单的形式和内容的重新设计。由于是功能性改造，其功能改造需要兼顾酒吧功能，需要添加酒架、抽真空器、生啤机及擦杯抛光器。但是酒店预算有限，在 2 万~3 万元内，你能给小王什么建议？

五、实训题

策划一场 200 人的外卖酒会，请以小组为单位进行讨论及实操设施设备的准备摆台。

需要找客户了解哪些详细信息及其准备工作才能成功举办？

参考文献

［1］阎钢，徐鸿．酒的起源新探［J］．山东大学学报（哲学社会科学版），2000，（3）：78-83.

［2］马利清、杨维娟，从考古发现看中国古酒的起源及其与农业的关系［J］．文博，2012（4）：18-22.

［3］欧玉洁．我国酒的起源、发展及饮酒中的化学［J］．科学时代，2012（20）.

［4］毕云霞．葡萄酒的起源［J］．侨园，2011（10）：66.

［5］邓茜媛．《北山酒经》：遗忘在历史中的酿酒专著［J］．新食品，2017，（7）：82-83.

［6］袁邈桐．曲水流觞——中国传统诗酒文化［J］．商业文化，（上半月），2014，（1）：52-57.

［7］刘鹏．浅谈《红楼梦》中的酒令活动［J］．重庆科技学院学报（社会科学版），2013，（10）：132-134.

［8］秦家平，向秀容．浅析新型白酒中食用酒精的处理［J］．酿酒科技，2001，（4）：90-91.

［9］《中华人民共和国道路交通安全法》第九十一条规定。

［10］费多·迪夫思吉著，龚宇译．酒吧圣经［M］．上海：上海科学普及出版社，2006.

［11］雷·福利著，范晓郁译．调酒［M］．北京：机械工业出版社，2004.

［12］鲍伯·里宾斯基著，李正喜译．专业酒水［M］．大连：大连理工大学出版社，2002.

［13］葡萄酒与烈酒教育基金会．葡萄酒：解读酒标［M］．葡萄酒与烈酒教育基金会，2019.

［14］稻保幸著，刘京梁译．鸡尾酒［M］．北京：中国建材工业出版社，2003.

［15］中村健二著，王楠楠译．世界第一鸡尾酒［M］．北京：化学工业出

版社，2014.

　　［16］英格瓦·龙德编著，陶雄译.威士忌年鉴［M］.北京：中国旅游出版社，2008.

　　［17］StephenSnyder 编著，顾松林译.啤酒鉴赏手册［M］.上海：上海科学技术出版社，2008.

　　［18］ConalR.Gregory 编著，陆韬译.干邑鉴赏手册［M］.上海：上海科学技术出版社，2007.

　　［19］上田和男编著，王芳译.洋酒笔记［M］.北京：北京美术摄影出版社，2015.

　　［20］国际调酒师协会网：https：//iba-world.com

　　［21］百度网：http：//baidu.com/.

　　［22］崔燻刭훈著.李海英译，与葡萄酒的相遇［M］.济南：山东人民出版社，2009.

　　［23］李海英.葡萄酒的世界与侍酒服务［M］.武汉：华中科技大学出版社，2021.

　　［24］战吉宬，李德美.酿酒葡萄品种学［M］.北京：中国农业大学出版社，2015.

　　［25］温建辉.葡萄酒酿造与品鉴［M］.北京：华中科技大学出版社，2020.

　　［26］李德美.葡萄酒深度品鉴［M］.北京：中国轻工业出版社，2012.

　　［27］李记明，编著.葡萄酒技术全书［M］.北京：中国轻工业出版社，2021.

　　［28］李家寿.黄酒色、香、味成分来源浅析［J］.酿酒科技，2001，（3）.48-50.

　　［29］陈成、殷子建、徐速.浅析黄酒的历史及营养价值［J］.酿酒，2002，29（1）55-56.

　　［30］睿渊.黄酒的历史［J］.中国食品，2010，（22）82-83.

　　［31］岳丹、昝立峰、王磊.清酒在我国的研究现状及其发展趋势.［J］.中国酿造，2018，37（3）.19-22.

　　［32］谢广发、许锡飚、陈伟峰、应维茂.绍兴黄酒产业发展策略思考［J］.中国酿造，2021，40（4）：207-210.

　　［33］苑振宇，张书田，王秉钦.中国清酒工艺技术研究［J］.中国酿造，2013，32（6）：169-170.

　　［34］母应春、姜丽、苏伟.两种酒曲制备米酒品质对比研究［J］.中国

酿造，2019，38（3）：114-119.

［35］谢广发.日本清酒保健功能研究现状及其对我国黄酒的启示［J］.中国酿造，2009，（7）10-11.

［36］夏纯迅.常德擂茶文化产业创新研究［J］.福建茶叶，2019（07）242-243.

［37］徐茜，薛玉.略论云南普洱茶历史变迁［J］.黑龙江史志，2010（07）128-129.

［38］倪凯.略论中国茶叶发展的历史节点［J］.福建茶叶，2020（06）320-321.

［39］陈宗懋.《中国茶经》（2011年修订版）简介［J］.中国茶叶，2012（06）：49.

［40］巴桑罗布.论"藏茶"的文化渊源［J］.福建茶叶，2020（03）436-437.

［41］高晨曦，任晓萌，胡潇，黄艳.我国抹茶文化的历史渊源与发展历程［J］.中国茶叶，2020（04）19-23，35.

［42］高栋.饮茶与人体健康研究［J］.福建茶叶，2020（08）39-40.

［43］屠幼英，杨雅琴，释志祥.中国禅茶文化的起源与日、韩传播交流［J］.中国茶叶，2019（12）56-59.

［44］刘勤晋.中国茶在世界传播的历史［J］.中国茶叶，2012（08）30-33.

［45］展华.工夫茶礼［J］.茶博览，2011（08）.

［46］周慧.茶礼形成原因述论［J］.沈阳航空工业学院学报，2006，23（06）.

［47］曹晓慧.中国茶文化的历史溯源及传播［J］.福建茶叶，2018（02）：393-394.

［48］张琦.咖啡文化品鉴［J］.神州，2019（14）.

［49］任凯扬，舒鼎，杨文敏.咖啡文化与空间研究［J］.四川水泥，2017（4）.

［50］黄姗，高瑾.论咖啡文化的发展与咖啡器具的设计［J］.科技致富向导，2013（20）.

［51］吴文熠.咖啡文化及其美学思考［J］.剑南文学（经典阅读），2012（08）.

［52］蒋冉，董国庆，李建忠."智能酒保"机器人的设计［J］.数字化用户，2019，25（51）.

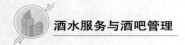
［53］殷开明.《酒水调制与酒吧管理》金课建设赋能文化旅游专业群高质量发展研究［J］.商情.2021，（27），214，227

［54］黄翅勤，彭惠军，苏晓波.全球在地化背景下文化遗产地游客的酒吧消费体验研究［J］.旅游学刊.2021，36（10），26-38

［55］李敢.都市酒吧狂欢的文化诠释——基于华南 GZ 市 Y 区 CD 酒吧街的实地考察［J］.浙江工商大学学报.2014，（2）.102-112.

图书在版编目（ＣＩＰ）数据

酒水服务与酒吧管理 / 唐志国，牟青，栾鹤龙主编
. -- 北京：旅游教育出版社，2022.8
酒店管理与数字化运营系列教材
ISBN 978-7-5637-4444-2

Ⅰ．①酒… Ⅱ．①唐… ②牟… ③栾… Ⅲ．①酒—基
本知识—教材②酒吧—商业管理—教材 Ⅳ．①TS971
②F719.3

中国版本图书馆CIP数据核字(2022)第125736号

酒店管理与数字化运营系列教材
酒水服务与酒吧管理
主编 唐志国 牟 青 栾鹤龙
副主编 周 彦 李海英 杨杏园 韩爱霞 徐 倩

总 策 划	丁海秀
执行策划	黄明秋 蔺 鑫
责任编辑	蔺 鑫
出版单位	旅游教育出版社
地 址	北京市朝阳区定福庄南里 1 号
邮 编	100024
发行电话	（010）65778403 65728372 65767462（传真）
本社网址	www.tepcb.com
E - mail	tepfx@163.com
排版单位	北京旅教文化传播有限公司
印刷单位	三河市灵山芝兰印刷有限公司
经销单位	新华书店
开 本	710毫米×1000毫米 1/16
印 张	18
字 数	275 千字
版 次	2022 年 8 月第 1 版
印 次	2022 年 8 月第 1 次印刷
定 价	59.80 元

（图书如有装订差错请与发行部联系）